"十三五"普通高等教育本科部委级规划教材

机械设计基础

（第 2 版）

高晓丁　主编

胥光申　金　京　李　晶　汪成龙　沈　瑜　副主编

中国纺织出版社

内 容 提 要

本书是根据高等工科院校机械设计基础课程最新基本要求和当前教学改革的实际需要，并结合编者多年的教学实践及我国机械工业和轻纺工业发展的需要编写而成的。

全书共 10 章，内容包括：机械设计基础概述，机构的组成，平面连杆机构及其设计，凸轮机构及其设计，齿轮传动设计，轮系及其设计，其他常用机构及其应用，带传动与链传动，螺纹连接，轴系零、部件设计。每一章后都附有思考题和习题。

本书可作为高等院校非机械类专业机械设计基础课程的教材，也可供其他相关专业的师生及工程技术人员参考。

图书在版编目（CIP）数据

机械设计基础/高晓丁主编. —2 版. —北京：中国纺织出版社，2020.3（2022.2 重印）

"十三五"普通高等教育本科部委级规划教材

ISBN 978-7-5180-2758-3

Ⅰ．①机… Ⅱ．①高… Ⅲ．①机械设计–高等学校–教材 Ⅳ．①TH122

中国版本图书馆 CIP 数据核字（2016）第 147035 号

策划编辑：朱利锋 责任校对：王花妮
责任设计：何 建 责任印制：何 建

中国纺织出版社出版发行

地址：北京市朝阳区百子湾东里 A407 号楼 邮政编码：100124

销售电话：010—67004422 传真：010—87155801

http：//www.c-textilep.com

中国纺织出版社天猫旗舰店

官方微博 http：//weibo.com/2119887771

北京虎彩文化传播有限公司 各地新华书店经销

2010 年 7 月第 1 版 2017 年 5 月第 2 版 2022 年 2 月第 5 次印刷

开本：787×1092 1/16 印张：15

字数：275 千字 定价：48.00 元

第2版
前言
Preface

本书是在 2010 年第一版的基础上修订而成的。根据高等工科院校机械设计基础基本要求和当前教学改革的实际需要，我国机械工业和轻纺工业最新发展的需要，并结合编者在教学中使用该教材的实践，对第一版教材进行了修订。本次修订基本上维持了第一版教材总的结构体系，修订的主要工作包括以下几项：

一、工科近机类专业对机械设计基础教学的内容要求发生变化，突出机械设计和应用的教学内容。根据这一变化，在新修订的教材中删减了平面机构运动分析和机械平衡与机械运转调速两章内容，增加了机构应用实例的内容。

二、对每一章的思考题与习题进行了调整。

三、更正或改进了原书文字、插图、计算公式及计算中的一些疏漏和错误。

本书作为高等院校工科近机类各专业机械设计基础教材，在使用中各校教师可以根据不同专业的要求增加相关专业的内容。

参加本版修订编写工作的有：高晓丁、胥光申、金京、李晶、汪成龙、罗声、贾妍。全书由高晓丁统稿、担任主编，胥光申、金京、李晶、汪成龙、沈瑜任副主编。

编　者

2016 年 12 月于西安

第1版
前言
Preface

本书是根据高等工科院校机械设计基础课程最新基本要求，并结合多年的教学实践经验及我国机械工业、轻纺工业发展的需要，同时认真吸取近年来全国高等院校非机械专业机械设计基础课程教学改革的经验，经精心组织教学内容、精心编排、精心编写而成的。

本书可以作为高等院校非机械类专业机械设计基础课程的教材，也可以作为高等职业学校、高等专科学校及成人高校相关专业的教材，还可供有关工程技术人员参考。

本书主要特点有：

(1) 从高等院校非机械类专业培养应用型人才的总目标出发，建立合理的机械工程技术的知识结构，并结合我国机械工业、轻纺工业发展的需要，重点突出了机械原理的基本内容，加强了常用机构的工作原理、运动特点、机构设计等方面的内容。

对机械设计部分的内容按照不同类型零、部件的工作特点、设计方法与理论，进行了重新整合及压缩，如轴系零、部件设计一章的内容是将现行教材中四章的内容整合成一章。

(2) 选择了一个典型机器设备——牛头刨床进行分析，在不同的章节中对牛头刨床的主传动机构、变速系统进行了详细介绍，使学生对一个完整的机器系统建立起全面的认识。

(3) 结合我国轻纺工业发展的实际情况和需要，在各章节内容和习题中都引用了部分轻工机械和纺织机械的实例。

(4) 增加新型技术、新颖零部件等方面的内容，如液压传动机构、同步带传动、高速带传动、气体摩擦滑动轴承、关节轴承、直线运动轴承等的介绍。

参加本书编写工作的有：高晓丁、金京、胥光申、李晶、汪成龙、沈瑜和罗声。全书由高晓丁统稿、担任主编。

限于编者水平，书中错误和不当之处在所难免，恳请广大读者不吝批评指正。

编　者

2010 年 5 月于西安

课程名称：机械设计基础

适用专业：纺织工程、轻化工程、自动化、工业设计（艺）等本科非机类各专业

总学时：48

理论教学时数：42

实验（实践）教学时数：6

课程性质：本课程为纺织工程、轻化工程、自动化、工业设计（艺）等专业主干课，是必修课。

课程目的

通过本课程的学习，能有效增强学生对机械技术工作的适应能力和开发创造能力，在教学计划中起着承前启后的桥梁作用，为学生学习后续的专业课打下基础。通过该课程的学习可以培养学生掌握机械设计的基本知识、基本理论和基本方法，使学生具备设计一般通用零部件的能力和初步分析和解决机械设计的能力。

课程教学的基本要求

通过本课程的学习使学生掌握机构学和机器动力学的基本理论、基本知识和基本技能；并具有按照机械的使用要求进行机械传动系统方案设计的初步能力。同时，使学生具备分析、设计、运行和维护机械设备和机械零件的能力，学会各种常用基本机构的分析和综合方法，为今后解决生产实际问题及学习有关新的科学技术打下基础，为从事机械设计和研究工作起到增强适应能力和开发创新能力的作用。

该课程在教学计划中列为专业必修课，采用闭卷考试成绩、平时成绩及实验完成情况综合考核的方法。考试成绩占70%；平时成绩及实验占30%，平时成绩包括考勤、作业、课堂提问和讨论。

理论教学环节学时分配

章数	讲授内容	学时分配
第1章	机械设计基础概述	2
第2章	机构的组成	5
第3章	平面连杆机构及其设计	6
第4章	凸轮机构及其设计	4
第5章	齿轮传动设计	7
第6章	轮系及其设计	4
第7章	其他常用机构及其应用	2
第8章	带传动与链传动	4
第9章	螺纹连接	4
第10章	轴系零、部件设计	6
合计		42

实验教学环节学时分配

	讲授内容	学时分配
实验一	机构运动简图测绘	2
实验二	渐开线齿轮参数测定	2
实验三	带传动性能测试	2
合计		6

目录

Contents

第1章

机械设计基础概述

在长期的生产实践中，人类为了减轻体力劳动和脑力劳动，改善劳动条件，提高劳动生产率，创造和发展了各种各样的机械，如汽车、织机、缝纫机、洗衣机、电动机、内燃机、机床等。

机械工业担负着为国民经济各个部门提供技术装备的重要任务。从宇宙飞船到核潜艇，从巨型油轮到纳米级的微型医疗器械，从普通家电到智能机器人，都包含机械工业科技进步的成果。机械工业的生产水平是衡量一个国家工业、科技水平高低及综合国力强弱的重要标志之一。

1.1 机械的组成

机械是机器和机构的总称。一般机器都是由各种机构组合而成的。图1-1可以概括说明一台机器的组成。

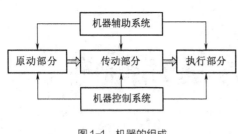

图1-1 机器的组成

（1）原动部分是驱动整部机器完成预定功能的动力来源。一般来说，机器的原动机都是将其他形式的能量转换成可以利用的机械能。常用的原动机有电动机、内燃机等。通常一部机器只有一个原动机，复杂的机器可以有几个原动机。

（2）执行部分是用来完成机器预定功能的部分，也称为工作部分，如牛头刨床的刨头、机器人的手臂、车床的刀架、起重机的卷筒等。一部机器可以只有一个执行部分，也可把机器的功能分解成几个执行部分。

（3）传动部分是将原动机的运动和动力传给执行部分的中间环节。它主要是将原动机的运动形式、运动及动力参数转变为执行部分所需的运动形式、运动及动力参数。

除此之外，机器还可能有控制系统和辅助系统。控制系统又称操纵部分，用于控制机器的启动、停止、换向以及运动速度等；辅助系统，如机器的电气系统、润滑系统、冷却系统、监测系统等，用于实现机器的更为复杂的功能要求或更高的精度要求。

如图1-2所示牛头刨床的机座1原动机为电动机3。牛头刨床传动部分包括：带传动与变速轮系（图中未画出）；小齿轮4和大齿轮5组成的齿轮机构；曲柄（与大齿轮5固定在一起）、滑块2、6及导杆7组成的连杆机构以及其他一些辅助部分（图中未画出）所组成，实现了将电动机3输出的旋转运动转换成刨头8带着刨刀的往复直线运动，从而产生刨削动作（完成有效的机械功）。

机器类型繁多，各类机器构造、性能和用途等各不相同，但是它们都具有以下三个共同的特征。

（1）它们都是一种人为的实物（机件）的组合体。

（2）组成它们的各部分之间都具有确定的相对运动。

（3）它们能够完成有用的机械功或转换机械能。

机构仅具备以上（1）、（2）两个特征，但是从运动的观点来看，机器和机构之间是没有区别的。一部机器可以由一个机构组成，但是大部分机器都是由多个机构所组成，如牛头刨床就是由多个机构组成的机器。

机构组成中具有确定的相对运动的各部分称为构件。构件可以是单一的零件，也可以是由若干个零件组成的刚性体，如图1-3所示牛头刨床大齿轮轴是由轴1、大齿轮2、平键3、轴端挡圈4、螺钉5五个零件刚性连接而成。这五个零件构成一个刚性整体并运动，组成一个构件。

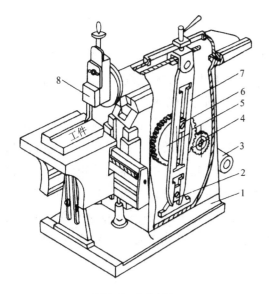

图1-2　牛头刨床

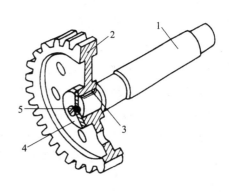

图1-3　牛头刨床大齿轮轴

机械零件是机器的基本组成要素。机械零件分为两类：一类是在各种机器中都能普遍使用的零件，称为通用零件，如齿轮、轴、螺钉等；另一类是只在特定机器中使用的零件，称为专用零件，如剑杆织机的剑杆、洗衣机中的波轮、内燃机中的活塞等。

1.2　机械设计的基本要求与一般程序

1.2.1　机械设计的基本要求

虽然不同的机械其功能、构造和外形都不相同，但它们设计的基本要求大体是相同的，机械设计应满足的基本要求可以归纳为以下几个方面。

1.2.1.1　满足功能、运动和动力性能的要求

实现预定的功能要求是机械设计最基本的出发点。在机械设计过程中，设计者必须使

所设计的机械能够完全实现预定的功能。为此，设计者需确定机械的工作原理，选择机构的类型、拟定机械传动系统方案，并使所选择的机构类型和拟定的机械传动系统方案能满足运动和动力性能的要求。

机械的运动要求是指所设计的机械应保证实现规定的运动速度和运动规律，以满足工作的平稳性、启动性、制动性等要求。

机械的动力性能要求是指所设计的机械应具有足够的功率，以满足机械正常工作的要求。

为此，要正确设计机械的零件，使其结构合理并满足强度、刚度、耐磨性和振动稳定性等方面的要求。

1.2.1.2　工作可靠性的要求

机械的工作可靠性是指机械在规定的使用条件下，在预定的工作期限内，完成规定功能的能力。工作可靠是机械的必备条件，为满足这一要求，必须从机械系统的整体设计、零部件的结构设计、材料及热处理的选择、加工工艺的制订等方面加以保证。

随着机器功能愈来愈先进，结构愈来愈复杂，发生故障的可能环节愈来愈多，机器工作的可靠性受到了愈来愈大的挑战。机器工作可靠性的高低是用机器的可靠度来衡量的。机器的可靠度是指在规定的使用时间内和预定的环境条件下机器能够正常工作的概率。对于一部机器来说，其可靠度到底应选多大？从理论上来讲，当然是愈大愈好，但可靠度愈大，机器的成本愈高。一般来说，与人的生命、国家的财产息息相关的机器，如飞机、宇宙飞船等，其可靠度设计要高一些。而一般的机械产品，可靠度设计可相对低一些。

1.2.1.3　经济性的要求

机械设计的经济性要求是指在满足机械的功能性要求的前提下，所设计的机器应最大限度地减少成本、减少能源消耗、提高效率、降低管理与维护费用。在市场竞争中，特别是我国加入 WTO 以后，产品的经济性是产品推向市场的一个重要性能指标，应贯穿于机械设计的全过程。

机器设计、制造的经济性表现为机器的成本低；机器使用的经济性表现为机器的高生产率，高效率，低能耗，低的管理、维护费用等。机器的经济性体现在设计、制造和使用的全过程，设计机器时就要全面考虑。在机械设计中，自始至终都应把产品设计、制造与销售三方面作为一个整体来考虑。

1.2.1.4　机械零件工艺性和标准化的要求

（1）机械零件工艺性的要求。机械零件的结构应具有良好的工艺性，是指在满足使用要求的前提下，设计周期短、加工制造容易、成本低、装拆与维护方便。设计机械零件时，应从以下几个方面考虑零件的工艺性。

①毛坯选择合理。尺寸小的零件可选用型材，尺寸大的零件可选用锻件，尺寸非常大的零件可选用铸件；生产批量小的零件可选用型材或焊接件，生产批量大的零件可选用铸

件等。

②结构简单合理。机械零件的结构形状应尽量简单，如仅由平面、圆柱面组合而成；同时追求加工表面数目少，加工量小。

③确定合适的零件精度。一般零件的精度越高，机器的性能会越好。但零件的精度过高，成本将急剧增加。因此，要根据实际情况确定合适的机械零件的加工精度。

（2）机械零件标准化的要求。标准化是长期生产实践和科学研究的技术总结，是我国现行的一项重要的技术政策。许多机械零件都是标准化的零件。在机械设计中，能采用标准件的地方一定要选用标准零件，除非标准零件不能满足要求，才可自行设计。选用标准化的零件有如下好处。

①质量好、成本低。标准零件是由专门生产标准零件的标准件厂设计、加工、制造的。标准件厂拥有加工标准零件的专用设备，可进行大批量的生产。这种专用设备是一般的机械加工厂所不具备的。另外，标准件厂生产标准零件时所采用的技术也是最先进的。因此，标准化的零件质量好、成本低。

②互换性好。如标准零件失效，只需花极少代价换上一个同样型号的标准零件就能解决问题。

③采用标准化的零件可节省设计时间，使设计者能将主要精力用在关键零件的设计上。

④交流方便。机械工程技术人员主要是通过图纸交流设计思想、设计要求等，图纸的标准化程度越高，越有利于工程技术人员之间的交流。

现行的与机械零件设计有关的标准，从运用范围上讲，可分为国家标准（GB）、行业标准和企业标准三个等级；从使用的强制性来讲，可分为强制执行的标准（有关度、量、衡及人身安全等标准）和推荐使用的标准（如标准直径等）。

1.2.1.5　其他特殊要求

有些机械由于工作环境和要求的不同，对设计提出了某些特殊要求。如高级轿车的变速箱有低噪声的要求；精密仪器、仪表有防水、防振的要求；机床有在使用期限内保持规定精度的要求；食品、医药、纺织机械有不得污染产品的要求；飞行器有重量轻、阻力小的要求；重型机器有便于安装、拆卸及运输的要求等。

1.2.2　机械设计的一般程序

机械设计就是建立满足功能要求的一部机器的创造过程。作为一部完整的机器，它是一个复杂的系统。要提高机械设计质量，必须有一个科学的设计程序。一部机器的设计程序基本上可以用图1-4表示。

1.2.2.1　明确设计任务

机械设计是一项为实现机器预定目标的、有目的的活动，因此正确地决定设计目标（任务）是机械设计成功的基础。明确设计任务包括定出机器的总体目标和各项具体的技术要求，这是机械设计、优化、

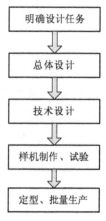

图1-4　设计流程

评价、决策的依据。

明确设计任务包括：分析所设计机器的用途、功能、各种技术经济性能指标和参数范围及预期的成本范围等；进行技术、市场调研；对同类或相近产品的技术、经济指标，同类产品的不完善性及缺陷，用户的意见和要求，目前的技术水平以及发展趋势，广泛收集材料，进行认真的分析研究，以进一步明确设计任务。

在明确设计任务，了解设计产品技术水平、市场状况的基础上制订设计方案，并对设计方案进行可行性论证。

编写机器设计任务书，包括机器的功能、主要性能指标、基本使用要求、特殊要求、工作环境（条件）、生产批量、经济性分析及设计进度等。

1.2.2.2 总体设计

一部机器的总体设计是根据设计任务书中确定的机器的功能、主要性能参数、基本使用要求进行全方位设计。要对设计任务书提出的机器功能中必须达到的要求、最低要求及希望达到的要求进行综合分析，即这些功能能否实现，多项功能间有无矛盾，相互间能否替代等。最后确定出设计机器的功能、性能参数，作为进一步设计的依据。

按照机器设计任务书提出的设计要求，确定机器的工作原理，分别按机器原动部分、传动部分及执行部分制订设计方案，并用机构运动简图表示。

总体设计时要考虑到机器的操作、维修、安装、外廓尺寸等要求；确定机器各主要部件之间的相对位置关系及相对运动关系；处理好"人—机—环境"之间的合理关系。

总体设计对机器的制造和使用都有很大的影响，为此，常需做出几个方案加以分析、比较，通过优化求解得出最佳方案。

1.2.2.3 技术设计

技术设计又称结构设计。其任务是根据总体设计的要求，确定机器各零部件的材料、形状、数量、空间相互位置、尺寸、加工和装配，并进行必要的强度、刚度、可靠性设计，若有几种方案时，需进行评价决策最后选择最优方案。技术设计阶段的目标是产生总装配草图及部件装配草图；通过草图设计确定出各部件及其零件的外形及基本尺寸，包括各部件之间的连接，零、部件的外形及基本尺寸；最后绘制零件的工作图、部件装配图和总装图。技术设计的主要内容包括以下几方面。

（1）根据制订的设计方案，确定原动机的参数（功率、转速、线速度等）。然后进行机器运动学计算，从而确定各运动构件的运动参数（转速、速度、加速度等）。

（2）结合各部分的结构及运动参数，计算各主要零件所受载荷的大小及特性。此时求出的载荷，由于零件尚未设计出来，因而只是作用于零件上的公称（或名义）载荷。

（3）已知主要零件所受的公称载荷的大小和特性，即可进行零、部件的初步设计。设计所依据的工作能力准则，须参照零、部件的一般失效情况、工作特性、环境条件等，合理地拟定。通过计算或类比，即可确定零、部件的基本尺寸。

（4）根据已定出的主要零、部件的基本尺寸，设计出部件装配草图及总装配草图。草图上需对所有零件的外形及尺寸进行结构化设计。在此步骤中，需要很好地协调各零件的结构及尺寸，全面地考虑所设计的零、部件的结构工艺性，使全部零件有最合理的构形。

（5）在绘出部件装配草图及总装配草图以后，所有零件的结构及尺寸均为已知，相互邻接的零件之间的关系也为已知。此时，可以较为精确地定出作用在零件上的载荷，决定影响零件工作能力的各个细节因素。只有在此条件下，才有可能并且必须对一些重要的或者外形及受力情况复杂的零件进行精确的校核计算。根据校核的结果，反复地修改零件的结构及尺寸，直到满意为止。

技术设计是保证质量、提高可靠性、降低成本的重要工作。技术设计是从定性到定量、从抽象到具体、从粗略到详细的设计过程。

1.2.2.4 样机制作、试验

样机制作、试验阶段是通过机器样机制造、样机试验，检查机器的功能及机器各个零部件的强度、刚度、运转精度、振动稳定性、噪声等方面的性能，并随时检查及修正设计图纸，以更好地满足设计要求；同时验证机器生产制造各工艺流程的正确性，并对不合理的工艺流程进行调整。

根据机器样机制造、试验、使用、测试、鉴定所暴露的问题，对设计图纸中的部分设计参数以及工艺流程都要进行重新修订。

1.2.2.5 定型、批量生产

机器定型、批量生产阶段是根据样机制作、试验的结果进一步完善设计图纸中的各项技术参数，以保证完成机器的功能、主要性能参数、基本使用要求；同时进一步完善机器生产制造各工艺流程，以保证机器制造工艺流程的正确性，提高生产率，降低成本，提高经济效益的一个阶段。

编制各类技术文件，包括机器的设计计算说明书、使用说明书（使用操作方法、日常保养及简单的维修方法）、标准件明细表、备用件的目录等；其他技术文件包括检验合格单、外购件明细表、验收条件等

机器设计过程是智力活动过程，它体现了设计人员的创新思维活动，设计过程是逐步逼近解答方案并逐步完善的过程。设计过程中还应注意以下几点。

（1）设计过程要有全局观点，不能只考虑设计对象本身的问题，而要把设计对象看作一个系统，处理好"人—机—环境"之间的关系。

（2）善于运用创造性思维和方法，注意考虑多方案解，避免解答的局限性。

（3）设计的各阶段应有明确的目标，注意各阶段的评价和优选，以求出既满足功能要求又有最大实现可能的方案。

（4）要注意反馈及必要的工作循环。解决问题要由抽象到具体，由局部到全面，由不确定到确定。

1.3 机械零件的设计准则

1.3.1 机械零件的主要失效形式

机械零件由于某些原因不能在既定的工作条件和使用期限内正常工作,即丧失工作能力或达不到设计功能的现象,称为失效。机械零件的主要失效形式有以下几种。

1.3.1.1 整体断裂

零件在承受过大载荷时,某一危险截面的应力超过零件的强度极限时,会发生断裂,这种断裂称为过载断裂;若零件受变应力长期作用而发生的断裂,称为疲劳断裂。疲劳断裂是多数机械零件的主要失效形式。整体断裂是零件的严重失效形式,它不仅使零件丧失工作能力,而且还会造成严重的人身和设备事故,应力求避免。

1.3.1.2 零件的表面破坏

由于机器中各零件接合面之间都是静和动的接触关系,载荷作用于接合表面,就在接合表面产生摩擦,环境介质也包围于零件工作表面,故零件的损伤与破坏常发生于零件工作表面。零件的表面失效主要有腐蚀、磨损、接触疲劳等。

腐蚀是发生在金属表面的一种电化学或化学侵蚀现象,其结果是零件表面发生锈蚀,从而使零件表面遭到破坏。磨损是两个零件的接触表面在作相对运动的过程中零件表面物质丧失或转移,致使零件不能正常工作。对于承受变应力的零件,会造成零件表面的疲劳腐蚀破坏。

1.3.1.3 过大的残余变形

零件在工作中发生严重过载,即零件承受的应力超过零件材料的屈服极限时,零件将产生塑性变形,这不仅会改变零件的尺寸和形状,破坏零件间的配合关系,也会使零件丧失工作能力。

1.3.1.4 破坏正常工作条件而引起的失效

有些零件只有在一定的工作条件下才能正常工作,如带传动,只有在传递的有效圆周力小于带与带轮之间的临界摩擦力时才能正常地工作,否则就会发生打滑失效。

1.3.2 机械零件的工作能力计算准则

进行机械零件设计时,必须根据零件的失效形式分析失效的原因。在不发生失效的条件下零件所能安全工作的限度,称为机械零件的工作能力或承载能力。对于具体的零件,其失效形式取决于该零件受载情况、结构特点和工作条件等因素。针对不同失效形式建立的判定零件工作能力的条件,称为机械零件的工作能力计算准则,主要包括以下几种。

1.3.2.1 强度准则

强度是零件抵抗整体断裂、塑性变形和表面失效(磨粒磨损及腐蚀除外)的能力。强度准则就是指零件中（或表面）的最大应力不得超过允许的极限值。零件强度的计算条件为：

$$\sigma \leqslant [\sigma] \text{ 或 } \tau \leqslant [\tau] \tag{1-1}$$

式中：σ——零件危险截面的最大计算正应力，MPa；

τ——零件危险截面的最大计算切应力，MPa；

$[\sigma]$——零件的许用正应力，MPa；

$[\tau]$——零件的许用切应力，MPa。

1.3.2.2 刚度准则

刚度是零件承受载荷后抵抗弹性变形的能力。刚度准则是指零件在载荷作用下产生的最大弹性变形量 y 小于或等于机器工作性能所允许的极限变形量 $[y]$。零件刚度的计算条件为：

$$y \leqslant [y] \tag{1-2}$$

式中：y——零件工作时的最大弹性变形量；

$[y]$——零件工作时的许用变形量。

1.3.2.3 耐磨性准则

机械中凡是具有相对运动或相对运动趋势的接触表面都存在摩擦。摩擦表面物质在相对运动中不断损耗，造成形状和尺寸逐渐改变的现象称为磨损。一般情况下，零件的磨损过程大致可以分为三个阶段：第一阶段是磨合磨损阶段，当新机器在运转初期，通过逐渐增大载荷，快速磨去零件制造时表面遗留下来的波峰尖部，随着波峰的降低，接触面的实际面积增大，磨损速度逐渐减缓，零件进入稳定磨损阶段；第二阶段是稳定磨损阶段，零件的磨损是缓慢而稳定的，其对应的时间就是零件的使用寿命；第三阶段是剧烈磨损阶段，组成运动副的零件之间的间隙明显增大，温升剧增，机械效率大幅度下降，并伴有异常的振动和噪声，此时应立即检修，更换零件。

按照破坏机理机械磨损可分为磨粒磨损、黏着磨损（也称胶合）、表面疲劳磨损（又称疲劳点蚀）和腐蚀磨损四种基本类型。

机械零件耐磨性是指做相对运动的零件工作表面抵抗磨损的能力。由于机械零件磨损破坏机理复杂，除表面疲劳磨损外，其他类型的机械磨损目前尚无公认的定量计算方法，一般采用条件性计算。例如，对于非液体摩擦，为了防止接触表面油膜破坏而产生过度磨损，通常用限制工作表面的压强值的方法，即：

$$P \leqslant [P] \tag{1-3}$$

式中：P——零件工作表面的压强，MPa；

$[P]$——零件工作表面材料的许用压强，MPa。

对有些相对滑动速度较大的摩擦表面，为了防止摩擦面温升过高，需要限制摩擦发热量（摩擦功耗），即：

$$Pv \leqslant [Pv] \tag{1-4}$$

式中：v——零件工作表面的相对滑动速度，m/s；

　　$[Pv]$——零件工作表面材料的摩擦发热量许用值，MPa·m/s。

1.3.2.4　振动稳定性准则

如果机器或零件的固有频率等于或接近于激振源的强迫振动频率时，将会产生共振。共振不仅影响机器的正常工作，产生噪声，而且还可能造成破坏性事故。振动稳定性准则是指防止高速运转的机器及其零件发生共振，使其转速避开共振区域。通常应保证以下条件：

$$0.85f > f_P \text{ 或 } 1.15f < f_P \tag{1-5}$$

式中：f——零件的固有频率；

　　f_P——激振源的固有频率。

设计机械零件时，上述各项机械零件工作能力的计算准则不必全部进行，应视具体情况而定。一般根据一个或几个可能发生的主要失效形式，运用相应的计算准则，确定机械零件的主要参数或基本尺寸。

1.3.3　机械零件的强度

1.3.3.1　载荷

机械零件所受的载荷有力、弯矩和转矩等。

机械零件所受的不随时间变化或变化非常缓慢或变化幅度很小的载荷，称为静载荷，如零件的重力等。机械零件所受的载荷随时间作周期性或非周期性变化的载荷，称为变载荷。实际中，大多数机器及其零部件是在变载荷条件下工作。根据名义功率和转速，按力学公式计算出的机械零件所受的载荷称为名义载荷，它是零件在理想工况条件下的理想机器中所受的载荷，理想机器实际上是几乎不存在的。考虑到实际工况条件下的实际机器中，机械零件还会受到各种附加的载荷，为此，通常采用引入载荷系数 K（通常 $K \geq 1$）的办法来大致估计这些因素的影响。载荷系数与名义载荷的乘积称为计算载荷。

1.3.3.2　应力

机械零件在载荷的作用下，零件上将产生某种应力。按照计算载荷求得的应力称为计算应力。作用在机械零件上的应力按照其随时间变化的情况可以分为静应力和变应力。

表1-1中，应力不随时间变化的或变化缓慢的应力称为静应力。静应力只能由静载荷产生，并且只有静载荷方向和大小相对零件不变的应力，才是静应力。随时间显著变化的应力称为变应力，变载荷作用在零件上，肯定产生变应力。如果静载荷的方向相对零件变化时，则在零件中也会产生变应力，如齿轮、带、滚动轴承等。大多数零件都是在变应力状态下工作的。

在变应力中，周期、应力幅度和平均应力都不随时间变化的变应力称为稳定变应力。稳定变应力有五个参数：最大应力 σ_{max}、最小应力 σ_{min}、平均应力 σ_m、应力幅 σ_a 和循环特性 r。各参数的计算公式以及稳定变应力的三种基本类型见表1-1。

表 1-1 应力基本类型

应力类型	静应力	非对称循环变应力	脉动循环变应力	对称循环变应力
应力图	(a)	(b)	(c)	(d)
平均应力 σ_m	$\sigma_m = \sigma_{min} = \sigma_{max}$	$\sigma_m = \dfrac{\sigma_{max} + \sigma_{min}}{2}$	$\sigma_m = \dfrac{\sigma_{max}}{2}$	0
应力幅 σ_a	0	$\sigma_a = \dfrac{\sigma_{max} - \sigma_{min}}{2}$	$\sigma_a = \dfrac{\sigma_{max}}{2}$	$\sigma_a = \sigma_{min} = \sigma_{max}$
循环特性 r	+1	$r = \dfrac{\sigma_{min}}{\sigma_{max}}$	0	-1

1.3.3.3 许用应力

许用应力是机械零件强度条件的尺度和判据，合理的许用应力值可以使机械零件在具有足够的强度及寿命的前提下，尺寸小、重量轻。许用应力的确定一般采用下式进行计算：

$$[\sigma] = \frac{\sigma_{lim}}{S} \tag{1-6}$$

$$[\tau] = \frac{\tau_{lim}}{S} \tag{1-7}$$

式中：σ_{lim}——零件材料的极限正应力，MPa；

τ_{lim}——零件材料的极限切应力，MPa；

S——设计安全系数。

极限应力 σ_{lim}、τ_{lim} 的确定与零件经受的应力种类和其材料的性质有关。

在静应力作用下，对于塑性材料（碳钢、合金钢等）制造的零件，其主要失效形式为塑性变形，故极限应力取材料的屈服极限 σ_S 和 τ_S，即 $\sigma_{lim} = \sigma_S$，$\tau_{lim} = \tau_S$；对于脆性材料（铸铁、有色金属等）制造的零件，其主要失效形式为脆性断裂，故极限应力取材料的强度极限 σ_B 和 τ_B，即 $\sigma_{lim} = \sigma_B$，$\tau_{lim} = \tau_B$。

在变应力作用下，零件的主要失效形式为疲劳腐蚀破坏，在计算变应力条件下工作的零件的许用应力时，应以零件材料的持久极限作为极限应力。

安全系数通常采用查表法确定，不同的机械制造行业或部门，经过长期实践制订出适合本行业或部门的安全系数或许用应力等专用规范。合理选用安全系数是十分重要的，安全系数过大，则零件尺寸大，机器笨重，成本高；安全系数过小，机器不安全。

1.3.4 机械零件设计一般步骤

当一部机器设计的总体布置和传动方案已经确定，力学分析已基本完成时，就要进行机械零件的设计，机械零件设计的一般步骤如下。

（1）选择零件材料。应根据零件的工作要求和条件，综合材料的力学、物理和化学性能以及经济因素和资源状况，选择合适的零件材料和热处理方法。

（2）拟定零件的设计计算简图。依据零件的基本结构和作用载荷情况，建立力学模型、进行载荷分析等。

（3）工作能力计算。分析零件可能出现的失效形式，确定零件工作能力计算准则，计算和确定出零件的基本尺寸或主要参数。

（4）零件结构设计。依据零件工作能力确定出零件基本尺寸和参数，考虑加工工艺和装配工艺等的要求，确定零件的形状和全部尺寸。

（5）绘制机械零件工作图并标注必要的技术条件。在以上四个步骤完成之后，绘制完成机械零件工作图并标注必要的技术条件。

思考题与习题

1-1 说明零件与构件的区别。

1-2 举例说明什么是专用零件，什么是通用零件。

1-3 简述机械零件的失效主要形式和机械零件工作能力计算准则。

1-4 题图 1-1 为一心轴的力学模型，其中该心轴的转速为 n、作用外力 F 的大小和方向都不变化，试分析作用在该轴中间剖面的应力属于何种类型？

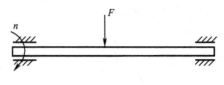

题图 1-1

第2章

机构的组成

机构是一个能传递运动和力的构件系统。一般构件系统必须满足一定的条件才能成为机构。要分析机构的运动与动力性能，则需要有一个简单、准确的机构表达方法即机构运动简图。机构运动简图既便于工程技术人员的绘制、交流，又便于机构的运动分析、设计。

2.1 机构的组成

在运动链中，固定一个构件，而让另一个（或几个）构件按给定的运动规律相对于固定构件运动，若其余各构件都具有确定的相对运动，则该运动链称为机构。构件和运动副是组成机构的两个基本要素。

在机构中，固定构件称为机架，给定运动规律的构件是原动件，其余活动构件则称为从动件。

若机构中的各构件都在同一平面或相互平行的平面内作相对运动，就称它为平面机构；否则便是空间机构。

2.1.1 零件与构件

从制造加工的角度分析，任何机械都是由许多零件组成。零件是机械中一个需要单独加工制造的单元体。

从运动传递和功能实现的角度分析，任何机械都是由许多构件组成。构件是机械中一个具有独立运动的单元体，它可以仅含一个零件，也可以按结构和工艺要求，由几个零件经刚性连接而成。

如图 2-1 所示，内燃机中的连杆是一个构件。它能整体独立运动，由多个单独加工制造的零件组成，具体有连杆体 1、连杆头 2、轴瓦 3、螺杆 4、螺母 5 和轴套 6 等。

2.1.2 运动副及其分类

机构是由构件组合而成，它的每个构件都以一定方式与别的构件相联接，一般称两构件经接触形成的动联接为运动副。

一般定义构件所具有的独立运动数目为构件自由度。如图 2-2 所示，在 xOy 平面中，1 个活动的平面构件 S 仅能产生 3 个独立运动，它可绕任意点 A 转动和随 A 点沿 x 与 y 方向移动，即具有 3 个自由度。一个活动的空间构件可产生 6 个独立运动，即具有 6 个自由度。

当两构件用运动副连接时，虽然相互间仍能作相对运动，但其部分独立运动会受限制，常把运动副对构件的独立运动所施加的限制称为约束。运动副每引入一个约束，构件便失去一个自由度。运动副所限制的独立运动或引入的约束数，完全取决于它的类型。

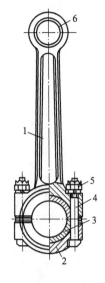

图 2-1 内燃机连杆

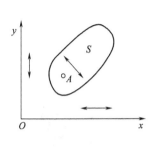

图 2-2　构件自由度

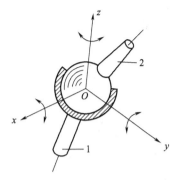

图 2-3　球面副

运动副有很多种分类方法。一般按运动副的接触形式可分为：以点或线形式接触的高副和以面形式接触的低副。由于面接触在承载时的压强低于点、线接触，所以高副比低副更易磨损。若按被运动副联接的两构件间的相对运动形式来划分，运动副可分为空间运动副和平面运动副。有时运动副也按引入的约束数分级和按接触部位的几何形状分类。如图 2-3 所示，因运动副的接触部位是球面，所以可称为球面副，球面副允许两构件绕 x 轴、y 轴和 z 轴相对转动，限制沿 x、y 和 z 方向的相对移动（约束为 3），也称为 3 级空间低副。

由于平面运动副相对简单且应用广泛，下面将重点分析和讨论平面运动副。

2.1.2.1　平面低副

如图 2-4 所示，构件 1 和 2 通过圆柱面接触组成低副。由于两构件仅能绕 z 轴相对转动，限制沿 x、y 方向的相对移动（约束为 2），所以被称为转动副或铰链。如图 2-5 所示，构件 1 和 2 通过矩形壁面接触组成低副。由于两构件仅能沿 x 轴相对移动，限制沿 y 方向的移动与绕 O 点的转动（约束为 2），所以被称为移动副。

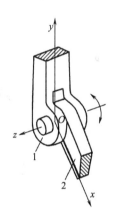

图 2-4　平面转动副

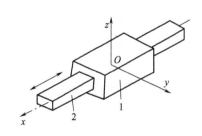

图 2-5　平面移动副

2.1.2.2　平面高副

如图 2-6 所示，凸轮 1 与构件 2 在 A 点接触组成高副。由于构件 2 相对于凸轮 1 可沿切向 tt 移动和绕 A 点转动，限制沿法向 nn 的相对移动（约束为 1），所以也称为滚滑副。

同理，如图 2-7 所示，齿轮 1 和 2 通过齿廓接触也组成高副，相互间可作沿切向 tt 的滑动和绕接触线的滚动，限制沿法向 nn 的相对移动（约束为 1）。

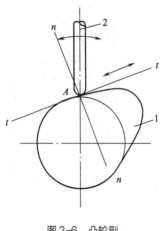

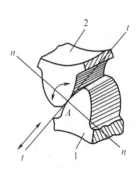

图 2-6　凸轮副 　　　　　　　　　　　　　　　　　图 2-7　齿轮副

2.1.3　运动链

　　一般称由多个构件通过运动副连接所构成的系统为运动链。如图 2-8 所示，若各构件由运动副联成封闭系统，则称为闭式运动链（简称闭链）。如图 2-9 所示，若各构件由运动副连成开式系统，则称为开式运动链（简称开链）。

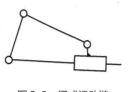

图2-8　闭式运动链 　　　　　　　　　　　　　图2-9　开式运动链

　　闭链在传统机械中较为常见，开链则在机械手和机器人中广泛应用。但在复杂机械中，可能既含闭链又含开链。

2.2　平面机构运动简图

2.2.1　机构运动简图

　　从运动变换与传递的角度分析，机构可实现的运动功能与原动件的运动规律、连接各构件的运动副类型及运动尺寸密切相关，而与构件和运动副的具体结构、外观、截面尺寸、组成零件及固联方式等无关。要正确描述机构的运动特征，可用标准符号表示运动副，用简单线条表示构件，并按一定比例表示机构的运动尺寸，所绘制的图形被称为机构运动简图，它能正确反映机构中各构件之间的相对运动关系。

只是为表达机构的组成状况和结构特征，没有严格按比例绘制的简图，被称为机构示意图。

2.2.1.1 常用构件的表示

图 2-10（a）是常见的机架表示法；图 2-10（b）是常见的构件固定连接表示法。

图 2-10 常见的机架和构件固定连接表示法

2.2.1.2 常用运动副的表示

图 2-11（a）表示两个构件组成转动副；图 2-11（b）表示两个构件组成移动副；图 2-11（c）表示两个构件组成高副，一般仅需绘制构件的部分接触外形。

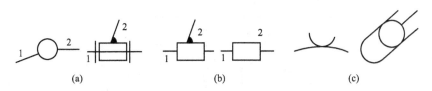

图 2-11 常见的运动副表示方法

2.2.1.3 含运动副构件的表示

图 2-12（a）中的构件含两个转动副；图 2-12（b）中的构件含一个转动副和一个移动副；图 2-12（c）中的构件含三个转动副；图 2-12（d）中的构件含一个转动副和两个移动副；图 2-12（e）中的构件含两个转动副和一个移动副。含更多运动副的构件可用类似方法来表达。

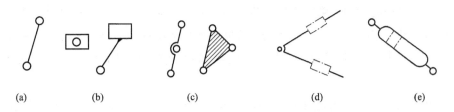

图 2-12 常见含多个运动副构件的表示方法

2.2.1.4 常用机构的表示

表 2-1 所示为部分机构运动简图常用的符号。

表 2-1　常用机构运动简图符号

名　称	表示符号	名　称	表示符号
弹性联轴器	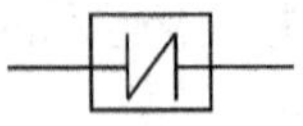	啮合式离合器	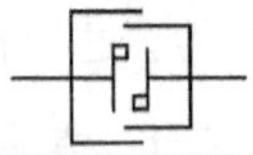
一般联轴器	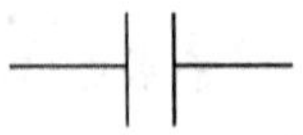	摩擦式离合器	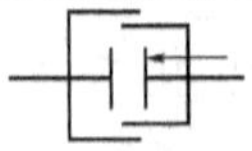
电动机	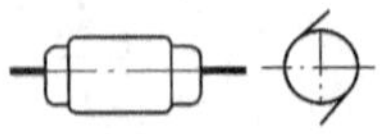	凸轮机构	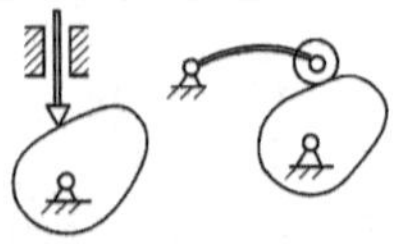
带传动	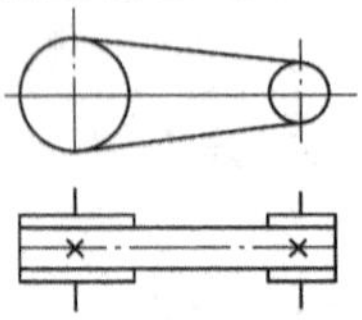	链传动	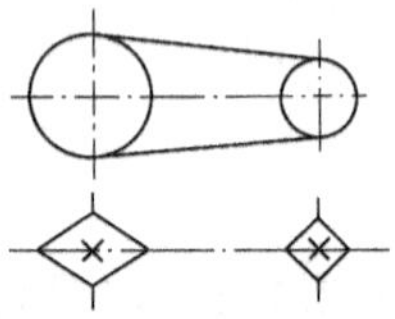
非圆齿轮机构	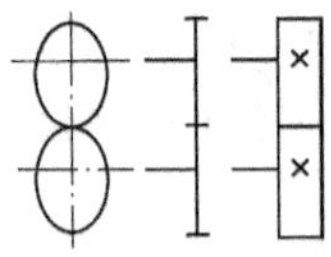	齿轮齿条机构	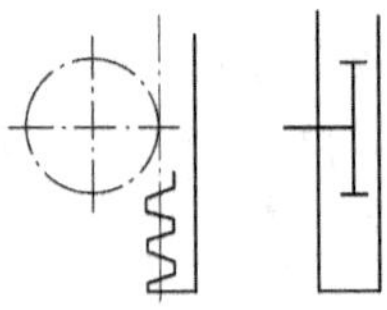
外啮合圆柱齿轮机构	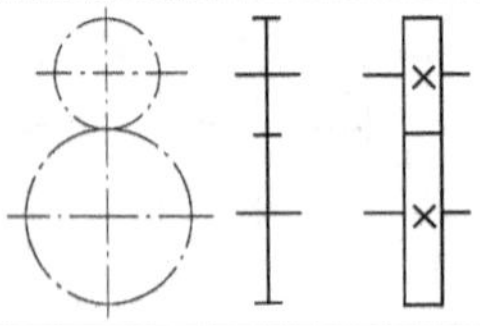	内啮合圆柱齿轮机构	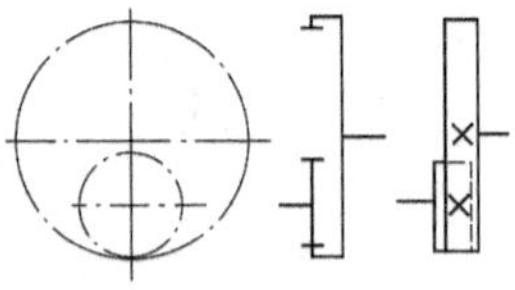
圆锥齿化机构	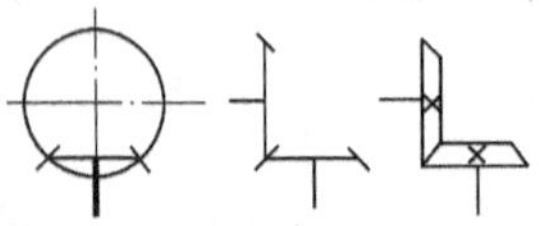	蜗杆蜗轮机构	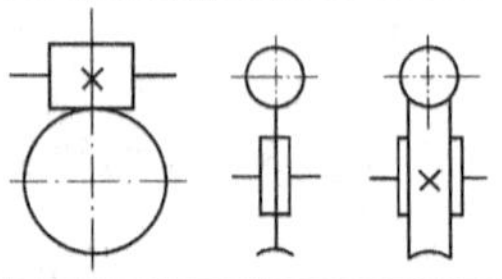

2.2.2　机构运动简图的绘制

绘制机构运动简图的一般步骤为：

（1）分析机构的运动，确定组成机构的构件数目，确定原动件、从动件和机架。

（2）沿运动传递线路，逐个分析构件之间的相对运动性质，确定运动副的类型和数目。

（3）选择合适的视图平面，尽可能反映多数构件的运动状况，必要时可用多个视图。

（4）以恰当的比例尺 μ_l 定出各运动副的相对位置，用各运动副的符号、常用机构的符号和简单线条绘制机构运动简图，并在原动件上用箭头标出运动方向。

$$\mu_l = 实际尺寸(m)/图示长度(mm) \tag{2-1}$$

下面以图 2-13 所示的活塞泵为例，说明机构运动简图的具体绘制过程。

活塞泵是由曲柄 1、连杆 2、扇形齿轮 3、齿条活塞 4 和机架 5 所组成，它能将曲柄 1

的转动变换为活塞 4 的往复移动，其中曲柄 1 是原动件，构件 2、3、4 是从动件。

构件之间的运动副联接分别为：1 与 5、1 与 2、2 与 3、3 与 5 之间可作相对转动，构成转动副 A、B、C、D；3 与 4 之间为齿廓啮合，构成平面高副 E；4 与 5 之间可作相对移动，构成移动副 F。

选取合适的比例尺，按运动尺寸用构件和运动副的规定符号绘制如图 2-14 所示的活塞泵机构运动简图，并标注原动件 1 的转向。

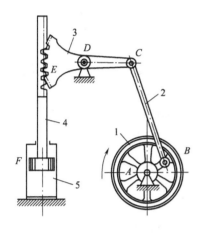

图 2-13　活塞泵

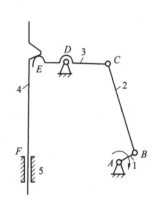

图 2-14　活塞泵机构运动简图

尽管机构的运动简图与实物间相差甚远，但两者的运动特性却完全相同，它是机构进行运动设计与分析的基础。

2.3　平面机构的自由度计算

运动链需满足一定的条件才能成为机构。一般通过计算自由度，可判别由多个构件与运动副组成的运动链能否成为机构。

2.3.1　平面机构的自由度计算公式

在平面机构中，设机构的总构件数为 N。由于机架是固定构件，其自由度为零，则活动构件数 $n=N-1$。一个活动构件在用运动副连接前有 3 个自由度，则全部活动构件的总自由度数为 $3n$。若机构中的低副数为 P_L 个，高副数 P_H 个。当构件经运动副连接后，其自由度必然减少，全部运动副在机构中所引入的约束总数为 $2P_L+P_H$。用机构中活动构件的总自由度数 $3n$ 减去运动副引入的约束总数 $2P_L+P_H$，便是该机构的自由度 F。可表示为：

$$F=3n-(2P_L+P_H) \tag{2-2}$$

例 2-1　计算图 2-14 所示活塞泵的自由度。

解：活塞泵具有 4 个活动构件，即 $n=4$；含 5 个低副（4 个转动副与 1 个移动副）和 1 个高副，即 $P_L=5$，$P_H=1$。按式（2-2）计算有：

$$F = 3×4 - 2×5 - 1 = 1$$

活塞泵机构的自由度等于1。

2.3.2　运动链成为机构的条件

一个运动链能否成为机构，是评价机构设计方案的关键内容。

运动链要成为机构，首先其自由度必须大于零，即 $F>0$。如图2-15所示的运动链，其 $n=2$，$P_L=3$，$P_H=0$，则：

$$F = 3n - (2P_L + P_H) = 3×2 - (2×3+0) = 0$$

表明该运动链的各构件之间无相对运动，仅是一个刚性桁架。

设一个原动件仅提供一个独立运动。当运动链的自由度大于零时，还要求它的原动件数与自由度数相等。如图2-16所示的运动链，其 $n=3$，$P_L=4$，$P_H=0$，则：

$$F = 3n - (2P_L + P_H) = 3×3 - (2×4+0) = 1$$

取构件1为原动件，不考虑摩擦和重力影响，由几何关系知：每给定构件1的一个转角 Φ_1，构件2与3便有确定的相对位置，即该运动链能成为机构。若同时取构件1和3为原动件，则构件2可能会被破坏。

又如图2-17所示的运动链，其 $n=4$，$P_L=5$，$P_H=0$，则：

$$F = 3n - (2P_L + P_H) = 3×4 - (2×5+0) = 2$$

若仅取构件1为原动件，由几何关系知：每给定构件1的一个转角 Φ_1，构件2、3与4的位置无法确定，处于无序运动状态，该运动链不能成为机构。当取构件1和4为原动件，由几何关系知：给定构件1和4的一个转角 Φ_1、Φ_4，构件2与3便有确定的相对位置，即该运动链能成为机构。

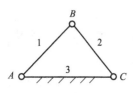

图2-15　刚性桁架

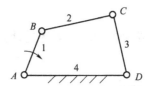

图2-16　铰链四杆机构

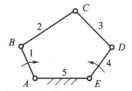

图2-17　铰链五杆机构

综上所述，运动链要成为机构的条件是：运动链的自由度数必须大于零，且原动件数等于选定机架后运动链的自由度数。

2.3.3　平面机构自由度计算时的注意事项

在利用公式（2-1）计算平面机构自由度的过程中，还应注意以下三方面的问题。

2.3.3.1　复合铰链

两个以上构件在同一处由转动副相连接时，所构成的运动副被称为复合铰链，如图2-18（a）所示，三个构件在 A 处用转动副连接。从图2-18（b）所示的侧视图可知，三个构件共组成两个转动副。若有 k 个构件在同一处组成复合铰链，则所构成的转动副应为 $(k-1)$ 个。

图 2-19 所示的摇筛机构中，活动构件数 $n=5$，A、B、D、E 和 F 各是一个转动副。在 C 处构件2、3与4组成复合铰链，包含两个转动副，有 $P_L=7$，$P_H=0$，则：

$$F=3n-(2P_L+P_H)=3\times5-(2\times7+0)=1$$

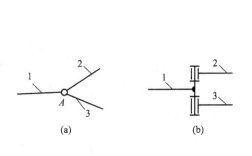

图 2-18 复合铰链

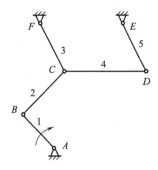

图 2-19 摇筛机构运动简图

2.3.3.2 局部自由度

图 2-20（a）所示为凸轮机构，其 $n=2$，$P_L=2$，$P_H=1$，则：

$$F=3n-(2P_L+P_H)=3\times2-(2\times2+1)=1$$

可将凸轮1的转动变换为从动件2的往复移动。

为了减少高副元素的磨损，工程中常应用如图 2-20（b）所示的结构，在凸轮1与从动件2之间安装一个滚子3，其 $n=3$，$P_L=3$，$P_H=1$，则：

$$F=3n-(2P_L+P_H)=3\times3-(2\times3+1)=2$$

这是因为滚子3能绕自身轴转动，引入了一个自由度，而这个自由度对整个机构的运动不产生影响，一般被称为局部自由度。在计算机构自由度时，应除去由滚子3带来的局部自由度，可将图 2-20（b）中的构件2与滚子3刚化成图 2-20（a）中的构件2，然后计算其自由度。

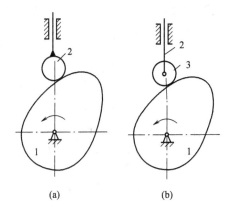

图 2-20 局部自由度

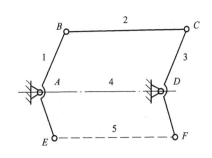

图 2-21 平面连杆机构

2.3.3.3 虚约束

如图 2-21 所示的平面连杆机构中，已知 $AB//CD$、$AE//DF$，并且 $AB = CD$、$AE = DF$。由几何关系可知，在机构的运行过程中，点 E 与点 F 之间的距离始终相同。若增加转动副 E、F 和构件5，机构的运动并未发生变化。由构件 5 和转动副 E、F 在机构中引入的是重复约束，被称为虚约束。在计算机构自由度时应去除。

虚约束一般具有一定的特殊几何关系，通常发生在以下场合。

（1）两构件间构成的多个平行运动副。如图 2-22 所示，构件 1（转子）与 2 之间组成两个同轴线的转动副 A 和 A'。如图 2-23 所示，构件 2 与 3 之间组成两个导路相互平行的移动副 B 和 B'。如图 2-24 所示，构件 1 与 2 组成两个接触点间距为常数的高副 C 和 C'。在这多个运动副中，仅有一个运动副起约束作用，其余均为虚约束。

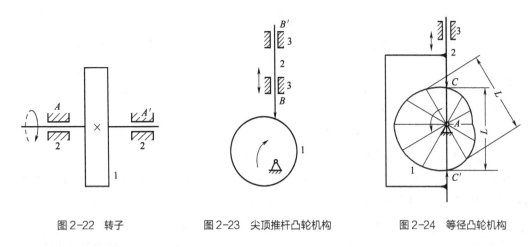

图2-22 转子　　　　　图2-23 尖顶推杆凸轮机构　　　　　图2-24 等径凸轮机构

（2）连接构件与被连构件上连接点处的轨迹重合。如图 2-25 所示椭圆规机构中，已知 $BC = CD = AC$，$\angle BAD = 90°$；由几何关系可知 D 点的运动轨迹必沿 AD 方向。由于 D 处的滑块沿导路 AD 的运动轨迹与其重合，引入的约束对机构运动无影响，所以为虚约束。

（3）机构中对运动无影响的对称部分。如图 2-26 所示周转轮系，轮系中有两个行星轮。虽然运动传递仅要求一个行星轮，但对称增加的行星轮却使轮系受力均衡且能传递更大动力。由于对称部分引入的约束对机构运动无影响，所以为虚约束。

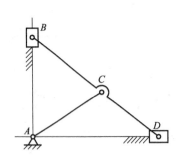

图2-25 椭圆规机构

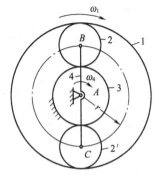

图2-26 周转轮系

虽然虚约束对机构的运动无影响，但却能解决许多工程问题，如增大机构刚度、改善构件受力等。当机构使用虚约束时应慎重，必须严格保证设计、加工、安装的精度，以满足虚约束所需的特定几何条件。

例2-2 计算图2-27（a）所示大筛机构的自由度。

解： 机构在 F 处的滚子是一个局部自由度，必须与顶杆刚化。顶杆与机架间的移动副 E 和 E' 因导路平行属虚约束，可将其 E' 去除。因3个构件在 C 处用转动副连接，属复合铰链（含2个转动副）。在化简后的机构运动简图2-27（b）中，已知 $n=7$，$P_L=9$，$P_H=1$，则：

$$F=3n-(2P_L+P_H)=3×7-(2×9+1)=2$$

该机构的自由度 F 与其原动件数均为2。给定曲柄1和凸轮7的运动，滑块6可实现预期的往复运动。

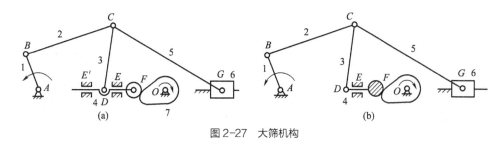

图2-27 大筛机构

思考题与习题

2-1 运动链成为机构的条件是什么？

2-2 计算机构自由度时应注意什么问题？

2-3 绘制题图2-1所示机构的运动简图。

2-4 计算题图2-2~题图2-9所示各机构的自由度，并指出其中的复合铰链、局部自由度和虚约束。

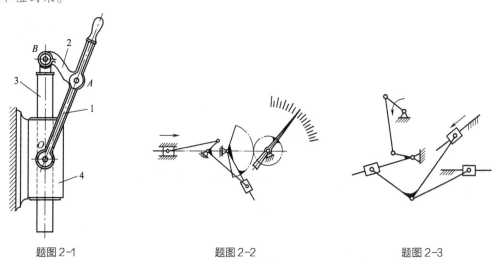

题图2-1   题图2-2   题图2-3

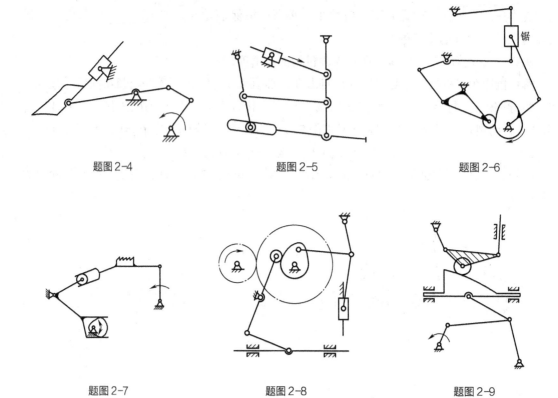

题图2-4　　　　　　　　　题图2-5　　　　　　　　　题图2-6

题图2-7　　　　　　　　　题图2-8　　　　　　　　　题图2-9

第3章

平面连杆机构及其设计

3.1 连杆机构及其特点

连杆机构是由若干刚性构件用低副连接所组成，如图3-1所示为三种常见的连杆机构。连杆机构的共同特点是原动件的运动都要经过一个不与机架直接相连的中间构件（称为连杆）才能传递到从动件，故称之为连杆机构。

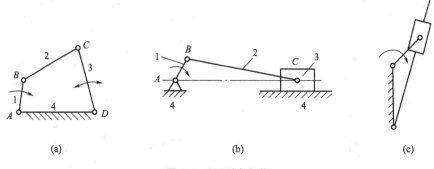

(a)   (b)   (c)

图3-1 平面连杆机构

（1）连杆机构具有以下一些传动特点。

①连杆机构中的运动副一般均为低副（故又称其为低副机构）。其运动副元素为面接触，压力较小，承载能力较大，润滑好，磨损小，加工制造容易，且连杆机构中的低副一般是几何封闭，有利于保证工作的可靠性。

②连杆机构中，在原动件的运动规律不变的条件下，可通过改变各构件的相对长度使从动件实现不同的运动规律。

③在连杆机构中，连杆上各点的轨迹是各种不同形状的曲线（称为连杆曲线），其形状随着各构件相对长度的改变而改变，故连杆曲线的形式多样，可用来满足不同工作的需要。

（2）连杆机构也存在如下一些缺点。

①由于连杆机构的运动必须经过中间构件进行传递，因而传动路线较长，易产生较大的误差累积。

②在连杆机构运动中，连杆及滑块所产生的惯性力难以用一般平衡方法加以消除，因而连杆机构不宜用于高速运动。

此外，虽然可以利用连杆机构来满足一些运动规律和运动轨迹的设计要求，但其设计比较繁杂，且一般只能近似地得以满足。正因如此，如何根据最优化方法来设计连杆机构，使其最能满足设计要求，一直是连杆机构研究的一个重要课题。

3.2 平面连杆机构的类型和应用

连杆机构的应用十分普遍，它不仅在各类机械中得到广泛应用，如织机的开口机构、打纬机构、汽车的转向机构等，而且诸如人造卫星太阳能板的展开机构、机械手的传动机构、人体假肢等也都使用连杆机构。在平面连杆机构中，结构最简单且应用最广泛的是由四个构件组成的平面四连杆机构。

3.2.1　平面四杆机构的基本形式

如图 3-2 所示的平面四杆机构，其运动副全部是转动副（即铰链），亦被称为铰链四杆机构。以转动副与机架相连的杆是连架杆；若连架杆能绕固定铰链中心作 360° 整周转动，则称为曲柄，否则是摇杆；连接两连架杆的是连杆。依据两连架杆的运动特征，铰链四杆机构基本形式有：曲柄摇杆机构、双曲柄机构和双摇杆机构。铰链四杆机构是其他形式四杆机构进行演化的基础。

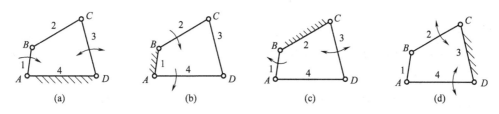

图 3-2　平面四杆机构

3.2.1.1　曲柄摇杆机构

铰链四杆机构的两个连架杆中，若一个为曲柄，另一个为摇杆 ［图 3-2（a）、（c）］，则称其为曲柄摇杆机构。在曲柄摇杆机构中，若以曲柄为原动件时，可将曲柄的连续转动转变为摇杆的往复摆动。

图 3-3 所示的雷达天线俯仰角调整机构即为曲柄摇杆机构。当曲柄 1 缓慢匀速转动，经连杆 2 使摇杆 3 在一定角度范围内摆动，从而调整天线俯仰角。

图 3-4 所示为车窗刮雨器机构，也是曲柄摇杆机构。当曲柄 AB 连续转动时，摇杆 CD 以一定的摆角来回摆动，摇杆上的刮雨器随其反复摆动，从而刮去汽车车窗上的雨水。

在曲柄摇杆机构中，若以摇杆为原动件时，可将摇杆的摆动转变为曲柄的整周转动。图 3-5 所示为缝纫机踏板机构；图 3-6 所示为脚踏脱粒机机构。

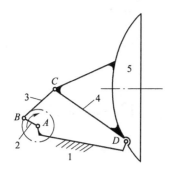

图 3-3　雷达天线俯仰角调整机构

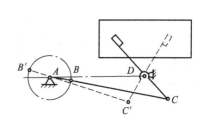

图 3-4　刮雨器机构

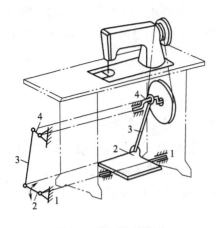

图 3-5　缝纫机踏板机构

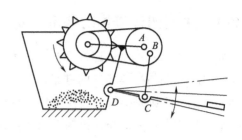

图 3-6　脚踏脱粒机机构

3.2.1.2　双曲柄机构

若铰链四杆机构中的两个连架杆均为曲柄 ［图 3-2（b）］，则称其为双曲柄机构。图 3-7 所示为惯性筛机构，它利用双曲柄机构 ABCD 中的从动曲柄 3 的变速回转，使筛子 6 具有所需的加速度，从而达到筛分物料的目的。

在双曲柄机构中，若两对边构件长度相等且平行，则称为平行四边形机构，如图 3-8 所示。这种机构的传动特性是：主动曲柄和从动曲柄均以相同角速度转动；连杆作平动。

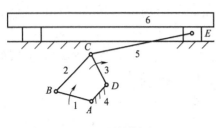

图 3-7　惯性筛机构

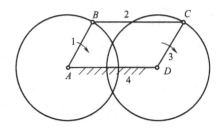

图 3-8　平行四边形机构

平行四边形机构的两个特性在机械工程中的应用很多，图 3-9 所示的机车轮机构就是利用了其第一个特性；图 3-10 所示的播种机料斗机构利用了其第二个特性。

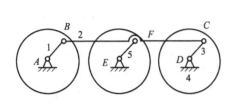

图 3-9　机车轮机构

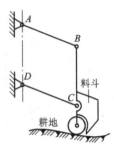

图 3-10　播种机料斗机构

在双曲柄机构中，若两个相对杆的长度分别相等，但不平行，则称为逆平行四边形机构，如图3-11所示。图3-12所示的车门开关机构利用了逆平行四边形机构两曲柄反向转动的特性。

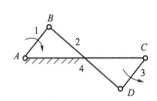

图3-11　逆平行四边形机构

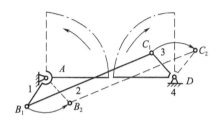

图3-12　车门开关机构

3.2.1.3　双摇杆机构

若铰链四杆机构的两个连架杆都是摇杆［图3-2（d）］，则称其为双摇杆机构。图3-13所示的鹤式起重机主体机构就是一个双摇杆机构。

在双摇杆机构中，若两摇杆长度相等，则构成等腰梯形机构。图3-14所示的汽车前轮转向装置，选择了等腰梯形机构。车辆转弯时，与轮轴固联的两个摇杆的摆角 β 和 δ，能确保两前轮轴线在任意位置都能落在后轮轴的延长线上，避免轮胎因滑动而损伤。

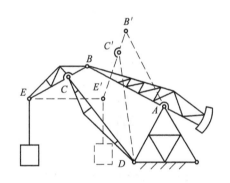

图3-13　鹤式起重机主体机构

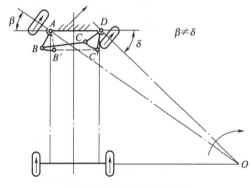

图3-14　汽车前轮转向机构

3.2.2　平面四杆机构的演化

铰链四杆机构除上述三种基本形式之外，在机械中还广泛地采用其他形式的四杆机构。不过，这些形式的四杆机构都可认为是由基本形式演化而来的。机构的演化，不仅是为了满足运动方面的要求，还往往是为了改善受力状况以及满足结构设计上的需要。各种演化机构的外形虽然各不相同，但它们的性质以及分析和设计方法却常常是相同或类似的。下面对各种演化方法及其应用举例加以介绍。

3.2.2.1 改变构件运动尺寸及形状

如图 3-15（a）所示的曲柄摇杆机构，铰链中心 C 的轨迹是以 D 为圆心、l_4 为半径的圆弧。当 l_4 趋于无穷大时，C 点轨迹变为直线即摇杆变滑块，使转动副演化成移动副。当 C 点的运动导路过曲柄转动中心 A 时，如图 3-15（b）所示，称为对心曲柄滑块机构；存在偏距 e 时则称为偏置曲柄滑块机构，如图 3-15（c）所示。

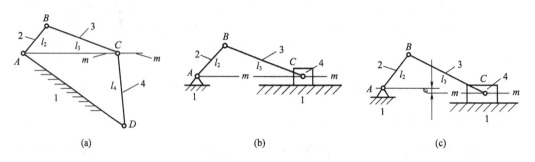

| (a) | (b) | (c) |

图 3-15　曲柄滑块机构

曲柄滑块机构广泛用于活塞式内燃机、空气压缩机、冲床等许多机械中。图 3-16 所示为曲柄滑块机构在空气压缩机中的应用；图 3-17 所示为曲柄滑块机构在冲床中的应用。

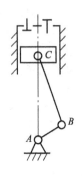

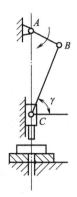

图 3-16　曲柄滑块机构在空气压缩机中的应用　　　　图 3-17　曲柄滑块机构在冲床中的应用

3.2.2.2 选取不同构件为机架

如图 3-2（a）、（c）所示，取最短杆的临边为机架，得到曲柄摇杆机构；如图 3-2（b）所示，取最短杆 1 为机架，得到双曲柄机构；如图 3-2（d）所示，取最短杆 1 的对边 3 为机架，得到双摇杆机构。

图 3-18（a）所示为对心曲柄滑块机构。若以曲柄为机架时，得到导杆机构。滑块 3 沿导杆 4 移动，导杆 4 绕 A 点转动，此机构称为导杆机构。如图 3-18（b）所示，当 $l_1 < l_2$ 时，导杆可整周转动，称为转动导杆机构。图 3-19 所示的转动导杆机构为小型刨床中的主传动机构。若 $l_1 > l_2$，则导杆只能往复摆动，称为摆动导杆机构。图 3-20 所示的摆动导杆机

构为图 1-2 所示牛头刨床中的主传动机构。

如果在图 3-18（a）中取连杆为机架，则演化为如图 3-18（c）所示的曲柄摇块机构。其中构件 3 仅能绕 C 点摇摆。图 3-21 所示的自动翻转卸料机构即为一例。油缸内的压力油可推动活塞杆 4 运动，使车厢 1 绕回转中心倾斜，自动卸下物料。图中 2 为机架，3 为油缸。

若在图 3-18（a）中取滑块 3 为机架时，则演化为如图 3-18（d）所示的定块机构。图 3-22 所示的抽水唧筒机构即为定块机构的应用实例。

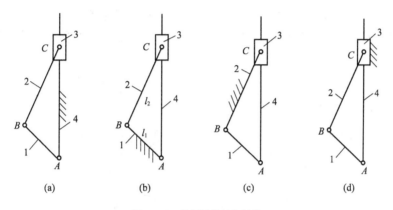

图 3-18　曲柄滑块机构演化

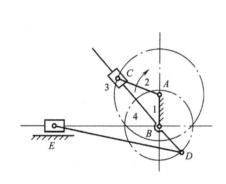

图 3-19　小型刨床中的主传动机构

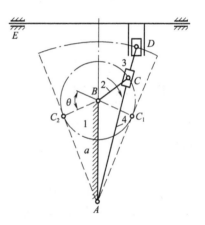

图 3-20　牛头刨床中的主传动机构

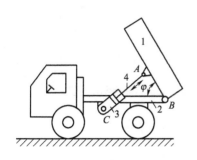

图 3-21　自动翻转卸料机构

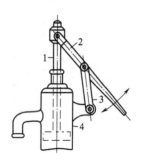

图 3-22　抽水唧筒机构

3.2.2.3 改变运动副尺寸

图 3-23（a）所示为曲柄摇杆机构，现将回转副 B 扩大至包含回转副 A，便演化成图 3-23（b）所示的机构。该机构圆盘的几何中心 B 因绕偏心 A 转动，故称为偏心轮机构。A、B 的间距 e 为偏心距，偏心距 e 也是曲柄长度。图 3-23（d）所示的偏心轮机构，是由图 3-23（c）所示曲柄滑块机构演化而成的。

当曲柄摇杆机构或曲柄滑块机构中的曲柄尺寸较小时，由于结构的需要，将曲柄改为偏心轮，便得到图 3-23（b）、（d）所示的偏心轮机构。选择偏心轮机构，既能简化结构，又可提高其强度与刚度。偏心轮机构广泛用于重载机械，如剪床、冲床、颚式破碎机、内燃机等。

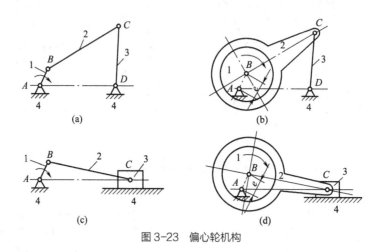

图 3-23 偏心轮机构

3.2.3 平面多杆机构

四杆机构结构简单，设计制造比较方便，但其性能有着较大的局限性。采用四杆机构常常难以满足各方面的要求，而借助多杆机构通常可以达到以下目的。

（1）可以获得较大的机械利益。图 3-24 所示为锻压设备中的六杆肘机构，在锻压时具有很大的机械增益，以满足锻压工作的需要。

（2）实现机构从动件具有停歇的运动。PAT—A 型喷气织机的打纬机构，属六连杆式打纬机构，单侧转动。该打纬机构由曲柄摇杆机构和双摇杆机构组成（图 3-25）。曲柄回

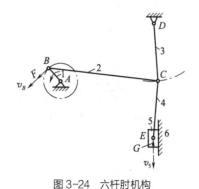

图 3-24 六杆肘机构

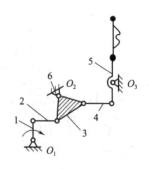

图 3-25 六连杆式打纬机构

转中心 O_1、曲轴 1、连杆 2、摇杆 3 和摇杆中心 O_2 组成曲柄摇杆机构，而摇杆中心 O_2、摇杆 3、摇杆 5 和连杆 4 组成双摇杆机构。O_3 为摇轴中心，带动筘座和异形筘摆动。此机构能满足筘座处于左极位时有一段相对静止时间，因此有充分的时间完成引纬动作。

（3）改变从动件的运动特性。如图 3-26 所示的某插齿机构的主传动机构采用了六杆机构，不仅可满足插齿刀的急回运动要求，而且可使插齿刀在切削行程中得到近似等速运动，以满足切削质量及刀具刃耐磨性的需要。如图 3-7 所示的惯性筛机构，不仅有明显的急回特性，而且在运转中加速度变化大，可提高筛分效果。

（4）扩大机构从动件的行程。如图 3-27 所示为汽车用空气泵的机构简图。其特点是曲柄 CD 较短而活塞的行程较长。该行程的大小由曲柄的长度及 CE 与 BC 之比值决定。

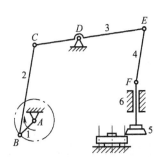

图 3-26　插齿主传动机构

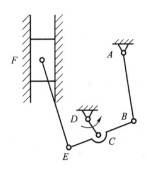

图 3-27　空气泵机构

3.3　平面四杆机构的工作特性

由于铰链四杆机构是平面四杆机构的基本形式，其他的四杆机构可认为是由它演化而来。所以在此只着重研究铰链四杆机构的一些基本知识，其结论可很方便地应用到其他形式的四杆机构上。

3.3.1　转动副的运动特性

转动副分为周转副和摆转副，平面四杆机构有曲柄的前提是运动副中必有周转副存在，下面先确定转动副为周转副的条件。

如图 3-28（a）所示的四杆机构中，各杆的长度分别为 L_{AB}、L_{BC}、L_{CD} 和 L_{AD}。

若铰链点 B 能通过与机架 AD 共线的两个位置［图 3-28（b）、（c）］及其他任意位置，则转动副 A 一定为周转副，连架杆 AB 一定是曲柄。

在图 3-28（b）中，由三角形边长的关系可得：

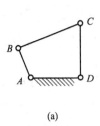
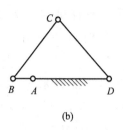
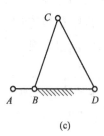

(a)　　　　　　　　(b)　　　　　　　　(c)

图3-28　周转副存在的条件

$$L_{AD}+L_{AB}\leqslant L_{BC}+L_{CD} \tag{3-1}$$

在图3-28（c）中，由三角形边长的关系可得：

$$L_{CD}\leqslant L_{AD}-L_{AB}+L_{BC}，即 L_{CD}+L_{AB}\leqslant L_{AD}+L_{BC} \tag{3-2}$$

在图3-28（c）中，由三角形边长的关系可得：

$$L_{BC}\leqslant L_{AD}-L_{AB}+L_{CD}，即 L_{BC}+L_{AB}\leqslant L_{AD}+L_{CD} \tag{3-3}$$

将上述三式两两相加，化简得：

$$L_{AB}\leqslant L_{BC}；L_{AB}\leqslant L_{CD} 和 L_{AB}\leqslant L_{AD}$$

即 AB 杆为最短杆。

分析上述各式，可得出如下结论。

（1）转动副 A 为周转副的几何条件为：

①最短杆长度+最长杆长度≤其余两杆长度之和，此条件称为杆长条件。

②组成该周转副的两杆中必有一杆是最短杆。

上述条件表明，当四杆机构各杆的长度满足杆长条件时，有最短杆参与构成的转动副都是周转副，而其余的转动副则是摆转副。

（2）铰链四杆机构存在曲柄的几何条件为：

①最短杆长度+最长杆长度≤其余两杆长度之和。

②最短杆是机架或连架杆。

在满足杆长条件的四杆机构中，一定有周转副存在，但是否有曲柄存在，取决于最短杆的位置。当最短杆为机架时，四杆机构为双曲柄机构；当最短杆为连杆时，四杆机构为双摇杆机构；当最短杆为连架杆时，四杆机构为曲柄摇杆机构。

如果铰链四杆机构各杆的长度不满足杆长条件，一定没有周转副存在，四杆机构为双摇杆机构。

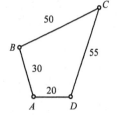

图3-29

例3-1　已知铰链四杆机构的全部杆长（图3-29），试判定其类型。

解：　　　　∵　$L_{AD}+L_{CD}=L_{min}+L_{max}=75$（mm）

$$L_{AB}+L_{BC}=80(\text{mm})>L_{min}+L_{max}$$

∴该铰链四杆机构存在周转副。

以最短杆 AD 为机架，该铰链四杆机构是双曲柄机构；以最短

AD 为连杆，该铰链四杆机构是双摇杆机构；以最短杆 *AD* 为连架杆，该铰链四杆机构是曲柄摇杆机构。

3.3.2 从动件的急回特性

一般往复机构在两个极限位置间存在工作行程和空回行程。在一个运动周期内，要提高机构的工作效率，就必须缩短回程时间、增大回程平均速度，相应延长工作行程时间、降低其平均速度，使机构运行具有急回特性。如图 1-2 所示的牛头刨床中的主机构就具有急回特性。

如图 3-30 所示的曲柄摇杆机构，当曲柄 *AB* 与连杆 *BC* 共线时，摇杆 *CD* 处于极限位置，能确定其对应的曲柄两个位置 AB_1C_1 与 AB_2C_2 所夹锐角 θ 定义为极位夹角。

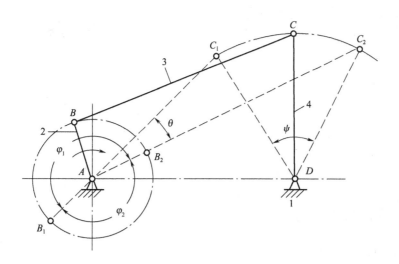

图 3-30 曲柄摇杆机构

设 *V* 为曲柄角速度，曲柄摇杆机构运动过程中急回特性分析见表 3-1。

表 3-1 曲柄摇杆机构急回特性分析

基本参数	工作行程（$C_1 \rightarrow C_2$）	空行程（$C_2 \rightarrow C_1$）
曲柄转角	$\varphi_1 = 180° + \theta$（$B_1 \rightarrow B_2$）	$\varphi_2 = 180° - \theta$（$B_2 \rightarrow B_1$）
运行时间	$t_1 = (180° + \theta) / V$	$t_2 = (180° - \theta) / V$
平均速度	$V_1 = \overset{\frown}{C_1 C_2} / t_1$	$V_2 = \overset{\frown}{C_1 C_2} / t_2$

曲柄由 AB_1 转到 AB_2，摇杆由 C_1D 摆到 C_2D，运行的时间为 t_1，平均速度为 V_1；曲柄由 AB_2 转回到 AB_1，摇杆由 C_2D 摆回到 C_1D，运行的时间为 t_2，平均速度为 V_2。显然，$t_1 > t_2$，$V_1 < V_2$，这一点说明曲柄摇杆机构工作行程慢，空回行程快。

机构急回运动的程度通常用行程速比系数 *K* 来描述，行程速比系数 *K* 定义为：

$$K = V_2 / V_1 = (180° + \theta) / (180° - \theta) \geq 1 \qquad (3-4)$$

式（3-4）表明，当机构存在极位夹角 θ 时，机构便具有急回运动特性，θ 角越大，机构的急回运动特性越显著。一般设计急回机构时，需给定 K 值，变换式（3-4）得：

$$\theta = 180°(K-1)/(K+1) \tag{3-5}$$

同理可以分析如图 3-31 所示的偏置曲柄滑块机构，当曲柄 AB 与连杆 BC 共线时，滑块处于两极限位置，极位夹角 $\theta \neq 0$，即偏置曲柄滑块机构具有急回特性。

通过分析可以发现，对心曲柄滑块机构不具有急回特性，因为 $\theta = 0$。

值得注意的是，急回机构的急回方向与原动件的回转方向有关，为避免把急回方向弄错，在有急回要求的设备上应明显标出原动件的正确回转方向，如图 3-31 所示偏置曲柄滑块机构和如图 3-32 所示摆动导杆机构。

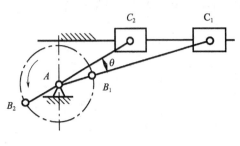

图 3-31　偏置曲柄滑块机构

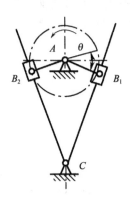

图 3-32　摆动导杆机构

3.3.3　机构的传力特性

3.3.3.1　压力角和传动角

如图 3-33 所示曲柄摇杆机构，若忽略不计各运动副中的摩擦力、构件重力和惯性力的影响，则由主动件 AB 经连杆 BC 传递到从动件 CD 上 C 点的力 F 将沿 BC 方向，力 F 与 C 点速度 V_C 方向之间所夹锐角 α 定义为机构在此位置的压力角；而连杆 BC 与摇杆 CD 之间所夹锐角 γ 定义为机构在此位置的传动角，α 和 γ 互为余角。通常用压力角 α 或传动角 γ

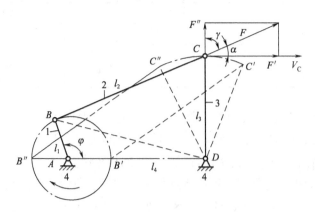

图 3-33　曲柄摇杆机构

的大小和变化情况来衡量机构的传力性能。α 减小，γ 增大，机构传力性能好；反之，α 增大，γ 减小，机构传力性能差。由于在机构运动过程中，传动角 γ 的大小是变化的，为了保证机构传力性能良好，设计时，一般机械常取 $\gamma_{min} \geqslant 40°$；对大功率机械可取 $\gamma_{min} \geqslant 50°$；而控制机构或仪表则取 γ_{min} 略小于 $40°$。γ_{min} 对应 α_{max}，设计机构时，亦可按 $\alpha_{max} \leqslant [\alpha]$ 的条件来保证机构的传力性能，其中 $[\alpha]$ 为机构的许用压力角。

如图 3-33 所示，对于曲柄摇杆机构，γ_{min} 出现在主动曲柄与机架共线的两位置 $AB'C'D$ 与 $AB''C''D$ 之一处。传动角 γ 的大小与机构中各杆的长度有关，故可按给定的许用传动角来设计四杆机构。

偏置曲柄滑块机构的滑块在 C 点受驱动力 F 的作用，沿速度 V_C 方向运动，压力角 α 如图 3-34（a）所示。如图 3-34（b）所示，当曲柄 AB 垂直于导路时的两个位置的压力角 α，其中一个为最大值 α_{max}。

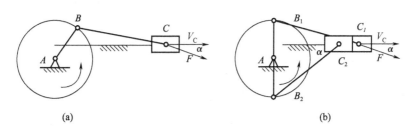

图 3-34 曲柄滑块机构

3.3.3.2 死点位置

图 3-35 所示的曲柄摇杆机构，若以摇杆为原动件，当曲柄和连杆共线时，图 3-35 中 AB_1C_1，AB_2C_2 机构的传动角 $\gamma = 0$，这时主动件 CD 在位置 C_1D，C_2D，通过连杆作用于从动件，AB 在位置 AB_1，AB_2 上的力恰好通过其回转中心，出现了不能使构件 AB 转动的"顶死"现象。机构的这种位置称为死点位置，同时曲柄存在顺时针或逆时针转动的可能，故机构的死点位置也是机构运动的转折点，在该点机构存在运动不确定性。

比较图 3-30 和图 3-35 不难看出，机构的极位和死点实际上是机构的同一位置，所不同的仅是机构的原动件不同。

为了使机构能顺利地通过死点而正常运转，必须采取适当的措施，一般采用将两组以上的相同机构组合使用，而使各组机构的死点相互错开排列的方法；也可采用安装飞轮加大惯性的方法，借惯性作用闯过死点（如家用缝纫机）等。

虽然死点位置会影响机构的传动，但却能用来设计夹持或固定装置。

图 3-36 所示的夹紧机构，当构件 BC 和 CD 共

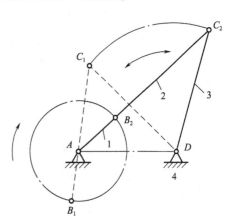

图 3-35 曲柄摇杆机构

线时，工件 5 被夹紧，作用于工件上的力 F_n 无法使杆 3 转动。但向下扳动手柄 2 就能松开夹具。图 3-37 所示的飞机起落架机构，飞机处于放下机轮的位置，此时连杆 BC 与从动件 CD 位于一条直线上。因机构处于死点位置，故机轮着地时产生的巨大冲击力不会使从动件反转，从而保持着支撑状态。

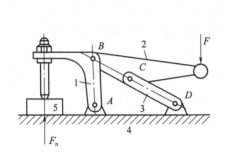

图 3-36　夹紧机构

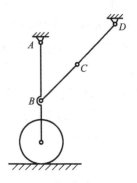

图 3-37　飞机起落架机构

3.4　平面四杆机构设计

3.4.1　平面四杆机构运动设计的基本问题

机构设计就是根据给定的要求选定机构的形式，确定机构各构件的尺寸参数，并且还要满足结构条件、动力条件和连续传动条件等技术要求。根据机械的用途和性能要求的不同，对连杆机构设计的要求是多种多样的，但是这些设计要求可以归纳为以下三类问题。

（1）实现连杆给定位置的设计。在这类问题中，要求连杆能有序的占据一系列的预定位置。图 3-38 所示的铸造造型机沙箱翻转机构，沙箱与连杆 BC 成为一体，要求所设计的机构中，连杆能依次到达位置 I 和 II，以便引导沙箱实现造型振实和拔模。

（2）实现从动件给定的运动规律。此类设计问题要求所设计机构的主、从连架杆之间的关系能满足某种给定的函数关系。图 3-12 所示的车门开关机构，工作要求两连架杆的转角满足大小相等而转向相反的运动关系，以实现车门的开启和关闭；图 3-14 所示的汽车前轮转向机构，工作要求两连架杆的转角满足某函数关系，以保证汽车顺利转弯。

（3）实现给定点的运动轨迹。要求在机构运动过程中，连杆上某些点的轨迹能符合预定的轨迹要求。图 3-13 所示的鹤式起重机构，为避免货物运送过程中上下起伏运动，连杆上吊钩滑轮中心点 E 应沿水平直线移动；图 3-39 所示的搅拌机机构，应保证连杆上 E 点能按预定的轨迹运动，以完成搅拌动作。

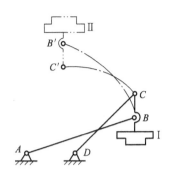

图 3-38　沙箱翻转机构

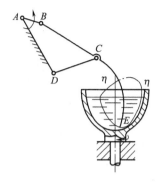

图 3-39　搅拌机机构

3.4.2　按给定连杆位置设计平面四杆机构

如图 3-40 所示，设连杆两活动铰链中心 B、C 的位置已确定，四杆机构的连杆在运动过程中能依次到达位置 B_1C_1、B_2C_2 和 B_3C_3。设计的任务是要确定两固定铰链 A、D 的位置。由于 B_1、B_2 和 B_3 位于以固定铰链 A 为圆心的圆弧上，设计问题转化为给定圆上 3 个点求圆心的问题；同理，通过 C_1、C_2 和 C_3 也能求得固定铰链 D。具体作法如下：分别作 B_1B_2 和 B_2B_3 线段的垂直平分线，其交点即为固定铰链 A 的位置；同理分别作 C_1C_2 和 C_2C_3 线段的垂直平分线，其交点即为固定铰链 D 的位置，连接 AB_1、C_1D，即得所求的四杆机构。

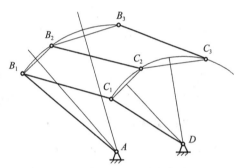

图 3-40　按给定连杆位置设计四杆机构

3.4.3　按给定行程速比系数设计平面四杆机构

3.4.3.1　曲柄摇杆机构的设计

设已知曲柄摇杆机构的行程速比系数 K，摇杆的长度 L 和摆角 Ψ（图 3-41），设计曲柄摇杆机构。

（1）计算极位夹角。

$$\theta = 180° \times (K-1)/(K+1)$$

（2）定出摇杆的两个极限位置。任选铰链 D，由摇杆长 L 和摆角 Ψ 作摇杆的两极限位置 C_1D、C_2D。

（3）以 C_1C_2 为弦作圆周角为 θ 的辅助圆。具体过程如下：连接 C_1C_2，作直角三角形 C_1PC_2，其中 $\angle C_1 = 90°$，$\angle C_2 = 90° - \theta$。

（4）在辅助圆上任取铰链 A 都能满足 $\angle C_1AC_2 = \theta$ 的要求，A、D 为四杆机构机架。

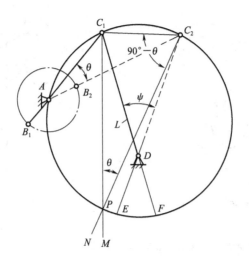

图3-41　曲柄摇杆机构的设计

（5）确定曲柄和连杆长度。

$\because AC_1 = L_{连杆} - L_{曲柄}$，$AC_2 = L_{连杆} + L_{曲柄}$

$\therefore L_{曲柄} = (AC_2 - AC_1)/2$，$L_{连杆} = (AC_2 + AC_1)/2$

求得铰链 B，则 AB_1C_1D 即为所设计的四杆机构。

设计时，应注意铰链 A 不能选在劣弧段 EF 上，否则机构将不满足运动连续性的要求；而铰链 A 具体位置的确定尚需要给出一些其他的附加技术条件。

3.4.3.2　曲柄滑块机构的设计

对于偏置曲柄滑块机构，行程 H 就是两极限位形成的弦（图3-42），铰链 A 可由偏距 e 确定，其余设计步骤与曲柄摇杆机构完全相同。

3.4.3.3　导杆机构的设计

如图3-43所示，设已知机架长度 l_4、行程速比系数 K，设计导杆机构。设计步骤如下。

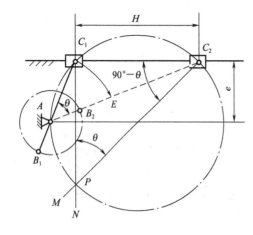

图3-42　滑块机构的设计

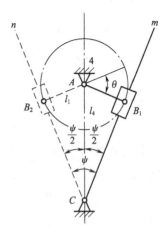

图3-43　导杆机构的设计

（1）计算极位夹角。

$$\theta = 180° \times (K-1)/(K+1)$$

（2）确定导杆两极限位置（注意：$\theta = \psi$）。

（3）过 A 点作导杆的垂线 AB_1。

（4）确定曲柄 $l_1 = AB_1$。

思考题与习题

3-1 曲柄摇杆机构中，当以曲柄为原动件时，机构是否一定存在急回运动，且一定无死点？为什么？

3-2 四杆机构中的极位和死点有何异同？

3-3 试说明对心曲柄滑块机构当以曲柄为主动件时，其传动角在何处最大。

3-4 通过题图 3-1 中各四杆机构所标注的构件尺寸分别判定各铰链四杆机构的类型。

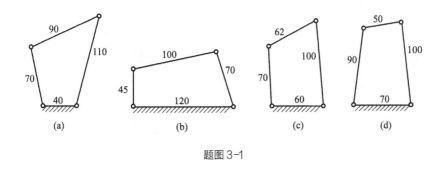

题图 3-1

3-5 画出题图 3-2 所示各机构的传动角和压力角（标注箭头的构件为原动件）。

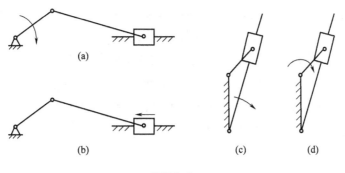

题图 3-2

3-6 若曲柄摇杆机构的曲柄匀速转动，极位夹角 $\theta = 30°$，摇杆工作行程需时 7s。试问：（1）摇杆空回行程需时几秒？（2）曲柄每分钟的转数是多少？

3-7 用图解法设计机构。已知：

题号	摇杆长 L_{CD}	机架 L_{AD}	摆角	行程速比系数 K	设计机构
（1）	500mm	450mm	45°	1.3	曲柄摇杆
（2）	100mm	$\gamma = 40°$（在摇杆右端极位）	35°	1.2	
（3）	80mm	与摇杆左端极限位置夹角30°	40°	1.4	
（4）		100mm		1.4	摆动导杆机构

3-8 已知滑块行程 50mm、偏距 $e = 16$mm、行程速比系数 $K = 1.2$，设计该曲柄滑块机构。

3-9 如题图 3-3 所示，已知加热炉门两活动铰链的间距为 50mm，炉门打开时成水平位置且低温面朝上，设机架在 yy 位于轴线，设计该炉门启闭机构。

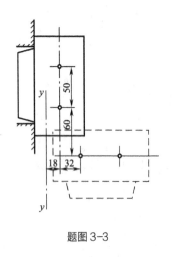

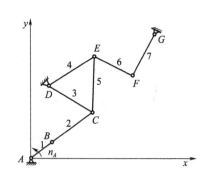

题图 3-3　　　　　　　　　　　　　　　　题图 3-4

3-10 设计一曲柄摇杆机构。已知摇杆长度 $L_{CD} = 100$mm，机架长度 $L_{AD} = 60$mm，摆角 $\psi = 30°$，行程速比系数 $K = 1.4$，用图解法确定其余三杆的尺寸。

3-11 题图 3-4 所示为一种织机打纬机构简图，电动机经一级减速后传动曲柄轴 A 转动。六杆机构（$ABCDEFG$）组成打纬机构，输出件 FG 往复摆动，通过装在摇轴 G 上的专用机件完成打纬要求。此处选用这类六杆机构的原因主要有两点：一是取其从动件上 FG 摆至远离 A 轴的极位附近时，近似停顿的时间较长，以利纬纱随气流穿行而过；二是摆至靠近 A 轴的另一极位时又能有较大的角加速度，以利将纬纱打紧。要求找出该机构的极位夹角（画在图上即可）

第4章

凸轮机构及其设计

4.1 凸轮机构的应用与类型

4.1.1 凸轮机构的应用、组成及特点

凸轮机构是由具有曲线轮廓或凹槽的构件，通过高副接触带动从动件实现预期运动规律的一种高副机构。

（1）凸轮机构的应用。各种形式的凸轮机构广泛应用在各类机械，特别是自动机和自动控制装置中。

图4-1所示为内燃机配气凸轮机构。当凸轮1回转时，其轮廓将迫使从动件2作上下运动，从而使气阀开启或关闭（关闭靠弹簧作用），以控制可燃物质适时进入气缸或排出废气。气阀开启和关闭时间的长短及其开启和关闭速度，则取决于凸轮轮廓曲线的形状。

图4-2所示为绕线机。当绕线轴3快速转动时，经齿轮带动凸轮 A 缓慢转动驱使从动件2往复摆动，使线均匀缠绕在绕线轴上。

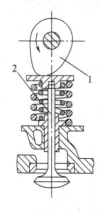
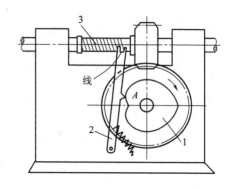

图4-1 内燃机配气凸轮机构　　　　　　　图4-2 绕线机构

图4-3所示为自动车床的进刀机构。当转动有凹槽的凸轮1时，通过槽内滚子3驱使从动件2往复移动，通过扇形齿轮和固结在刀架4上的齿条，控制刀架4作进刀和退刀运动。刀架4的运动规律取决于凸轮1上曲线凹槽的形状。

图4-4所示是一种织机上使用的共轭凸轮打纬机构。主凸轮1和副凸轮2直接带动筘座脚3做往复摆动。

（2）凸轮机构的组成。凸轮机构主要由凸轮、从动件和机架三个基本构件组成。

（3）凸轮机构的特点。凸轮机构的最大优点是只要适当地设计出凸轮的轮廓曲线，就可以使从动件得到各种预期的运动规律，机构简单、紧凑、可靠。正因如此，凸轮机构不可能被数控、电控等装置完全代替。凸轮机构的缺点是凸轮廓线与从动件之间为点、线接触，易磨损，不适合高速、重载。

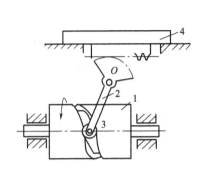

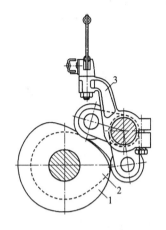

图4-3 进刀机构 图4-4 共轭凸轮打纬机构

4.1.2 凸轮机构的类型

4.1.2.1 按凸轮的形状分

凸轮机构按凸轮形状可分为盘形凸轮和圆柱凸轮等。

盘形凸轮是一个具有变化向径的盘形构件［图4-1、图4-2、图4-4、图4-5（a）］绕固定轴线回转。如图4-5（b）所示的移动凸轮可看作是转轴在无穷远处的盘形凸轮，它作往复直线移动，故称其为移动凸轮。

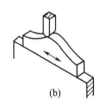
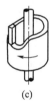

(a) (b) (c)

图4-5 凸轮形状图

圆柱凸轮是一个在圆柱表面上开有曲线凹槽（图4-3），或是在圆柱端面上做出曲线轮廓［图4-5（c）］的构件。圆柱凸轮机构由于凸轮与从动件的运动不在同一平面内，所以是一种空间凸轮机构。

4.1.2.2 按从动件端部形状及其运动形式分

凸轮机构从动件端部基本形状有尖顶、滚子和平底。尖顶从动件［图4-2、图4-6（a）、图4-6（b）］能接触复杂的凸轮轮廓，可实现任意运动规律。但因尖顶接触磨损快，只适用于轻载、低速凸轮机构。滚子从动件［图4-4、图4-6（c）、图4-6（d）］与凸轮轮廓间是滚动摩擦，所以承载大、耐磨损，可用于中速、重载。平底从动件［图4-1、图4-6（e）、图4-6（f）］始终与作用力垂直，传动效率较高，且接触面间易形成动压油膜，适于中、高速凸轮机构。

凸轮机构按其从动件运动形式分为直动从动件［图4-1、图4-6（a）、图4-6（c）、图4-6（e）］和摆动从动件［图4-2、图4-4、图4-6（b）、图4-6（d）、图4-6（f）］。

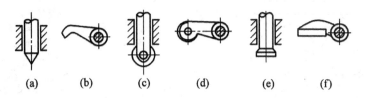

(a)　　(b)　　(c)　　(d)　　(e)　　(f)

图4-6　从动件端部形状

4.1.2.3　按锁合形式分

凸轮机构的锁合形式有力锁合与形锁合。如图4-1、图4-2所示的凸轮机构为弹簧力锁合；如图4-3、图4-4所示的凸轮机构使用的是形锁合，它利用凸轮或推杆的特殊几何结构使凸轮与推杆保持接触。

4.2　从动件的运动规律

4.2.1　凸轮机构的运动过程和基本参数

如图4-7所示的对心尖顶直动从动件盘形凸轮机构，以凸轮轮廓曲线最小向径 r_0 为半径所作的圆称为基圆，r_0 称为基圆半径。凸轮顺时针转动，向径渐增的凸轮轮廓曲线段与从动件尖顶接触，从动件尖顶与凸轮轮廓曲线上点 A（基圆与曲线 AB 的连接点）接触开始以一定运动规律向上移动，待凸轮转到点 B 时，从动件上升到距凸轮回转中心最远的位置，从动件移动的这一过程称为从动件的开程，以 h 表示；凸轮转过的角度 δ_t 称为推程运动角；当凸轮继续转动，凸轮轮廓曲线以 O 为中心的圆弧 BC 段与从动件尖顶接触时，从动件在最远位置停留，此过程称为远休，与之对应的凸轮转角 δ_s 称为远休止角；向径渐减的凸轮轮廓曲线段 CD 与从动件尖顶接触时，从动件以一定运动规律返回初始位置，此过程称为回程，与之对应的凸轮转角 δ_h 称为回程运动角；同理，凸轮基圆上 DA 段圆弧与从动件尖顶接触时，从动件在距凸轮回转中心最近的位置停留不动，此过程称为近休，这时对应的凸轮转角 δ_s' 称为近休止角。当凸轮连续回转时，从动件重复进行"升—停—降—停"的运动循环。

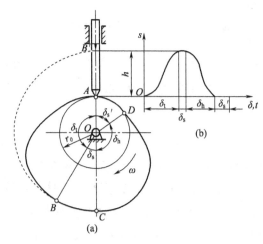

图4-7　对心尖顶直动从动件盘形凸轮机构

从动件的运动规律是指从动件的位移 s、速度 v、加速度 a、加速度的变化率 j（跃度）随时间 t 或凸轮转角 δ 变化的规律。它们全面地反映了从动件的运动特性及其变化的规律性。从动件的运动规律可用运动线图进行描述，如图 5-7（b）所示的位移线图。凸轮机构运动线图横坐标轴为时间 t 或凸轮转角 δ，纵坐标轴是从动件位移 s、速度 v或加速度 a。

凸轮转角与从动件运动的关系见表 4-1。

表 4-1　凸轮转角与从动件运动的关系

凸轮转角 δ	推程运动角 δ_t	远休止角 δ_s	回程运动角 δ_h	近休止角 δ_s'
从动件位移	推程	远休	回程	近休

4.2.2　从动件常用运动规律

在工程实际中常用的从动件运动规律主要有等速运动规律、等加速等减速运动规律、余弦加速度运动规律、正弦加速度运动规律等，下面分别加以介绍。

4.2.2.1　等速运动规律

图 4-8 所示为凸轮机构从动件等速运动规律推程段的运动线图，其运动方程如下。

推程：$\qquad\qquad s=(h/\delta_t)\delta,\ v=(h/\delta_t)\omega,\ a=0$

回程：$\qquad\qquad s=[1-(\delta/\delta_h)]h,\ v=-(h/\delta_h)\omega,\ a=0 \qquad\qquad (4\text{-}1)$

如图 4-8（b）所示，从动件运动在推程开始和终止位置速度有突变，此时加速度将从零变到无穷大，理论上产生无穷大的惯性力，因而会使凸轮机构受到极大的冲击，这种冲击称为刚性冲击。刚性冲击在凸轮机构工作时表现为强烈的冲击振动，造成零部件变形、断裂。

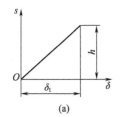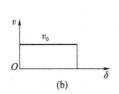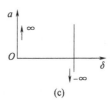

图 4-8　从动件等速运动规律运动线图

4.2.2.2　等加速等减速运动规律

图 4-9 所示为凸轮机构从动件等加速等减速运动规律推程段的运动线图。凸轮机构从动件运动行程中等加速与等减速运动各占一半行程，其推程运动方程如下。

等加速段：

$$s=(2h/\delta_t^2)\delta^2,\ v=(4h\omega/\delta_t^2)\delta,\ a=4h\omega^2/\delta_t^2$$

等减速段：

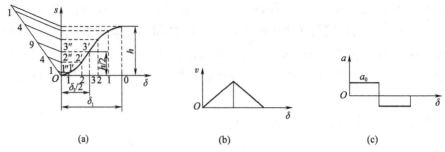

图 4-9　从动件等加速等减速运动规律运动线图

$$s=h-(2h/\delta_t^2)(\delta_t-\delta)^2, \quad v=(4h\omega/\delta_t^2)(\delta_t-\delta), \quad a=-4h\omega^2/\delta_t^2 \qquad [4-2（a）]$$

同理，其回程运动方程如下。

等加速段：

$$s=h-(2h/\delta_h^2)\delta^2, \quad v=-(4h\omega/\delta_h^2)\delta, \quad a=-4h\omega^2/\delta_h^2$$

等减速段：

$$s=(2h/\delta_h^2)(\delta_h-\delta)^2, \quad v=-(4h\omega/\delta_h^2)(\delta_h-\delta), \quad a=4h\omega^2/\delta_h^2 \qquad [4-2（b）]$$

如图 4-9（c）所示，在凸轮 δ 等于 0、$\delta_t/2$、δ_t 三点处从动件的加速度有突变，不过加速度这一突变为有限值，引起的冲击较小，这种冲击称为柔性冲击。柔性冲击在凸轮机构工作时表现为振动、噪声、造成凸轮机构动态性能恶化。

4.2.2.3　余弦加速度运动规律（又称简谐运动规律）

图 4-10 所示为凸轮机构从动件余弦加速度运动规律推程段的运动线图，其运动方程如下。

推程：$s=[1-\cos(\pi\delta/\delta_t)]h/2, \quad v=\sin(\pi\delta/\delta_t)[h\pi\omega/(2\delta_t)]$,

$$a=\cos(\pi\delta/\delta_t)[h\pi^2\omega^2/(2\delta_t^2)] \qquad [4-3（a）]$$

回程：$s=[1+\cos(\pi\delta/\delta_h)]h/2, \quad v=-[h\pi\omega/(2\delta_h)]\sin(\pi\delta/\delta_h)$,

$$a=-[h\pi^2\omega^2/(2\delta_h^2)]\cos(\pi\delta/\delta_h) \qquad [4-3（b）]$$

如图 4-10（c）所示，在凸轮 δ 等于 0、δ_t 两位置的加速度有突变，这一突变为有限值，会引起柔性冲击。

4.2.2.4　正弦加速度运动规律（又称摆线运动规律）

图 4-11 所示为凸轮机构从动件正弦加速度运动规律推程段的运动线图，其运动方程如下。

推程：$s=[(\delta/\delta_t)-\sin(2\pi\delta/\delta_t)/2\pi]h, \quad v=h\omega[1-\cos(2\pi\delta/\delta_t)]/\delta_t$,

$$a=2\pi\omega^2h\sin(2\pi\delta/\delta_t)/\delta_t^2 \qquad [4-4（a）]$$

回程：$s=[1-(\delta/\delta_h)+\sin(2\pi\delta/\delta_h)/2\pi]h, \quad v=h\omega[\cos(2\pi\delta/\delta_h)-1]/\delta_h$,

$$a=-2\pi\omega^2h\sin(2\pi\delta/\delta_h)/\delta_h^2 \qquad [4-4（b）]$$

正弦加速度运动规律的运动线图的特点是速度曲线和加速度曲线均连续无突变，故既无刚性冲击也无柔性冲击。

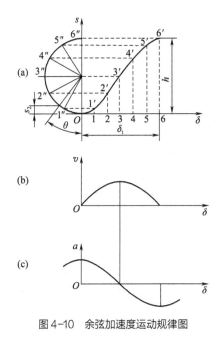

图4-10　余弦加速度运动规律图

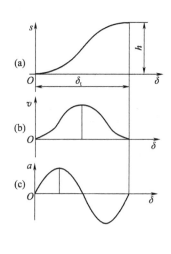

图4-11　正弦加速度运动规律

4.2.3　从动件组合运动规律

在实际工程中，常会遇到机械对从动件的运动和动力特性有多种要求，而有时一种常用运动规律又难于完全满足这些要求。这时，为了获得更好的运动和动力特性，可把几种常用运动规律组合起来加以使用。例如，在凸轮机构中，为了避免冲击，要求速度曲线和加速度曲线必须连续，但是，如果凸轮机构工作过程又要求从动件必须采用等速运动规律，此时为了同时满足从动件等速运动规律及加速度曲线必须连续的要求，可将等速运动规律适当地加以修正，把从动件等速运动规律在其行程两端与正弦加速度运动规律组合起来，以获得较好的组合运动规律（图4-12）。又如，为了消除等加速等减速运动规律中的柔性冲击，可用由等加速等减速运动规律和正弦加速度运动规律组合成改进梯形运动规律，图4-13中给出了正弦加速度运动规律、等加速等减速运动规律和改进梯形运动规律的速度线图和加速度线图。

4.2.4　从动件运动规律的选择

从动件运动规律的选择首先需满足机器的工作要求，其次应使凸轮机构具有良好的动力特性，同时还要使所设计的凸轮便于加工等。选择从动件运动规律时应避免刚性或柔性冲击。当运动曲线高阶连续可导时，凸轮具有良好的动态性能，但必须有足够的凸轮加工精度予以保证。

为了选择运动规律时便于比较，现将一些常用运动规律的速度、加速度和跃度的最大值列于表4-2。由表4-2中可知，等加速等减速运动规律和正弦加速度运动规律的速度峰值较大，而除等速运动规律之外，正弦加速度运动规律的加速度最大值最大。

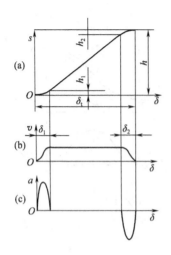

图 4-12　组合运动规律图

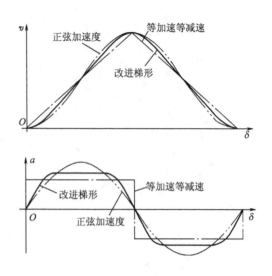

图 4-13　改进梯形运动规律图

选择从动件运动规律需先考虑动力特性，以避免产生过大冲击。例如，等加速等减速运动规律与正弦加速度运动规律相比，前者动力特性比后者差，所以在高速场合一般选用正弦加速度运动规律而不是等加速等减速运动规律。因此，选择从动件运动规律应综合考虑各方面因素，而且还应该了解改善动态性能必然增大加工成本和难度。

当机械的工作过程对从动件的运动规律有特殊要求，而凸轮转速又不太高时，应首先从满足工作需要出发，选择从动件的运动规律，其次考虑其动力特性和便于加工性。

在选择从动件运动规律时，除了要考虑其冲击特性外，还应考虑其具有的最大速度 v_{max}、最大加速度 a_{max} 和最大跃度 j_{max}，因为这些值也会从不同角度影响凸轮机构的工作性能。其中，最大速度 v_{max} 与从动件系统的最大动量 mv_{max} 有关，为了使机构停动灵活和运行安全，mv_{max} 的值不宜过大，特别是当从动件系统的质量 m 较大时，应选用 v_{max} 较小的运动规律；最大加速度 a_{max} 与从动件系统的最大惯性力 ma_{max} 有关，而惯性力是影响机构动力学性能的主要因素，惯性力越大，作用在凸轮与从动件之间的接触应力越大，对构件的强度和耐磨性要求也越高，因此对于运转速度较高的凸轮机构，应选用 a_{max} 值尽可能小的运动规律；最大跃度 j_{max} 与惯性力的变化率密切相关，它直接影响到从动件系统的振动和工作平稳性，因此希望其越小越好，特别是对于高速凸轮机构，这一点尤为重要。

表 4-2　从动件常用运动规律特性及适用场合

运动规律	冲击特性	v_{max}（$h\omega/\delta_t$）	a_{max}（$h\omega^2/\delta_t^2$）	j_{max}（$h\omega^3/\delta_t^3$）	适用场合
等速	刚性	1.00	∞	—	低速轻载
等加速等减速	柔性	2.00	4.00	∞	中速轻载
余弦加速度	柔性	1.57	4.93	∞	中速中载
正弦加速度	无	2.00	6.28	39.5	中高速轻载

4.3 凸轮轮廓曲线的设计

4.3.1 凸轮轮廓曲线设计的基本原理

在根据工作要求和结构条件选定了凸轮结构的形式、基本尺寸、从动件的运动规律和凸轮的转向后，就可进行凸轮轮廓曲线的设计了。凸轮轮廓曲线设计方法有解析法和图解法。解析法计算精度高，特别适合数字化加工，但所用的数学关系一般较为复杂，需要进行大量运算。图解法则相对简单、直观，便于理解与分析，但其设计精度有限，只适用于要求不高的简单凸轮轮廓曲线。凸轮轮廓曲线设计方法的核心就是求解凸轮轮廓曲线上的诸点，将图解法的几何关系数字化，就是解析法的计算公式。

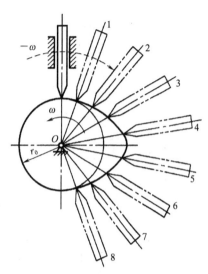

凸轮轮廓曲线设计的基本原理是反转法原理。如图 4-14 所示，当凸轮以角速度 ω 绕轴 O 逆时针转动时，从动件在凸轮的推动下实现预期的运动。依据相对运动原理，现设想给整个凸轮机构加上一个公共角速度 "$-\omega$"，使其绕轴心 O 转动。这时凸轮与从动件之间的相对运动并未改变，凸轮将静止不动，而从动

图 4-14 反转法绘制凸轮轮廓

件则一方面随其导轨以角速度 "$-\omega$" 绕轴心 O 转动，一方面又在导轨内作预期的往复移动。这样，在这种复合运动中，从动件尖顶的运动轨迹即为凸轮轮廓曲线。这种方法是假定凸轮不动而使从动件连同导轨一起反转，故称为反转法。

4.3.2 用图解法设计凸轮轮廓曲线

4.3.2.1 偏置尖顶直动从动件盘形凸轮廓线的绘制

设凸轮的基圆半径为 r_0，从动件位移线图如图 4-15（b）所示，凸轮以等角速 ω 顺时针方向回转，凸轮机构存在偏距 e。试设计该偏置尖顶直动从动件盘形凸轮廓线。

偏置尖顶直动从动件盘形凸轮机构的偏距圆是以偏距 e 为半径以凸轮转动中心 O 为圆心所作的圆，从动件移动导轨中心位置与偏距圆始终相切，如图 4-15（a）所示。

偏置尖顶直动从动件盘形凸轮廓线具体设计步骤如下：

（1）取与位移线图同样的比例尺作基圆和偏距圆，定从动件位移起始位。

（2）在基圆上，对应从动件位移线图，标各运动阶段凸轮角 δ_i。

（3）沿 "$-\omega$" 方向绘制一系列从动件机架位置（机架位置需与偏距圆相切），从动件位置线和基圆的交点编号与从动件位移线图相对应。例如，从动件位移线图上的 1、2、3、

4、…，对应从动件端部位置线与基圆的交点编号 C_1、C_2、C_3、C_4、…。

（4）量取从动件位移，即从动件位移线图上的 11′ 线段长与图 4-15（a）中的 B_1C_1 线段长对应并相等，同理，22′ 与 B_2C_2 对应，以此类推得到一系列点 B_1、B_2、…B_9。

（5）光滑连接各 B_i 点，所得曲线便是所设计的凸轮轮廓。

当偏距 $e=0$ 时，用以上步骤所设计的凸轮轮廓为对心尖顶直动从动件盘形凸轮的轮廓。

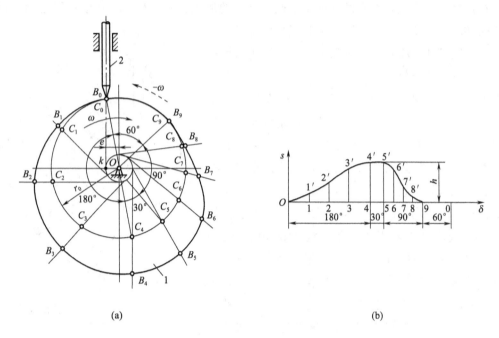

(a)   (b)

图 4-15　偏置尖顶直动从动件盘形凸轮廓线的设计

4.3.2.2　对心滚子直动从动件盘形凸轮廓线的绘制

绘制对心滚子直动从动件盘形凸轮廓线时，先将滚子圆心 B 视为尖顶从动件的尖顶，按前述方法绘制以滚子圆心为尖顶的对心直动从动件盘形凸轮廓线，该廓线称为滚子直动从动件盘形凸轮机构的理论廓线（图 4-16 中 β），凸轮的基圆半径 r_0 和压力角 α 通常系指凸轮理论廓线的基圆半径和压力角。以理论廓线上的各点为圆心，以滚子半径 r_r 为半径，作一系列滚子圆，则此族圆的内包络线即为所设计凸轮的工作廓线（又称实际廓线）（图 4-16 中 β'）。

设 β 是对心滚子直动从动件盘形凸轮的理论廓线，按尖顶的对心直动从动件盘形凸轮廓线设计方法，以下是凸轮的工作廓线设计步骤。

（1）取滚子半径 r_r。

（2）以 β 上各点为圆心画一系列半径为 r_r 的圆。

（3）画滚子圆的内包络线 β'，β' 就是所设计的凸轮廓线。

设计过程如图 4-16 所示。

4.3.2.3　偏置滚子直动从动件盘形凸轮廓线的绘制

如图 4-17 所示，设 η 是偏置尖顶直动从动件盘形凸轮的理论廓线，设计步骤如下：

（1）取滚子半径 r_r。

（2）以 η 上各点为圆心画一系列半径是 r_r 的圆。

（3）画滚子圆的内包络线 η'，η' 就是所设计的凸轮廓线。

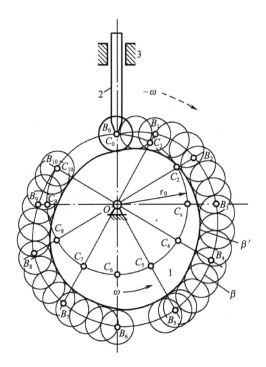

图 4-16　对心滚子直动从动件盘形凸轮廓线

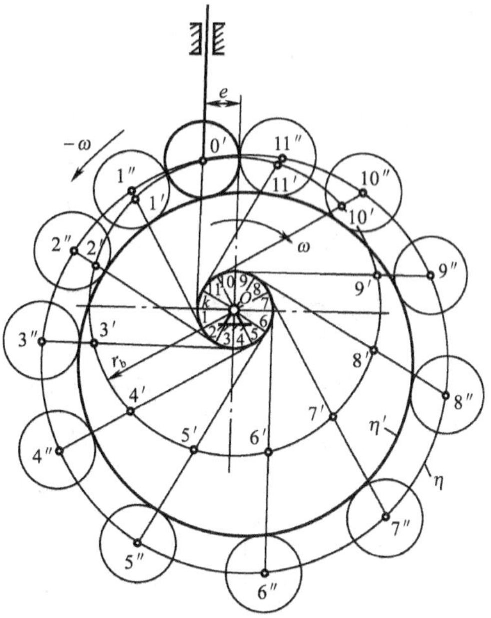

图 4-17　偏置滚子直动从动件盘形凸轮廓线

4.3.3　用解析法设计凸轮轮廓曲线

用解析法设计凸轮廓线，就是根据从动件的运动规律和已知的机构参数，求出凸轮廓线的方程式，并精确地计算出凸轮廓线上各点的坐标值。下面以对心尖端直动从动件盘形凸轮机构为例介绍用解析法设计凸轮廓线。

如图 4-18 所示，取坐标系 y 轴与从动件移动导轨轴线重合，当凸轮转角为 δ 时，从动件产生相应的位移 s，建立从动件位移 s 的矢量方程式：

$$OB = s_0 + s \qquad (4-5)$$

式中：$s_0 = r_0$。

将式（4-5）分别向 x、y 轴投影，则从动件尖顶 B 点的坐标为：

$$x = (r_0 + s)\sin\delta$$
$$y = (r_0 + s)\cos\delta \qquad (4-6)$$

此即为对心尖端直动从动件盘形凸轮廓线的解

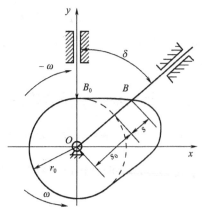

图 4-18　对心尖端直动从动件盘形凸轮机构

析方程式。

4.4 凸轮机构基本尺寸的确定

4.4.1 凸轮轮廓的压力角

凸轮的压力角 α（图4-19）是忽略摩擦的情况下，从动件 A 点所受正压力方向（沿凸轮轮廓线在 A 点的法线方向）与从动件上 A 点的速度方向之间所夹的锐角。压力角是衡量凸轮机构传力性能好坏的一个重要参数。

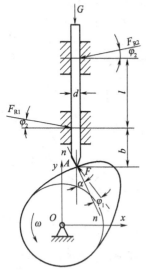

图4-19 凸轮机构受力分析

如图4-19所示 F 为凸轮对从动件的作用力；G 为从动件所受的载荷（包括从动件的自重和弹簧压力等）；F_{R1}、F_{R2} 分别为导轨两侧作用于推杆上的总反力，φ_1、φ_2 为摩擦角。

根据力平衡条件可得：

$$\sum F_x = -F\sin(\alpha+\varphi_1)+(F_{R1}-F_{R2})\cos\varphi_2 = 0$$

$$\sum F_y = -G+F\cos(\alpha+\varphi_1)-(F_{R2}+F_{R1})\sin\varphi_2 = 0$$

$$\sum M_A = F_{R2}(l+b)\cos\varphi_2-F_{R1}b\cos\varphi_2 = 0$$

经整理后得：

$$F = \frac{G}{\cos(\alpha+\varphi_1)-(l+2b/l)\sin(\alpha+\varphi_1)\tan\varphi_2} \tag{4-7}$$

由式（4-7）可以看出，在其他条件相同的情况下，压力角 α 越大，则分母越小，作用力 F 将越大；如果 α 大到使式中的分母为零，则 F 将增至无穷大，此时机构将发生自锁。

在生产实际中，为了提高机构的效率、改善其受力情况，通常规定凸轮机构的最大压力角 α_{max} 应小于某一许用压力角 $[\alpha]$，即 $\alpha_{max} \leqslant [\alpha]$。根据实践经验，在推程时，对直动推杆取 $[\alpha]=30°$，对摆动推杆取 $[\alpha]=35°\sim45°$。在回程时，对于力封闭的凸轮机构，由于这时使推杆运动的是封闭力，不存在自锁的问题，可采用较大的压力角，通常取 $[\alpha]=70°\sim80°$。

4.4.2 凸轮基圆半径的确定

图4-20所示偏置尖顶直动从动件盘型凸轮机构中，凸轮与从动件的相对瞬心在 P 点，故从动件的速度为：$v=v_p=\omega\,\overline{OP}$，$\overline{OP}=\dfrac{v}{\omega}=\mathrm{d}s/\mathrm{d}\delta$；由图5-20中 $\triangle BCP$ 可得：

$$\tan\alpha = \frac{(\overline{OP}-e)}{(s_0+s)} = \frac{[(\mathrm{d}s/\mathrm{d}\delta)-e]}{[(r_0^2-e^2)^{1/2}+s]} \tag{4-8}$$

由此可知，在偏距一定、从动件的运动规律已知的条件下，增大基圆半径 r_0，可减小压力角 α，从而改善机构的传力性能，但此时机构的尺寸将会增大。故应在满足 $\alpha_{max} \leqslant [\alpha]$ 的条件下，合理地确定凸轮的基圆半径，使凸轮机构的尺寸不至于过大。

对于直动从动件盘形凸轮机构，如果限定推程的压力角 $\alpha \leqslant [\alpha]$，则可由式（4-8）导出基圆半径的计算公式：

$$r_0 \geqslant \sqrt{\left[\frac{(\mathrm{d}s/\mathrm{d}\delta - e)}{\tan[\alpha]} - s \right]^2 + e^2} \qquad (4-9)$$

在实际设计工作中，凸轮基圆半径的确定不仅要受到 $\alpha_{max} \leqslant [\alpha]$ 的限制，还要考虑到凸轮的结构及强度要求等。根据 $\alpha_{max} \leqslant [\alpha]$ 的条件所确定的凸轮基圆半径 r_0 一般较小，所以在设计工作中，凸轮基圆半径通常根据具体结构条件来确定，必要时再检查所设计的凸轮是否满足 $\alpha_{max} \leqslant [\alpha]$ 的要求。

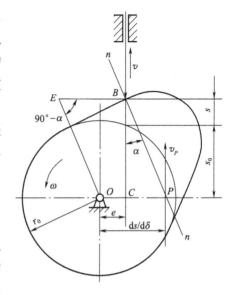

图 4-20　偏置尖顶从动件凸轮
基圆半径的确定

4.4.3　滚子推杆滚子半径的确定

如图 4-21 所示，ρ_{min} 为理论轮廓曲线外凸部分的最小曲率半径，r_r 为滚子半径，ρ' 为实际轮廓曲率半径。凸轮的外凸轮廓在引入滚子后，各轮廓点的曲率半径 ρ' 会减小，存在关系：$\rho' = \rho_{min} - r_r$。

（1）当出现 $\rho_{min} - r_r > 0$ 时，凸轮实际廓线完整，如图 4-21（a）所示。

（2）当出现 $\rho_{min} - r_r = 0$ 时，凸轮实际廓线产生易磨损的尖点，如图 4-21（b）所示。

（3）当出现 $\rho_{min} - r_r < 0$ 时，发生实际廓线相交，如图 4-21（c）所示，即部分轮廓在加工时被切去，造成从动件运动失真。

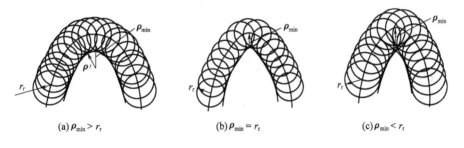

(a) $\rho_{min} > r_r$　　　　　(b) $\rho_{min} = r_r$　　　　　(c) $\rho_{min} < r_r$

图 4-21　滚子半径对凸轮的影响

综上所述，设计滚子从动件凸轮机构时，所选滚子不能过大，滚子半径 r_r 必须小于理论轮廓曲线外凸部分的最小曲率半径 ρ_{min}，否则凸轮机构会发生运动失真或易于磨损；但使用太小的滚子又会导致其难以安装、润滑，降低滚子的强度和寿命。一般选择滚子半径 r_r

应满足: $\rho_{min} \leqslant [\rho]$，设计时建议取 $r_r \leqslant 0.8\rho_{min}$。$\rho_{min}$ 可通过计算获得。

思考题与习题

4-1 简单说明凸轮机构的优缺点及分类情况。

4-2 试说明等速运动规律、等加速等减速运动规律、余弦加速度运动规律和正弦加速度运动规律的特点。

4-3 简单说明凸轮廓线设计的反转法原理。

4-4 什么是凸轮的理论廓线和实际廓线？二者有何联系？

4-5 何谓凸轮机构的压力角？凸轮机构压力角的大小对凸轮机构的传动有何影响？

4-6 如何选择凸轮的基圆半径？

4-7 什么是"运动失真"现象？如何选择滚子半径才能避免机构的"运动失真"？

4-8 题图4-1所示为一偏置直动从动件盘形凸轮机构，已知 AB 段为凸轮的推程廓线。试在图上标注:（1）推程运动角 δ_t；（2）凸轮位于图示位置时，凸轮机构的压力角；（3）凸轮从图示位置转过 $45°$ 时，凸轮机构的压力角和从动件的位移。

4-9 题图4-2所示凸轮机构中，已知该凸轮的理论廓线，试在此基础上做出凸轮的实际廓线，并画出基圆。

4-10 题图4-3所示的凸轮机构中，凸轮为偏心轮，转向见图。已知参数 $R = 30mm$，$L_{OA} = 10mm$，$e = 15mm$，$r_r = 5mm$。E、F 为凸轮与滚子的两个接触点。（1）画出理论轮廓曲线和基圆；（2）标出从 E 点接触到 F 点接触凸轮所转过的角度；（3）标出 F 点接触时凸轮机构的压力角；（4）标出 E 点接触到 F 点接触从动件的位移。

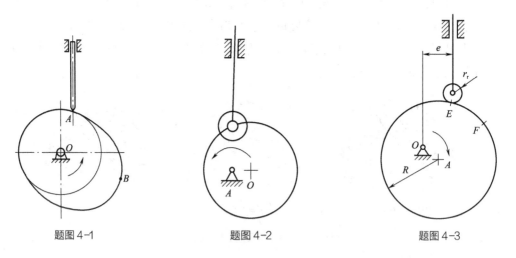

题图 4-1　　　　　　　　题图 4-2　　　　　　　　题图 4-3

4-11 题图4-4所示的两个摆动从动件凸轮机构中，试作图求:（1）凸轮位于图示位置时，凸轮机构的压力角；（2）凸轮从图示位置转过 $90°$ 时，凸轮机构的压力角。

4-12 已知从动件升程 $h = 30mm$，$\delta_t = 150°$，$\delta_s = 30°$，$\delta_h = 120°$，$\delta'_s = 60°$，从动件在推

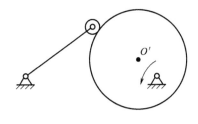

题图4-4

程作余弦加速度运动，在回程作等加速等减速运动，试运用作图法或公式计算绘出其运动线图 s—t、v—t 和 a—t。

4-13 设计如题图 4-5 所示偏置直动滚子从动件盘形凸轮廓线。已知凸轮以等角速度顺时针方向回转，偏距 $e=10$ mm，凸轮基圆半径 $r_0=60$ mm，滚子半径 $r_r=10$ mm，从动件的升程及运动规律与题 4-12 相同，试设计凸轮的廓线并校核推程压力角（方法不限）。

4-14 题图 4-6 所示的自动车床控制刀架移动的滚子摆动从动件凸轮机构中，已知 $L_{OA}=60$ mm，$L_{AB}=36$ mm，$r_0=35$ mm，$r_r=8$ mm。从动件的运动规律：当凸轮以等角速度 ω_1 逆时针方向回转 150° 时，从动件以简谐运动向上摆 15°；当凸轮自 150° 转到 180° 时，从动件停止不动；当凸轮自 180° 转到 300° 时，从动件以余弦加速度运动摆回原处；当凸轮自 300° 转到 360° 时，从动件又停留不动。试绘制凸轮的廓线。

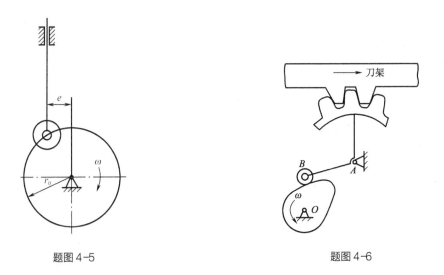

题图4-5　　　　　　　　　　　　　　题图4-6

4-15 设计细纱机卷绕成形凸轮机构。已知凸轮的基圆半径 $r_0=70$ mm，$r_r=20$ mm，从动件的运动规律如下：当凸轮以等角速度 ω_1 逆时针方向转动 270° 时，从动件以等加速上升 46 mm；当凸轮自 270° 转到 360° 时，从动件以等减速降回原处。试绘制凸轮廓线。

第5章

齿轮传动设计

5.1 齿轮传动的应用与类型

5.1.1 齿轮传动的应用与特点

齿轮传动属啮合传动，通过齿间啮合可传递空间任意两轴间的运动和动力。它具有传动准确、机械效率高、使用寿命长和结构紧凑的优点，能在很宽的功率范围内安全、可靠、平稳地运行，已被广泛应用于各类机械。但受结构尺寸的限制，齿轮传动多适于近距离传动，并且齿轮的曲面齿廓需专用设备加工，要求的制造与安装精度高，所以成本也高。

5.1.2 齿轮传动的类型

齿轮传动有很多类型，合理的分类有助于按使用要求正确选择齿轮传动。表 5-1 所示是其常见类型。

表 5-1 圆形齿轮传动的常见类型

平面齿轮传动	直齿平行轴	外啮合	内啮合	齿轮齿条啮合
	外啮合平行轴	斜齿	人字齿	
空间齿轮传动	相交轴外啮合圆锥齿轮	直齿	斜齿	曲齿

续表

空间齿轮传动	交错轴	 斜齿	 圆柱蜗杆蜗轮	 锥蜗杆蜗轮

按实现的传动比，齿轮传动可分为定传动比齿轮传动和变传动比齿轮传动；而按齿轮的几何形状，则可分为圆形齿轮转动和非圆形齿轮传动。一般定传动比齿轮传动使用圆形齿轮，如圆柱齿轮、圆锥齿轮或蜗杆蜗轮；而变传动比齿轮传动则使用非圆形齿轮，多用于传动比需按一定规律变化的特殊机械。

按传递的相对运动，齿轮传动可分为平面齿轮传动和空间齿轮传动；按齿轮轴线的相对位置，则可分为平行轴齿轮传动、相交轴齿轮传动和交错轴齿轮传动。平面齿轮传动为平行轴，空间齿轮传动为相交轴或交错轴。一般相交轴齿轮传动使用圆锥齿轮，交错轴齿轮传动则使用斜齿圆柱齿轮或蜗杆蜗轮。

按轮齿的啮合位置，齿轮传动还可分为外啮合和内啮合。以平行轴圆柱齿轮传动为例，外啮合可传递反向转动，内啮合能传递同向转动；而齿条与齿轮啮合则能变换移动与转动。

齿轮还可按齿形分为直齿、斜齿、人字齿和曲齿。以圆锥齿轮为例，在相同的结构尺寸下，由于曲齿比直齿的接触线长，且轮齿间的交替啮合更加平稳、可靠，所以具有更高的承载能力，但其齿廓的加工、安装也要求更高。工程中，变换齿形也是一条改善齿轮传动性能的有效途径。

5.2 齿廓啮合基本定律及渐开线齿廓

5.2.1 齿廓啮合基本定律

如图 5-1 所示，G_1、G_2 是一对平面啮合齿廓，G_1 绕 O_1 轴转动，G_2 绕 O_2 轴转动，G_1 通过接触点 K 驱动 G_2。连心线 O_1O_2 与 K 点的齿廓公法线 nn 交于点 C。经运动分析可知：两啮合齿廓在 C 点的运动速度相同，一般被称为两齿廓的啮合节点（简称节点），存在关系

$$v_c = \overline{O_1C} \cdot \omega_1 = \overline{O_2C} \cdot \omega_2$$

由传动比定义知：

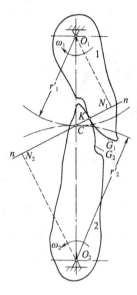

图 5-1　齿廓啮合基本定律

$$i_{12} = \frac{\omega_1}{\omega_2} = \frac{\overline{O_2C}}{\overline{O_1C}} \qquad (5-1)$$

即一对齿廓在任一位置啮合时，其传动比 i_{12} 与节点 C 所分割连心线 O_1O_2 的两线段长度成反比，这就是齿廓啮合基本定律。满足齿廓啮合基本定律的一对啮合齿廓被称为共轭齿廓，其齿廓曲线也称共轭曲线。理论上已证明共轭曲线有无穷多。但综合考虑各方面因素，仅有少数适合工程应用，如渐开线、摆线、圆弧和抛物线等。必须强调：共轭曲线与共轭齿廓的啮合传动性能密切相关。

当中心距 a 一定时，要实现齿轮机构的定传动比，其节点 C 必为一定点。分别以 O_1C 和 O_2C 为半径，以 O_1、O_2 为圆心所作的两个相切圆，称为齿廓 G_1 和 G_2 的节圆。分别用 r'_1 和 r'_2 表示节圆半径，则 $i_{12} = r'_2/r'_1 = $ 常数，即齿廓间的啮合传动可视为两节圆作纯滚动。

当中心距 a 一定时，要实现齿轮机构的传动比 i_{12} 按一定规律变化，其节点 C 在连心线 O_1O_2 上的位置必然也随之改变。如图 5-2 所示的椭圆齿轮传动，其节线便为非圆曲线。

5.2.2　渐开线齿廓

如图 5-3 所示，基圆 O 的半径为 r_b，BK 是与基圆 O 相切的发生线。当 BK 绕基圆周作纯滚动时，其上任意点 K 的轨迹便是基圆 O 的渐开线。其中 r_K 与 θ_K 分别表示 K 点的向径与展角。

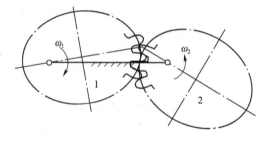

图 5-2　椭圆齿轮

渐开线可从它的形成过程分析其特性。

（1）发生线在基圆上滚过的长度等于基圆上对应的圆弧长，即 $\overline{KB} = \overset{\frown}{AB}$。

（2）渐开线在 K 点的法线恒切于基圆，它与发生线 BK 重合，是渐开线齿廓在 K 点的正压力方向。由定义知，渐开线在 K 点的压力角 α_K 应满足：

$$\cos \alpha_K = r_b/r_K \qquad (5-2)$$

上式说明渐开线上各点的压力角 α_K 并非定值，它随 r_K 的增大而增大，在基圆上的压力角为零。

（3）经证明，发生线与基圆的切点 B 是渐开线在 K 点的曲率中心，即渐开线上 K 点的曲率半径 $\rho_K = \overline{BK} = r_b\tan \alpha_K$。所以渐开线在基圆上的曲率半径为零，随 K 点远离基圆而逐渐变大。

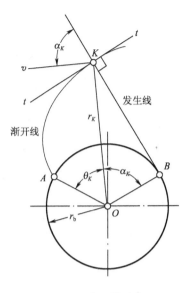

图5-3　渐开线形成

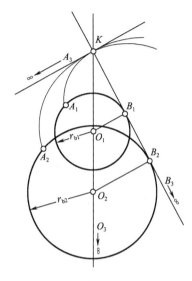

图5-4　渐开线特性

（4）基圆大小决定渐开线的形状。如图5-4所示，当渐开线在 K 点的压力角一定时，其曲率半径 ρ_K 与基圆半径 r_b 成正比，它的形状会随 r_b 的增大从弯曲变向平直。当基圆半径无穷大时，渐开线变成直线，即渐开线齿条具有直线齿廓。

（5）基圆内无渐开线。

在图5-3所建立的极坐标系中，因为

$$r_b \tan \alpha_K = \overline{BK} = \overparen{AB} = r_b (\theta_K + \alpha_K)$$

所以 $\theta_K = \tan \alpha_K + \alpha_K$，即展角 θ_K 是压力角 α_K 的函数，工程中也称为渐开线函数，常用 $\operatorname{inv} \alpha_K$ 表示。渐开线方程可表示为：

$$\begin{cases} r_K = \dfrac{r_b}{\cos \alpha_K} \\ \theta_K = \operatorname{inv} \alpha_K = \tan \alpha_K - \alpha_K \end{cases} \tag{5-3}$$

一般将 θ_K 按 α_K 列成表格，以方便工程应用时查取。通过渐开线方程可计算各齿廓点坐标，能对齿廓进行数值建模与分析。

5.2.3　渐开线齿廓的啮合特性

如图5-5所示，一对渐开线齿廓在任意点 K 处啮合，N_1N_2 是过啮合点 K 的两齿廓公法线，O_1O_2 是齿廓回转轴的连心线，公法线 N_1N_2 与连心线 O_1O_2 的交点 C 即为节点，r_1'、r_2' 分别是啮合齿廓的节圆半径，tt 为过节点 C 的两节圆公切线。当渐开线齿廓一定时，这对渐开线齿廓的基圆半径 r_{b1} 和 r_{b2} 为定值。

5.2.3.1　啮合线为定直线

由渐开线特性知，过 K 点的两齿廓公法线 N_1N_2 必与基圆相切，即 N_1N_2 是两基圆的内

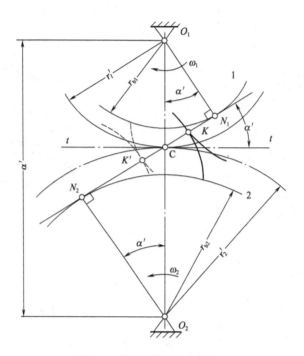

图 5-5　渐开线齿廓的啮合特性

公切线。因为这对渐开线齿廓的基圆一定，所以 N_1N_2 在空间的位置确定，是定直线。无论 K 点如何变化，它始终在 N_1N_2 之上，所以 N_1N_2 又是啮合点 K 的轨迹线，一般称为啮合线，即渐开线齿轮传动的啮合线是定直线。由于 N_1N_2 是齿廓在 K 点的公法线，而法线方向又是正压力的作用方向，所以 N_1N_2 还是齿廓的力作用线。对于渐开线齿轮机构，固定的力传递方向有助于它的平稳传动。

5.2.3.2　能实现定传动比

由于渐开线齿廓的公法线 N_1N_2 与其连心线 O_1O_2 交于节点 C，存在几何关系：$\triangle O_1CN_1 \backsim \triangle O_2CN_2$。当中心距 a' 一定时，其传动比可表示为：

$$i_{12}=\frac{\omega_1}{\omega_2}=\frac{\overline{O_2C}}{\overline{O_1C}}=\frac{r_2'}{r_1'}=\frac{r_{b2}}{r_{b1}} \tag{5-4}$$

所以节点 C 为一定点，满足齿廓啮合基本定律，能实现定传动比传动。

5.2.3.3　中心距可分

由式（5-4）知，当一对渐开线齿廓的中心距 a' 发生变化时，由于其基圆半径 r_{b1}、r_{b2} 始终未变，所以传动比 i_{12} 仍为原值，称为渐开线齿廓的中心距可分性。若渐开线齿轮在加工与安装时存在一定的中心距误差，将仍能保证所要求的定传动比。

5.2.3.4　啮合角恒为节圆压力角

定义啮合线 N_1N_2 与节圆公切线 t 之间所夹的锐角 α' 为啮合角，用于描述啮合线 N_1N_2

的倾斜程度。当一对渐开线齿廓在节点 C 处啮合时，tt 是速度方向，N_1N_2 为正压力方向，则 α' 也是节点 C 处的压力角。

5.3 渐开线标准直齿圆柱齿轮

5.3.1 渐开线标准直齿圆柱齿轮各部分的名称和符号

图 5-6 所示为一标准直齿圆柱外齿轮的一部分。过轮齿顶端所做的圆称为齿顶圆，分别用 r_a 和 d_a 表示其半径与直径；过齿槽底部所做的圆称为齿根圆，分别用 r_f 和 d_f 表示其半径与直径；基圆是生成齿廓渐开线的圆，分别用 r_b 和 d_b 表示其半径与直径。

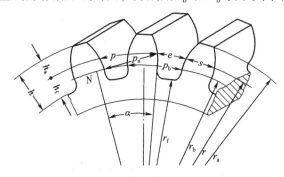

图 5-6　渐开线标准直齿圆柱齿轮外齿轮各部分的名称和符号

为便于齿轮的计算与度量，定义分度圆为齿轮的基准圆，分别用 r 和 d 表示其半径与直径。

轮齿介于分度圆与齿顶圆之间的部分是齿顶，其径向高度为齿顶高，用 h_a 表示；介于分度圆与齿根圆之间的部分是齿根，其径向高度为齿根高，用 h_f 表示；齿顶高与齿根高之和是齿全高，用 h 表示，则：

$$h = h_a + h_f$$

在任意圆周 k 上，轮齿的圆周弧长为齿厚，用 s_k 表示；相邻两轮齿间的齿槽圆周弧长为齿槽宽，用 e_k 表示；定义相邻两轮齿同侧齿廓间的圆周弧长为齿距，用 p_k 表示，则存在关系：

$$p_k = s_k + e_k$$

同理，用 s、e 与 p 分别表示分度圆上的齿厚、齿槽宽和齿距，并有：

$$p = s + e$$

用 s_b、e_b 与 p_b 分别表示基圆上的齿厚、齿槽宽和齿距，且有：

$$p_b = s_b + e_b$$

将相邻两轮齿同侧齿廓间在法线方向上的距离称为法向齿距 p_n。由渐开线特性可知：

$$p_b = p_n$$

5.3.2 渐开线标准齿轮的基本参数

（1）齿数。齿轮沿圆周均匀分布的轮齿总数，用 z 表示。

（2）模数。由于在分度圆上存在关系：$\pi d = zp$，为方便齿轮的设计、加工和检测，定义模数 $m = p/\pi$，它的取值已标准化，表 5-2 所示为国家标准 GB/T 1357-2008 规定的标准模数系列。以模数 m 为基础，则齿轮分度圆的直径和齿距可分别表示为：

$$d = mz, \quad p = \pi m \tag{5-5}$$

表 5-2　圆柱齿轮标准模数系列表（GB/T 1357—2008）

第一系列	1、1.25、1.5、2、2.5、3、4、5、6、8、10、12、16、20、25、32、40、50
第二系列	1.125、1.375、1.75、2.25、3.5、4.5、5.5、(6.5)、7、9、11、14、18、22、28、35、45

注　尽可能避免选用括号内的值。

当齿轮的齿数一定时，由于它的几何尺寸与模数 m 成正比，所以模数 m 越大，齿轮也越大，如图 5-7 所示。

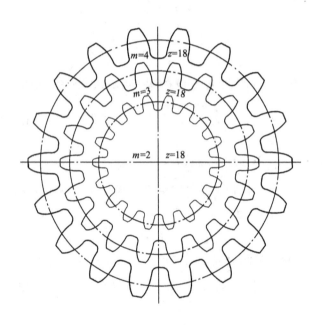

图 5-7　齿轮不同模数的比较

（3）分度圆压力角。渐开线齿廓在分度圆上的压力角 α 是分度圆压力角，一般取标准值 20°。若齿轮用于特殊场合，α 也可取其他值。

由式（5-3）可知：

$$d_{\mathrm{b}} = d\cos\alpha$$

$\because d_{\mathrm{b}} = zp_{\mathrm{b}}/\pi = d\cos\alpha = (zp/\pi)\cos\alpha$

$\therefore p_{\mathrm{b}} = p\cos\alpha$

（4）齿顶高系数与顶隙系数。定义 h_a^* 和 c^* 分别是渐开线齿轮的齿顶高系数和顶隙系数，则它的齿顶高与齿根高可表示为：

$$h_a = h_a^* m \quad \text{与} \quad h_f = (h_a^* + c^*) m$$

顶隙 $c = c^* m$ 在齿轮啮合过程中能避免碰撞和储油润滑。

h_a^* 和 c^* 已标准化，对于正常齿制，当 $m \geqslant 1\text{mm}$ 时，取 $h_a^* = 1$ 和 $c^* = 0.25$；当 $m < 1\text{mm}$ 时，取 $h_a^* = 1$ 和 $c^* = 0.35$。而短齿制齿轮，则取 $h_a^* = 0.8$ 和 $c^* = 0.3$。

5.3.3　渐开线标准直齿圆柱齿轮的几何尺寸

渐开线标准直齿圆柱齿轮应满足以下条件。

（1）基本参数 m、α、h_a^* 和 c^* 取标准值。

（2）分度圆齿厚 s 与齿槽宽 e 相等，即 $s = e = p/2 = \pi m/2$。

（3）具有标准的齿顶高和齿根高。

表5-3所示为渐开线标准直齿圆柱齿轮传动的几何尺寸计算公式。

表5-3　渐开线标准直齿圆柱齿轮传动的几何尺寸计算公式

名称	符号	小齿轮	大齿轮
分度圆直径	d	$d_1 = m z_1$	$d_2 = m z_2$
齿顶圆直径	d_a	$d_{a1} = d_1 \pm 2h_a = (z_1 \pm 2h_a^*) m$	$d_{a2} = d_2 \pm 2h_a = (z_2 \pm 2h_a^*) m$
齿根圆直径	d_f	$d_{f1} = d_1 \mp 2h_f = [z_1 \mp 2(h_a^* + c^*)] m$	$d_{f2} = d_2 \mp 2h_f = [z_2 \mp 2(h_a^* + c^*)] m$
基圆直径	d_b	$d_{b1} = d_1 \cos\alpha$	$d_{b2} = d_2 \cos\alpha$
节圆直径	d'	$d_1' = d_1$（标准安装）	$d_2' = d_2$（标准安装）
基本参数		m、α、h_a^*、c^* 选标准值	
齿顶高	h_a	$h_a = h_a^* m$	
齿根高	h_f	$h_f = (h_a^* + c^*) m$	
齿全高	h	$h = h_a + h_f = (2h_a^* + c^*) m$	
顶隙	c	$c = c^* m$	
任意圆齿厚	s_k	$s_k = s r_k / r - 2 r_k (\text{inv}\alpha_k - \text{inv}\alpha)$（$r_k$、$\alpha_k$ 为任意圆半径和压力角）	
齿厚	s	$s = \pi m / 2$	
齿槽宽	e	$e = \pi m / 2$	
齿距	p	$p = \pi m$	
基圆齿距	p_b	$p_b = p \cos\alpha$	
法向齿距	p_n	$p_n = p \cos\alpha$	
标准中心距	a	$a = m(z_2 \mp z_1)/2$	
啮合角	α'	$a' \cos\alpha' = a \cos\alpha$（$a'$ 为安装中心距）	
传动比	i	$i = \omega_1 / \omega_2 = z_2 / z_1 = d_2 / d_1 = d_2' / d_1' = d_{b2} / d_{b1}$	

注　d_a、d_f 与 a 的计算公式中"$\pm$""$\mp$"，上面符号用于外啮合，下面符号用于内啮合。

5.3.4 渐开线标准内齿轮和齿条

5.3.4.1 内齿轮

图5-8所示为渐开线直齿内齿轮的一部分，它与外齿轮的显著区别是：

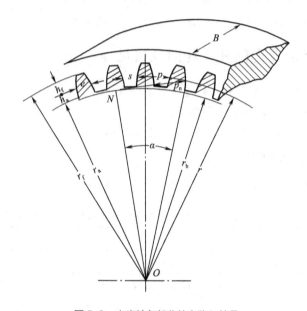

图5-8　内齿轮各部分的名称和符号

（1）内齿轮的齿廓内凹，各圆上的齿厚和齿槽宽分别对应于外齿轮的齿槽宽与齿厚。

（2）内齿轮的齿顶圆、分度圆和齿根圆存在关系：$r_a < r < r_f$。

（3）内齿轮要能正确啮合传动需满足：$r_b < r_a$。

5.3.4.2 齿条

如图5-9所示，标准齿条为直线齿廓，其齿顶线、齿根线和分度线是一组平行线，其同侧齿廓也是一组倾斜的平行线。在啮合传动时能将齿轮的转动变为齿条的移动。齿条具有以下特征：

（1）齿条齿廓上各点的压力角均为标准值20°，定义齿条直线齿廓的倾斜角为齿形角，

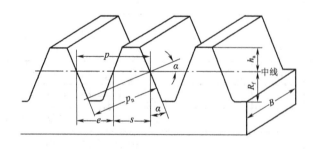

图5-9　齿条各部分的名称和符号

则齿形角 = 压力角 = 20°。

（2）齿条同侧齿廓的齿距均为 $p = \pi m$。

标准齿条的尺寸计算可参照外齿轮。

5.3.5 渐开线标准直齿圆柱齿轮的啮合传动

5.3.5.1 正确啮合条件

一对渐开线齿轮要能正确啮合传动，必须满足：处于啮合线上的多对轮齿都能同时处于啮合状态，即各对齿廓能同时在与啮合线 N_1N_2 的相交点处啮合。

如图 5-10 所示，K 和 K' 点是相邻两对啮合齿廓的同时啮合点，这在几何上要求两齿轮的法向齿距相等，即满足关系 $p_{n1} = p_{n2}$。

由渐开线性质可知，齿轮 1 和齿轮 2 有 $p_{n1} = p_{b1} = \pi m_1 \cos \alpha_1$，$p_{n2} = p_{b2} = \pi m_2 \cos \alpha_2$。

由于齿轮分度圆上的模数和压力角已标准化，可导出关系式：

$$m_1 = m_2 = m, \quad \alpha_1 = \alpha_2 = \alpha \qquad (5-6)$$

所以一对渐开线直齿圆柱齿轮的正确啮合条件为：模数和压力角分别相等。

当 $p_{n1} > p_{n2}$ 时，啮合齿廓间会出现间隙；当 $p_{n1} < p_{n2}$ 时，啮合齿廓间会发生齿间碰撞。

5.3.5.2 标准安装条件

标准安装要求一对啮合传动的齿轮满足顶隙

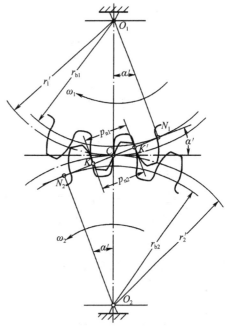

图 5-10 齿轮正确啮合

为标准值和齿侧间隙为零，对于一对标准外啮合直齿圆柱齿轮，标准安装时经分析有分度圆与节圆重合，存在关系 $r_1' = r_1$，$r_2' = r_2$，$a' = a = m(z_1+z_2)/2$，$\alpha' = \alpha$，$c = c^* m$，$s_1' = e_2' = s_2' = e_1' = \pi m/2$。

工程中，为防止膨胀卡死和便于润滑，齿侧间隙并非为零，而是由公差进行控制。当安装中心距 a' 不等于标准中心距 a 时，存在关系 $a'\cos \alpha' = a\cos \alpha$，若齿轮与齿条非标准安装，则齿轮的节圆与分度圆重合，啮合角 $\alpha' =$ 分度圆压力角 α，齿条的分度线与节线分离。

5.3.5.3 连续传动条件

（1）齿轮啮合过程。如图 5-11 所示，在外啮合直齿圆柱齿轮传动中，设主动轮 1 以 ω_1 顺时针回转，驱使从动轮 2 以 ω_2 逆时针回转。N_1N_2 是其啮合线，从动轮的齿顶与主动轮的齿根部在 N_1N_2 上的 B_2 点进入啮合，而主动轮的齿顶与从动轮的齿根部在 N_1N_2 上的 B_1 点退出啮合，即 B_1B_2 为实际啮合线。增大一对齿轮的顶圆直径，B_1、B_2 点会分别向基

圆切点 N_2、N_1 移动，使实际啮合线 B_1B_2 伸长。因为基圆内无渐开线，所以 N_1、N_2 是其极限啮合点，即 N_1N_2 是理论上可能达到的最长啮合线，也称为理论啮合线。

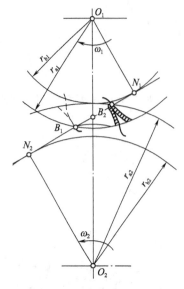 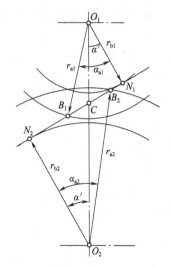

图 5-11　齿轮啮合过程　　　　　　　　　图 5-12　齿轮实际啮合线长度计算

啮合点在传动中，沿主动轮齿廓从齿根部的 B_2 点移向齿顶的 B_1 点；而在从动轮齿廓上，则是从齿顶的 B_2 点移向齿根部的 B_1 点；参与啮合的齿廓部分用阴影表示，也称为工作齿廓。

按图 5-12 所示的几何关系，对于齿轮 1 的渐开线齿廓有：

$$\overline{B_1C} = \overline{B_1N_1} - \overline{CN_1} = r_{b1}(\tan\alpha_{a1} - \tan\alpha')$$

同理，对于齿轮 2 的渐开线齿廓则有：

$$\overline{B_2C} = \overline{B_2C_2} - \overline{CN_2} = r_{b2}(\tan\alpha_{a2} - \tan\alpha')$$

可推导出该对齿轮的实际啮合线长度计算公式：

$$\overline{B_1B_2} = \overline{B_1C} + \overline{B_2C} = r_{b1}(\tan\alpha_{a1} - \tan\alpha') + r_{b2}(\tan\alpha_{a2} - \tan\alpha') \tag{5-7}$$

式中：α_{a1}，α_{a2}——分别是齿轮 1、2 的齿顶圆压力角；

α'——两齿轮的啮合角。

（2）连续传动条件。图 5-13（a）所示的状态是一对齿即将从 B_1 点退出啮合，而另一对齿刚好由 B_2 点进入啮合；图 5-13（b）的状态是一对齿即将从 B_1 点退出啮合，而另一对齿还尚未进入啮合的状态，这会破坏传动的连续性，当下对齿进入啮合时，会造成很大的冲击；图 5-13（c）的状态是一对齿即将从 B_1 点退出啮合，而另一对齿早已进入啮合的状态。所以齿轮传动要实现连续传动，必须满足 $\overline{B_1B_2} \geq p_n$，其中，$p_n$ 是法向齿距。定义齿轮传动的重合度 ε_α 为实际啮合线长度与法向齿距之比，则齿轮传动实现连续传动的条件为：

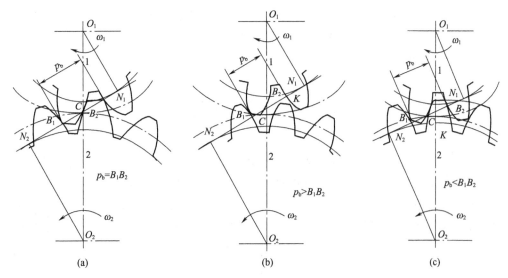

图 5-13　标准直齿轮啮合的进入与退出

$$\varepsilon_{\alpha}=\frac{\overline{B_1B_2}}{p_n}\geq 1 \tag{5-8}$$

将式（5-7）代入并化简得：

$$\varepsilon_{\alpha}=\frac{1}{2\pi}\big[z_1(\tan\alpha_{a1}-\tan\alpha')+z_2(\tan\alpha_{a2}-\tan\alpha')\big] \tag{5-9}$$

重合度 ε_{α} 的大小与模数无关，但会随齿数 z_1 和 z_2 的增多而增大，也会随啮合角 α' 的减小和齿顶高系数 h_a^* 的增大而增大。重合度大表示轮齿传动更加平稳，它是衡量齿轮传动性能的重要指标之一。工程中还应考虑齿轮的制造和安装误差，要确保齿轮传动的连续性，必须满足 $\varepsilon_{\alpha}\geq[\varepsilon_{\alpha}]$。其中 $[\varepsilon_{\alpha}]$ 为许用重合度，可由表 5-4 查取推荐值。

表 5-4　$[\varepsilon_{\alpha}]$ 的推荐值

使用场合	一般机械制造业	汽车、拖拉机	金属切削机床
$[\varepsilon_{\alpha}]$	1.4	1.1~1.2	1.3

如图 5-14 所示，若已知外啮合渐开线齿轮传动的重合度 $\varepsilon_{\alpha}=1.4$，当一对齿分别在 B_1

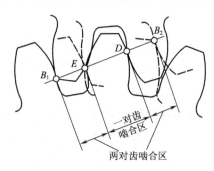

图 5-14　齿轮传动的重合度

和 B_2 点啮合时，沿实际啮合线 B_1B_2 可确定另一对齿的啮合位置 D 与 E，会将 B_1B_2 分为两个 $0.4p_n$ 的双齿啮合区和一个 $0.6p_n$ 的单齿啮合区。啮合点在双齿啮合区时，有两对齿同时承载；啮合点在单齿啮合区时，只有一对齿啮合。

5.4 渐开线齿廓的切削加工和变位齿轮

目前，加工齿轮的方法有切削法、铸造法、热轧法及电加工法等，但以切削法最为常用。切削法按加工原理可分为仿形法和范成法两类。仿形法是先将刀具制成被加工齿轮的齿槽形状，然后在轮坯上逐个切削齿槽，一把刀只能准确切制基圆相同的齿廓；而范成法（也称包络法）则是将刀具制成一个齿轮，如图 5-15 所示，用齿轮刀具与轮坯作给定的啮合运动（也称范成运动），以包络的方式加工所需齿廓。下面主要介绍范成法。

5.4.1 范成法切制齿廓的原理

如图 5-16 所示的齿轮加工中，齿轮插刀与轮坯以定传动比 $i = \omega_刀/\omega_坯 = z_坯/z_刀$ 作范成运动，齿轮插刀还沿轮坯轴往复移动进行切削；要切出合适的齿高，插刀还需沿轮坯径向作进给运动；为避免插刀退回时发生碰撞，轮坯必须沿径向作微量让刀运动。重复这一过程，刀具可在轮坯上切制出所需的渐开线齿廓。

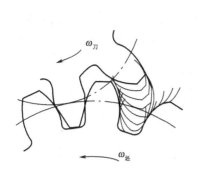

图 5-15　范成加工

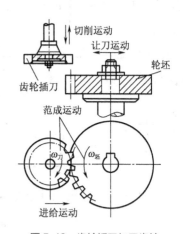

图 5-16　齿轮插刀加工齿轮

如图 5-17 所示，齿条插刀具有直线齿廓，切制渐开线齿廓的范成运动是轮坯以角速度 ω 转动，齿条插刀以速度 $v = r\omega = mz\omega/2$ 移动。

滚齿是目前广泛使用的齿轮切削方法，如图 5-18 所示。齿轮滚刀具有螺旋状切削齿，加工时，螺旋切削齿的方向应与被切轮齿的方向一致，其切齿原理与齿条插刀相近。要切出轮齿的完整齿宽，滚刀在转动时还需沿轮坯轴方向做径向移动。由于滚刀能连续切削，所以具有很高的生产效率。

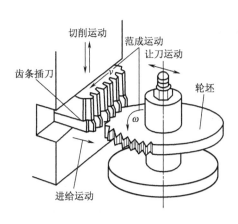

图 5-17　齿条插刀加工齿轮

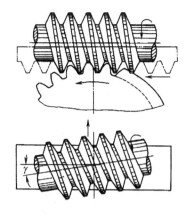

图 5-18　齿轮滚刀加工齿轮

5.4.2　根切现象及不产生根切的最少齿数

用范成法加工少齿数渐开线齿轮时，会发生如图 5-19 所示齿轮的根部齿廓（阴影部分）被刀具切去的根切现象。根切齿轮的轮齿抗弯强度降低，工作齿廓变短，重合度减小。所以加工时应尽量避免发生齿轮根切。

如图 5-20 所示的齿轮范成法加工，齿条刀具向右移动，刀具中线与轮坯分度圆在 C 点相切，并作纯滚动。N_1 是轮坯的极限啮合点，$B_1B_刀$ 是齿条刀具与轮坯齿廓的实际啮合线。当轮坯与齿条刀具在 B_1N_1 间范成加工时，在轮坯上生成渐开线齿廓，当轮坯与齿条刀具在 $N_1B_刀$ 间范成加工时，在轮坯上生成非渐开线齿廓，并发生根切，所以齿条刀

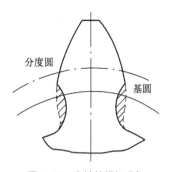

图 5-19　齿轮的根切现象

具的齿顶线 $B_刀$ 超过轮坯的极限啮合点 N_1 是导致根切发生的原因，要避免发生根切应满足以下条件：

$$\overline{CB_刀} \sin \alpha \geqslant h_a^* m$$

将 $\overline{CB_刀} = \dfrac{mz}{2}\sin \alpha$ 代入并化简可得：

$$z \geqslant \frac{2h_a^*}{\sin^2 \alpha} = z_{\min} \tag{5-10}$$

当 $h_a^* = 1$，$\alpha = 20°$ 时，最小无根切齿数 $z_{\min} = 17$。要防止齿轮加工时发生根切，可选择：

（1）保证 $z \geqslant z_{\min}$。

（2）进行刀具正变位。

（3）采用斜齿轮。

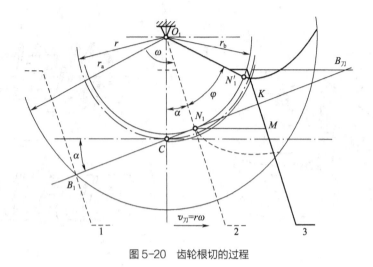

图 5-20　齿轮根切的过程

5.4.3　渐开线变位齿轮传动简介

5.4.3.1　渐开线齿轮的变位加工

在图 5-21 所示的齿轮加工中，将齿条刀具相对于轮坯中心移动的距离 xm 称为径向变位量，其中 m 是模数，x 是径向变位系数，所加工的齿轮称为变位齿轮。x 取正值称为正变位（齿条刀具外移）；x 取负值称为负变位（齿条刀具内移）。

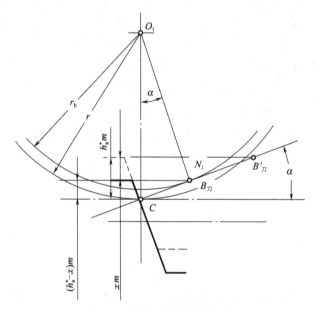

图 5-21　齿轮不发生根切的条件

变位齿轮要避免发生根切也应满足 $\overline{CB_{刀}}\sin\alpha \geqslant h_a^* m - xm$

将 $\overline{CB_{刀}} = \dfrac{mz}{2}\sin\alpha$ 代入并化简得：

$$z_{min} = \frac{2(h_a^* - x)}{\sin^2 \alpha} \tag{5-11}$$

当 $h_a^* = 1$，$\alpha = 20°$ 时，无根切最小齿数 $z_{min} = 17(1-x)$。若选定齿数 z，则无根切最小变位系数为：

$$x_{min} = 1 - z/17 \tag{5-12}$$

5.4.3.2 变位齿轮的特点

图 5-22 所示是变位轮齿与标准轮齿的对比，变位轮齿与标准轮齿的齿廓和分度圆完全相同，变位轮齿发生变化的主要参数有 s、e、h_a 和 h_f。正变位轮齿的 s 和 h_a 增大、e 与 h_f 减小，齿体变厚、齿顶变窄；负变位轮齿的 s 和 h_a 减小、e 与 h_f 增大，齿体变薄、齿顶变宽。

齿轮变位具有避免根切、调整轮齿强度、配凑中心距或减小机构尺寸的能力，但齿轮变位会使变位齿轮的互换性变差，并成为非标准齿轮。

5.4.3.3 变位齿轮传动

一对变位齿轮组成的啮合传动称为变位齿轮传动。设 x_1、x_2 分别为两齿轮的变位系数，当 $x_1 + x_2 = 0$ 且 $x_1 = x_2$ 时，称为标准齿轮传动；当 $x_1 + x_2 = 0$ 且 $x_1 = -x_2$ 时，称为

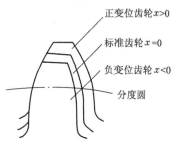

图 5-22 齿形比较

等变位或高度变位齿轮传动；当 $x_1 + x_2 \neq 0$ 时，称为不等变位或角度变位齿轮传动；若 $x_1 + x_2 > 0$，则称为正传动，若 $x_1 + x_2 < 0$，则称为负传动。

对于无侧隙和标准顶隙变位齿轮传动，与标准齿轮传动相比，设中心距变化量为 ym，y 是中心距变动系数；齿顶高减少量为 Δym，Δy 是齿顶高降低系数。经分析有：

（1）等变位存在关系 $\alpha' = \alpha$，$a' = a$，$y = 0$，$\Delta y = 0$。

（2）正变位存在关系 $\alpha' > \alpha$，$a' > a$，$y > 0$，$\Delta y > 0$（齿顶降低），重合度减小，承载能力提高。

（3）负变位存在关系 $\alpha' < \alpha$，$a' < a$，$y < 0$，$\Delta y > 0$（齿顶降低），重合度略增，承载能力降低。

5.5 渐开线斜齿圆柱齿轮传动

5.5.1 渐开线斜齿圆柱齿轮的齿面和基本参数

5.5.1.1 渐开线斜齿圆柱齿轮的齿面形成

如图 5-23 所示，S 是发生面，NN' 是 S 与基圆柱的切线。让 S 绕基圆柱作纯滚动，S 内与 NN' 成夹角 β_b 的直线 KK' 就形成斜齿圆柱齿轮的渐开线齿廓曲面，β_b 是斜齿轮在基

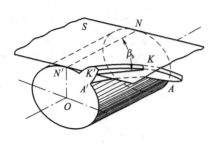

图 5-23　渐开线斜齿圆柱齿轮

圆柱上的螺旋角。当 $\beta_b = 0$ 即 $KK' \parallel NN'$ 时，S 内的直线 KK' 就形成直齿圆柱齿轮的渐开线齿廓曲面。

5.5.1.2　渐开线斜齿圆柱齿轮的基本参数

如图 6-24（a）所示，将斜齿轮的分度圆柱面展为平面。阴影区是轮齿截面，空白区是齿槽，斜直线是分度圆上的齿廓螺旋线。轮齿的参数可在端面（垂直于齿轮轴，下角标为 t）和法面（垂直于螺旋齿廓，下角标为 n）内进行描述。考虑到斜齿圆柱齿轮的加工和强度设计，定义它的法面参数为标准值。但斜齿轮的多数几何尺寸却是在端面进行测量和计算，因此需要建立法面参数与端面参数的几何换算关系。

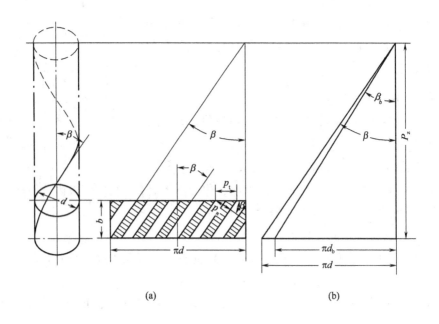

(a)　　　　　　　　　　　　(b)

图 5-24　斜齿圆柱齿轮展开图

（1）螺旋角。如图 5-24（b）所示，由几何关系可知：

$$P_z = \pi d \tan \beta = \pi d_b \tan \beta_b = d \cos \alpha_t$$

式中：d——分度圆直径；

　　　d_b——基圆直径；

　　　P_z——螺旋线导程；

　　　β——斜齿轮的分度圆螺旋角；

　　　β_b——基圆螺旋角；

　　　α_t——斜齿轮端面压力角。

经化简有：

$$\tan \beta_b = \tan \beta \cos \alpha_t \qquad (5-13)$$

如图 5-25 所示，斜齿轮的齿廓相对于轮轴可分为左旋和右旋，一般取右旋（向右倾斜）螺旋角 β 为正值。

（2）齿距和模数。如图 5-24（a）所示，由几何关系可知：

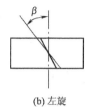

$$(a) 右旋 \qquad (b) 左旋$$

图 5-25　螺旋角

$$p_n = \pi m_n = p_t \cos \beta = \pi m_t \cos \beta$$

式中：p_n——法面齿距；

　　　p_t——端面齿距；

　　　β——分度圆螺旋角；

　　　m_n——斜齿轮的法面模数（标准值）；

　　　m_t——斜齿轮的端面模数。

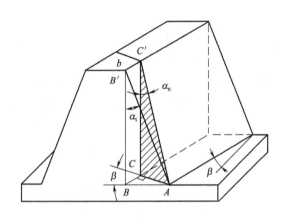

图 5-26　斜齿轮的法面压力角和端面压力角

经化简有：

$$m_n = m_t \cos \beta \qquad (5-14)$$

（3）压力角。如图 5-26 所示，在斜齿条中，$Rt\triangle ABB'$ 在端面，$Rt\triangle ACC'$ 在法面。由几何关系可知：

$$\frac{\overline{AB}}{\tan \alpha_t} = \overline{BB'} = \overline{CC'} = \frac{\overline{AC}}{\tan \alpha_n}$$

又在 $Rt\triangle ACB$ 中，存在关系：

$$\overline{AC} = \overline{AB} \cos \beta$$

经化简得：

$$\tan \alpha_n = \tan \alpha_t \cos \beta \qquad (5-15)$$

式中：α_n——斜齿轮的法面压力角（标准值）；

　　　α_t——斜齿轮的端面压力角；

（4）齿顶高系数和顶隙系数。如图 5-26 所示，斜齿条在端面和法面具有相同的齿顶高与顶隙，存在以下关系：

$$h_a = h_{an}^* m_n = h_{at}^* m_t \ 及 \ c = c_n^* m_n = c_t^* m_t$$

将关系 $m_n = m_t \cos \beta$ 代入并化简得：

$$h_{at}^* = h_{an}^* \cos \beta \ 及 \ c_t^* = c_n^* \cos \beta \qquad (5-16)$$

式中：h_{an}^*——法面齿顶高系数（标准值）；

　　　c_n^*——法面顶隙系数（标准值）；

　　　h_{at}^*——端面齿顶高系数；

　　　c_t^*——端面顶隙系数。

5.5.2 渐开线斜齿圆柱齿轮的当量齿轮和当量齿数

如图 5-27 所示，过斜齿轮分度圆柱面上的一点 C，作轮齿的法面 nn'，可将分度圆柱面截为椭圆。用 C 点的曲率半径 $\rho = r/\cos^2\beta = 0.5m_t z/\cos^2\beta$ 构造齿廓相近的直齿轮 $\rho = r = 0.5m_n z_v$，该直齿轮称为斜齿轮的当量齿轮，直齿轮的齿数 z_v 称为斜齿轮的当量齿数。

经化简得：

$$z_v = \frac{z}{\cos^3\beta} \tag{5-17}$$

当量齿数 z_v 可用于斜齿轮的刀具选择、强度设计、选取变位系数、测量齿厚、计算其最小无根切齿数 $z_{\min} = z_{v\min}\cos^3\beta$。

5.5.3 平行轴斜齿轮传动的正确啮合条件和几何尺寸

5.5.3.1 平行轴斜齿轮的啮合传动

（1）正确啮合条件。如图 5-28 所示，在平行轴外啮合斜齿轮传动中，KK' 是一对螺旋齿廓的任意啮合位置，要求该对斜齿轮当 $\beta_{b1} = -\beta_{b2}$ 时才能在 KK' 处正确啮合，并且还须满足法面内 $m_{n1} = m_{n2}$ 和 $\alpha_{n1} = \alpha_{n2}$。所以平行轴外啮合斜齿轮传动的正确啮合条件为：

$$m_{n1} = m_{n2} = m_n，\ \alpha_{n1} = \alpha_{n2} = \alpha_n，\ \beta_1 = -\beta_2 \tag{5-18}$$

同理，平行轴内啮合斜齿轮传动的正确啮合条件应为：

$$m_{n1} = m_{n2} = m_n，\ \alpha_{n1} = \alpha_{n2} = \alpha_n，\ \beta_1 = \beta_2 \tag{5-19}$$

考虑端面与法面参数间的关系，平行轴斜齿轮传动要正确啮合在端面，应满足 $m_{t1} = m_{t2}$ 和 $a_{t1} = a_{t2}$。

（2）连续传动。如图 5-29 所示，在圆柱齿轮的

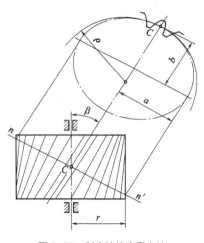

图 5-27　斜齿轮的当量齿轮

啮合面上，B 是齿轮宽度。轮齿在 B_2B_2' 处进入啮合，在 B_1B_1' 处脱离啮合。图 6-29（a）所示是直齿轮的啮合状态，其接触线始终与齿轮轴线平行，长度为 B。直齿分别在 B_2B_2'、B_1B_1' 处进入和退出啮合，L 是它的端面啮合区长度。图 5-29（b）所示是斜齿轮的啮合状态，其接触线与齿轮轴线的夹角为 β_b，斜齿在 B_2B_2'、B_1B_1' 处逐渐进入和退出啮合，接触线长度从 0 增至 $B/\cos\beta_b$，又从 $B/\cos\beta_b$ 减至 0。$L + \Delta L$ 是其啮合区总长度。所以斜齿轮传动平稳，承载能力强，冲击、振动和噪声小，适合高速、重载传动。

定义斜齿轮传动的重合度为：

$$\varepsilon_\gamma = (L + \Delta L)/p_{bt} = \varepsilon_\alpha + \varepsilon_\beta$$

其中，端面重合度 ε_α 可用直齿轮传动的重合度公式按斜齿轮的端面参数计算，轴向重合度 $\varepsilon_\beta = \Delta L/p_{bt}$，经参数化简得：

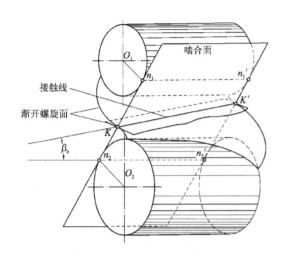

图 5-28 渐开线斜圆柱齿轮的啮合面

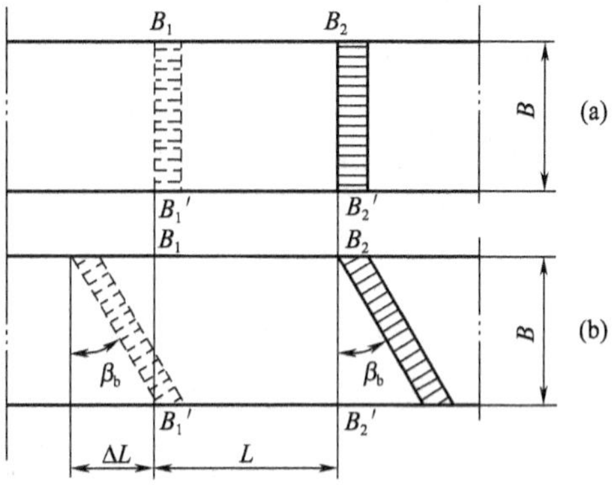

图 5-29 斜齿轮的实际重合度

$$\varepsilon_\beta = \frac{B\sin\beta}{\pi m_n} \tag{5-20}$$

由于 ε_β 会随螺旋角 β 和齿宽 B 的增大而增大，所以斜齿轮传动具有很大的重合度 ε_γ。但 β 和 B 的取值应有一定限制。

5.5.3.2 平行轴斜齿轮传动的几何尺寸

斜齿轮按端面参数计算的分度圆直径为：

$$d = m_t z = \frac{m_n}{\cos\beta} z \tag{5-21}$$

对于平行轴外啮合斜齿轮传动，它的标准中心距为：

$$a = \frac{1}{2} m_t (z_1 + z_2) = \frac{m_n}{2\cos\beta}(z_1 + z_2) \tag{5-22}$$

当 z_1、z_2 和 m_n 一定时，通过调整螺旋角 β 能在一定范围内调整标准中心距 a。

外啮合平行轴斜齿圆柱齿轮传动的几何尺寸计算公式见表 5-5。

表 5-5 外啮合平行轴斜齿圆柱齿轮传动的几何尺寸计算公式

名　　称	符号	计　算　公　式
螺旋角	β	一般 $\beta = 8° \sim 20°$
基圆柱螺旋角	β_b	$\beta_b = \tan\beta\cos\alpha_t$
齿顶高	h_a	$h_a = h_{an}^* m_n$
齿根高	h_f	$h_f = (h_{an}^* + c_n^*)\, m_n$
标准中心距	a	$a = (d_1 + d_2)/2 = (z_1 + z_2)\cdot m_n/(2\cos\beta)$
重合度	ε_γ	$\varepsilon_\gamma = [z_1(\tan\alpha_{at1} - \tan\alpha_t) + z_2(\tan\alpha_{at2} - \tan\alpha_t)]/(2\pi) + B\sin\beta/(\pi m_n)$

续表

名　称	法　面		端　面	
	符号	计算公式	符号	计算公式
模数	m_n	取标准值	m_t	$m_t = m_n / \cos \beta$
压力角	α_n	$\alpha_n = 20°$	α_t	$\tan \alpha_t = \tan \alpha_n / \cos \beta$
齿顶高系数	h_{an}^*	取1或0.8	h_{at}^*	$h_{at}^* = h_{an}^* \cos \beta$
顶隙系数	c_n^*	取0.25或0.3	c_t^*	$c_t^* = c_n^* \cos \beta$
变位系数	x_n	按当量齿数选取	x_t	$x_t = x_n \cos \beta$
齿距	p_n	$p_n = \pi m_n$	p_t	$p_t = \pi m_t = p_n / \cos \beta$
名　称	小齿轮		大齿轮	
	符号	计算公式	计算公式	
分度圆直径	d	$d_1 = m_t z_1 = m_n z_1 / \cos \beta$	$d_2 = m_t z_2 = m_n z_2 / \cos \beta$	
齿顶圆直径	d_a	$d_{a1} = d_1 + 2h_a$	$d_{a2} = d_2 + 2h_a$	
齿根圆直径	d_f	$d_{f1} = d_1 - 2h_f$	$d_{f2} = d_2 - 2h_f$	
基圆直径	d_b	$d_{b1} = d_1 \cos \alpha_t$	$d_{b2} = d_2 \cos \alpha_t$	
当量齿数	z_v	$z_{v1} = z_1 / \cos^3 \beta$	$z_{v2} = z_2 / \cos^3 \beta$	
端面齿顶圆压力角	α_{at}	$\alpha_{at1} = \arccos (d_{b1} / d_{a1})$	$\alpha_{at2} = \arccos (d_{b2} / d_{a2})$	

5.5.3.3　平行轴斜齿轮传动的特点与应用

平行轴斜齿圆柱齿轮传动有如下特点。

（1）传动平稳，噪声低，齿廓误差敏感度低。

（2）重合度大，承载能力强。

（3）最小无根切齿数少，结构紧凑。

（4）制造成本与直齿轮相当。

（5）可由螺旋角 β 的大小适当调整中心距。

（6）存在一定的轴向力。

如图5-30（a）所示，由于平行轴斜齿轮传动的螺旋角 β 在啮合时会产生影响传动的轴向力 $F_a = F_n \sin \beta$，因此，可选用如图5-30（b）所示的人字齿轮，既能发挥斜齿轮的优势，又能平衡其轴向力。鉴于平行轴斜齿轮传动有诸多优点，它被广泛应用于高速、重载机械中。

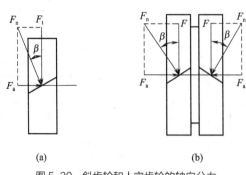

（a）　　　　　　　　　　　（b）

图5-30　斜齿轮和人字齿轮的轴向分力

5.6　蜗杆蜗轮传动

5.6.1　蜗杆蜗轮传动的特点和类型

5.6.1.1　蜗杆蜗轮传动的特点

蜗杆蜗轮传动是特殊的交错轴传动,其交错角$\Sigma=90°$,且多以蜗杆为主动件。如图5-31所示,蜗杆类似于螺杆,具有齿数z_1少和螺旋角β_1大的特征;蜗轮类似于斜齿轮,具有齿数z_2多和螺旋角β_2小的特征;蜗杆螺旋角β_1与蜗轮螺旋角β_2的旋向相同,存在关系$\Sigma=\beta_1+\beta_2=90°$。

为改善齿廓的啮合状况,一般用蜗杆滚刀范成加工蜗轮,但滚刀外径需大于蜗杆,以便加工蜗轮顶隙。如图5-31所示,由于蜗轮的分度圆柱面是圆弧形,能部分包容蜗杆,所以齿廓啮合为线接触,并且轮齿为逐渐进入与退出啮合,因而传动平稳、承载能力强、冲击振动轻和噪声低。当蜗杆螺旋角β_1较大且蜗轮主动时,易发生传动自锁,可用于安全保护装置中。

又因为蜗杆与蜗轮齿廓间的相对滑动速度大,会产生很大的摩擦损耗;所以它的传动效

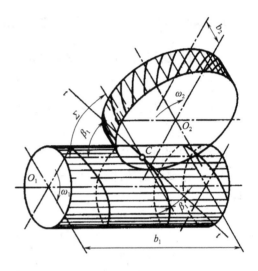

图5-31　蜗杆蜗轮的形成

率η低（一般$\eta=0.7\sim0.8$）、磨损严重。为确保一定的使用寿命,常用昂贵的减磨材料制造蜗轮。为避免过高的工作温度,还应采取必要的散热措施。

蜗杆蜗轮传动具有以下特点。

（1）单级传动比大,结构紧凑。

（2）传动平稳,低噪声。

（3）反行程具有自锁性。

（4）传动效率η较低,磨损严重。

（5）蜗杆轴向力大。

5.6.1.2　蜗杆蜗轮传动的类型

蜗杆按螺旋方向可分为左旋和右旋,工程中多采用右旋蜗杆。

按蜗杆的几何形状,蜗杆蜗轮传动可分为三类:圆柱蜗杆传动、环面蜗杆传动〔图5-32（a）〕和锥蜗杆传动〔图5-32（b）〕。圆柱蜗杆传动又可分为普通圆柱蜗杆传动和圆弧蜗杆传动。而普通圆柱蜗杆传动,随加工刀具的安装位置变化,还可分为阿基米德蜗杆、法向直廓蜗杆和渐开线蜗杆。由于阿基米德蜗杆的加工简单,故应用广泛。

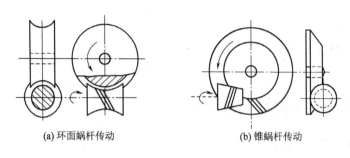

(a) 环面蜗杆传动　　　　　　(b) 锥蜗杆传动

图 5-32　蜗杆蜗轮传动的类型

5.6.2　蜗杆蜗轮传动的主要参数和几何尺寸

5.6.2.1　蜗杆蜗轮传动的正确啮合

在图 5-33 所示的阿基米德蜗杆蜗轮传动中，定义过蜗杆轴线并与蜗轮轴线垂直的截面为中间平面。在中间平面内，蜗杆蜗轮传动相当于齿条与齿轮传动，其正确啮合条件为：

$$m_{x1} = m_{t2} = m \qquad \alpha_{x1} = \alpha_{t2} = \alpha \tag{5-23}$$

即蜗杆的轴面模数 m_{x1} 和压力角 α_{x1} 分别与蜗轮的端面模数 m_{t2} 和压力角 α_{t2} 相等。

另外，还要满足条件 $\beta_1 + \beta_2 = \Sigma = 90°$；蜗杆蜗轮传动中心距等于蜗轮范成加工的中心距。

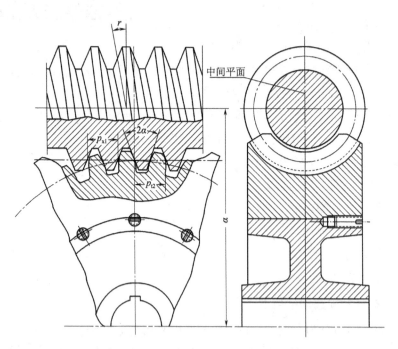

图 5-33　阿基米得蜗杆蜗轮啮合传动

5.6.2.2　传动比

蜗杆蜗轮的传动比应为：

$$i_{12} = \frac{\omega_1}{\omega_2} = \frac{z_2}{z_1} \neq \frac{d_2}{d_1} \tag{5-24}$$

要判断蜗杆和蜗轮的转向关系，可把蜗杆视为螺旋，若用左右手表示蜗杆的左右旋向，四指表示蜗杆的转向，则拇指的反向即为蜗轮的圆周速度方向。

5.6.2.3 蜗杆蜗轮的主要传动参数与几何尺寸

（1）压力角和模数。根据 GB/T 10087—1988 规定，阿基米德蜗杆的压力角 $\alpha = 20°$。动力传动时推荐使用的压力角 $\alpha = 25°$；而分度传动时推荐使用的压力角 $\alpha = 12°$ 或 $15°$。蜗杆模数可由表 5-6 查取。

表 5-6 蜗杆模数 m 的取值（摘自 GB/T 10087—1988）

第一系列	1, 1.25, 1.6, 2, 2.5, 3.15, 4, 5, 6.3, 8, 10, 12.5, 16, 20, 25, 31.5, 40
第二系列	1.5, 3, 3.5, 4.5, 5.5, 6, 7, 12, 14

注 优先选用第一系列。

（2）齿数选择。蜗杆的齿数 z_1 也称头数，一般取 1~10，推荐值为 $z_1 = 1$、2、4、6。当机构要求大传动比或反行程具有自锁性时，z_1 取小值；当机构要求效率高或输出速度大时，z_1 取大值。蜗轮齿数可由 $z_2 = i_{12}z_1$ 确定，对动力传动推荐取 $z_2 = 29~70$。

（3）蜗杆直径系数。为减少范成加工蜗轮的滚刀数目以及便于滚刀的标准化，GB/T 10085—1988 规定：每个标准模数 m 仅能选择几个标准分度圆直径 d_1。表 5-7 所列为其常用取值。

表 5-7 蜗杆分度圆直径与模数的标准匹配系列（摘自 GB/T 10085—1988）

m	1	1.25	1.6	2	2.5	3.15	4	5	6.3	8	10
d_1	18	20	20	(18) 22.4	(22.4) 28	(28) 35.5	(31.5) 40	(40) 50	(50) 63	(63) 80	(71) 90
		22.4	28	(28) 35.5	(35.5) 45	(45) 56	(50) 71	(63) 90	(80) 112	(100) 140	(112) 160

注 尽可能避免选用括号内的值。

定义 $d_1 = mq$，其中，q 称为蜗杆直径系数，当蜗杆的模数 m 一定时，随 q 值增大，蜗杆的 d_1 增大，其刚度和强度也增大。

（4）标准中心距。在图 5-33 所示的中间平面内，蜗杆蜗轮传动的标准中心距为：

$$a = (d_1 + d_2)/2 = m(q + z_2)/2 \tag{5-25}$$

当需要配凑中心距、提高承载能力或传动效率时，蜗杆蜗轮传动也可选择变位。由于蜗杆已标准化，一般仅对蜗轮进行变位。

蜗杆蜗轮传动在中间平面内定义标准参数，其齿顶高系数 $h_a^* = 1$，顶隙系数 $c^* = 0.2$。各部分的几何尺寸可参照直齿轮进行计算。

5.7 直齿圆锥齿轮传动

5.7.1 圆锥齿轮传动的特点和应用

圆锥齿轮机构适于空间两相交轴间的传动，一般称两轴间的夹角为轴角 Σ，多取 $\Sigma =$

90°。图 5-34 所示为直齿圆锥齿轮机构，轮齿均匀分布在圆锥面上，齿形从大端向小端逐渐收缩，形成一系列的圆锥面。为便于计算和测量，一般取大端参数为标准值。

5.7.2 直齿锥齿轮的当量齿轮

5.7.2.1 直齿圆锥齿轮的齿廓形成

如图 5-35 所示，设 R 是基圆锥的锥距，也是圆平面 S 的半径。基圆锥与圆平面相切于 OC，并且锥顶和圆心在 O 点重合。以 S 为发生面绕基圆锥作纯滚动，S 上的任意点 B 可在空间展出一条以锥顶 O 为心、锥距 R 为半径的球面渐开线 AB。所以直齿圆锥齿轮的齿廓是由一系列锥顶相同、半径各异的球面渐开线组成。

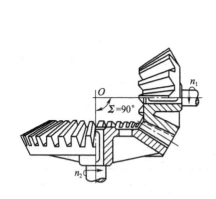

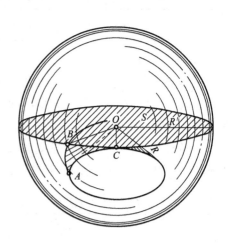

图 5-34 $\Sigma=90°$ 的直齿圆锥齿轮机构 　　　　图 5-35 球面渐开线形成

5.7.2.2 直齿圆锥齿轮的当量齿数

将锥齿轮的大端齿廓用一个圆锥面进行近似展开，齿数为 z 的锥齿轮大端齿廓可近似成齿数为 z_v 的直齿圆柱齿轮齿廓，该直齿圆柱齿轮称为当量齿轮，即齿数 z_v 为当量齿数，经几何变换可得：

$$z_v = \frac{z}{\cos \delta} \tag{5-26}$$

用当量齿数和当量齿轮可研究直齿圆锥齿轮的许多特性，如它的最少无根切齿数 $z_{min} = z_{vmin} \cos \delta$。

5.7.3 直齿圆锥齿轮传动的正确啮合条件和几何尺寸

5.7.3.1 直齿圆锥齿轮机构的啮合传动

直齿圆锥齿轮机构的啮合传动用其当量齿轮的啮合传动来研究。

（1）正确啮合。一对直齿圆锥齿轮在锥距相等、锥顶重合时，要能正确啮合必须满足两圆锥齿轮大端的模数和压力角分别相等。

（2）连续传动。按当量齿数 z_{v1}、z_{v2} 计算的重合度 ε 必须满足 $\varepsilon \geqslant 1$。

（3）传动比。如图 5-36 所示，一对直齿圆锥齿轮的传出比 i_{12} 按几何关系应为：

$$i_{12} = \frac{\omega_1}{\omega_2} = \frac{z_2}{z_1} = \frac{r_2}{r_1} = \frac{\overline{OC}\sin\delta_2}{\overline{OC}\sin\delta_1} = \frac{\sin\delta_2}{\sin\delta_1}$$

当轴角 $\Sigma = \delta_1 + \delta_2 = 90°$ 时，有

$$i_{12} = \cot\delta_1 = \tan\delta_2 \tag{5-27}$$

当给定传动比 i_{12} 时，可算出锥齿轮的分度圆锥角 δ_1 和 δ_2。

5.7.3.2 直齿圆锥齿轮传动的几何尺寸

（1）基本参数的标准值。直齿圆锥齿轮取大端参数为标准值，其模数 m 可按表 5-8 选择。当正常齿的 $m \geqslant 1\mathrm{mm}$ 时，压力角 $\alpha = 20°$，齿顶高系数 $h_a^* = 0.1$，顶隙系数 $c^* = 0.2$。

表 5-8　锥齿轮标准模数系列（摘自 GB/T 12368—1990）

…、0.9、1、1.125、1.25、1.375、1.5、1.75、2、2.25、2.5、2.75、3、3.25、3.5、3.75、4、4.5、5、5.5、6、6.5、7、8、9、10、11、12、14、16、18、20、22、25、28、30、32、…

（2）几何尺寸计算。如图 5-36 所示，直齿圆锥齿轮的齿顶圆锥、齿根圆锥与分度圆锥有共同的锥顶 O，顶隙 c、齿顶厚与齿根圆角将从大端向小端逐步减少，被称为不等顶隙收缩齿。工程中，为提高齿轮的承载和储油润滑能力，常使用等顶隙收缩齿，即锥齿轮啮合时从大端至小端的顶隙取标准值 $c = c^* m$，锥顶 O 仅被齿根圆锥与分度圆锥所共有。为改善直齿圆锥齿轮机构的传动性能，也可对其进行变位。表 5-9 为 $\Sigma = 90°$ 的标准直齿圆锥齿轮传动的几何尺寸计算公式。具体内容需参阅相关专著。

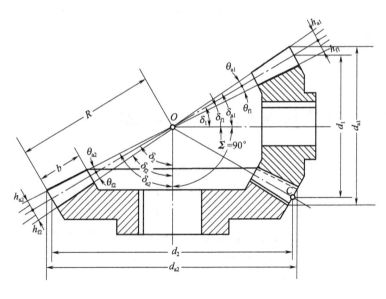

图 5-36　直齿圆锥齿轮的各部尺寸

表 5-9　$\Sigma=90°$ 的标准直齿圆锥齿轮传动的几何尺寸计算公式

名　称	符　号	计　算　公　式	
		小齿轮	大齿轮
分度圆锥角	δ	$\delta_1 = \arctan\ (z_1/z_2)$	$\delta_2 = 90° - \delta_1$
顶锥角	δ_a（收缩顶隙）	$\delta_{a1} = \delta_1 + \theta_a$	$\delta_{a2} = \delta_2 + \theta_a$
	δ_a（等顶隙）	$\delta_{a1} = \delta_1 + \theta_f$	$\delta_{a2} = \delta_2 + \theta_f$
根锥角	δ_f	$\delta_{f1} = \delta_1 - \theta_f$	$\delta_{f2} = \delta_2 - \theta_f$
分度圆直径	d	$d_1 = mz_1$	$d_2 = mz_2$
齿顶圆直径	d_a	$d_{a1} = d_1 + 2h_a \cos \delta_1$	$d_{a2} = d_2 + 2h_a \cos \delta_2$
齿根圆直径	d_f	$d_{f1} = d_1 - 2h_f \cos \delta_1$	$d_{f2} = d_2 - 2h_f \cos \delta_2$
当量齿数	z_v	$z_{v1} = z_1 / \cos \delta_1$	$z_{v2} = z_2 / \cos \delta_2$
当量分度圆直径	d_v	$d_{v1} = d_1 / \cos \delta_1$	$d_{v2} = d_2 / \cos \delta_2$
当量齿顶圆直径	d_{va}	$d_{va1} = d_{v1} + 2h_a$	$d_{va2} = d_{v2} + 2h_a$
当量齿顶压力角	α_{va}	$\alpha_{va1} = \arccos\ (d_{v1} \cos \alpha / d_{va1})$	$\alpha_{va2} = \arccos\ (d_{v2} \cos \alpha / d_{va2})$
重合度	ε_α	$\varepsilon_\alpha = [z_{v1}\ (\tan \alpha_{va1} - \tan \alpha)\ + z_{v2}\ (\tan \alpha_{va2} - \tan \alpha)]\ /\ (2\pi)$	
锥距	R	$R = m\ (z_1^2 + z_2^2)^{0.5} / 2$	
齿宽	b	$b \leqslant R/3$（取整数）	
齿顶高	h_a	$h_a = h_a^* m$	
齿根高	h_f	$h_f = (h_a^* + c^*)\ m$	
齿顶角	θ_a（收缩顶隙）	$\tan \theta_a = h_a / R$	
齿根角	θ_f	$\tan \theta_f = h_f / R$	
顶隙	c	$c = c^* m$（当 $m \leqslant 1\text{mm}$ 时，$c^* = 0.25$；当 $m > 1\text{mm}$ 时，$c^* = 0.2$）	
分度圆齿厚	s	$s = \pi m / 2$	

5.8　渐开线标准直齿圆柱齿轮传动的强度设计

　　齿轮传动要在使用期限内安全、平稳和可靠运行，必须有充分的抗失效能力。为防止发生可能的失效，就需对它进行强度设计。由于受诸多因素的影响，齿轮传动的失效形式会存在差异，应针对具体的失效形式来设计传动强度。

　　一般齿轮传动按防护装置可分为开式（暴露在外界环境中）和闭式（封闭在箱体内）。由于开式传动的润滑差、易落入硬质异物发生轮齿磨损，所以仅适于低速；而闭式传动则因润滑与防护良好而被广泛应用。

　　在闭式传动中，齿轮按齿面硬度又可分为软齿面（齿面硬度≤350HBS）和硬齿面（齿面硬度>350HBS)。由于随齿面硬度的增大，齿面发生失效的可能性会降低，所以硬齿面齿轮多发生轮齿折断，而软齿面齿轮则多发生齿面点蚀。

5.8.1 齿轮传动的失效形式和设计准则

经长期的生产实践与理论分析，齿轮传动的使用状况与其失效形式密切相关，而主要失效形式又决定了设计准则的选择。

5.8.1.1 失效形式

实践表明，按经验设计的齿轮结构（如齿圈、轮辐、轮毂），其强度与刚度的安全系数较高，使用中极少发生失效。齿轮传动失效多发生于轮齿，常见形式有轮齿折断和工作齿面的点蚀、胶合、磨损及塑性变形。

（1）轮齿折断。因为啮合轮在齿根部的弯曲应力大且存在应力集中，所以会发生折断。一般按部位可分为整体折断和局部折断（图5-37）；按载荷类型可分为疲劳折断（受载荷的长期、反复作用）与过载折断（受短时强冲击或大载荷而突然折断）。当齿面发生过度磨损时，轮齿也会因强度不足而发生磨损折断。

（2）齿面点蚀。对于润滑良好的闭式传动，齿面会在节线附近产生如图5-38所示的麻点状损伤，即为齿面点蚀。

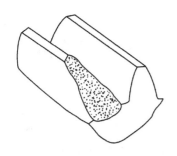

图5-37 轮齿折断

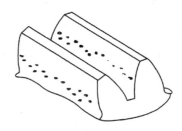

图5-38 齿面点蚀

（3）齿面胶合。啮合齿面发生黏结称为胶合。胶合会随传动在齿面产生如图5-39所示的沟槽状撕裂伤痕。一般按胶合发生温度分为高速时的热胶合与低速时的冷胶合。

（4）齿面磨损。在开式齿轮传动中，由于硬质磨粒（如灰尘、铁屑）落入啮合齿面，会发生磨粒磨损，使齿廓变形、传动噪声与振动增大。

（5）齿面塑性变形。齿面材料发生塑性流动称为齿面塑性变形。一般按形成原因可将齿面塑性变形分为滚压塑性变形（图5-40）和锤击塑性变形。

此外，减小齿面粗糙度、适当磨合以及合理选配齿轮副的材料与硬度也能增强轮齿的抗失效能力。

5.8.1.2 设计准则

一般将防止齿轮传动在使用期内发生失效应满足的条件称为设计准则。由于部分失效形式（如齿面磨损、塑性变形）还缺少有效的计算方法与设计数据，所以多采取预防措施来增强其抗失效能力。

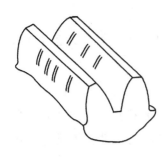

图5-39　齿面胶合

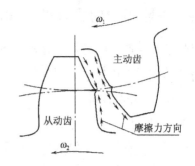

图5-40　齿面塑性变形

实践表明，对于一般闭式齿轮传动，由于硬齿面齿轮的抗点蚀能力相对强，所以应先按弯曲疲劳强度设计传动尺寸，再校核接触疲劳强度；同理，因软齿面齿轮的抗折断能力相对强，所以应先按接触疲劳强度设计传动尺寸，再校核弯曲疲劳强度。

对于开式齿轮传动，多因齿面磨损而发生轮齿折断，所以先按弯曲疲劳强度设计传动尺寸，再将模数增大 10%~20% 来解决磨损问题。

5.8.2　齿轮常用材料和许用应力

一般齿轮传动均要求其材料满足：齿芯韧，能抗轮齿的弯曲折断；齿面硬且耐磨，能抗齿面的点蚀、磨损、胶合及塑性变形。

5.8.2.1　齿轮常用材料

工程中，可用的齿轮材料有很多，一般分为金属和非金属（如塑胶、尼龙）两大类，在各金属材料中，钢因性能优良而最为常用。钢按制造方法可分为锻钢和铸钢（适合结构尺寸大或形状复杂的情况），按成分可分为碳素钢与合金钢。对于高速、重载、高精度、小尺寸或重要的齿轮传动多使用合金钢，并选择高精度（要求磨削或抛光）与硬齿面，常用的表面硬化方法有渗碳、表面淬火、氮化或氰化。对于一般的齿轮传动多使用碳素钢，常选择软齿面（调质处理）与切削加工，若配对齿轮均为软齿面，小齿轮的齿面硬度应比大齿轮高 30~50HBS。

常用齿轮材料见表 5-10，设计时可按工作要求合理选择。

表 5-10　常用齿轮材材

分　类	牌　号	热处理	强度极限（MPa）	硬度（HBS）
碳素钢	45	正火	580	162~217
		调质	650	217~255
		调质、淬火		217~255（齿芯）、40~50HRC（齿面）

分　类	牌　号	热处理	强度极限（MPa）	硬度（HBS）
合金钢	40Cr	调质	700	241～286
		调质、淬火		241～286（齿芯）、48～55HRC（齿面）
	35SiMn	调质	750	217～269
	38SiMnMo	调质	700	217～269
	30CrMnSi	调质	1100	310～360
	20Cr	渗碳、淬火	650	300（齿芯）、58～62HRC（齿面）
	20CrMnTi	渗碳、淬火	1100	300（齿芯）、58～62HRC（齿面）
	20Cr2Ni4	渗碳、淬火	1200	350（齿芯）、58～62HRC（齿面）
	38CrMoAlA	调质、氮化	1000	255～321（齿芯）、60HRC（齿面）

5.8.2.2　齿轮传动的许用应力

齿轮的疲劳极限可由特定的直齿圆柱齿轮副（$m=3～5$mm，$\alpha=20°$，$b=10～50$mm，$v=10$m/s）经持久疲劳试验确定。实践表明，在一般齿轮传动中，实际齿轮的疲劳极限受绝对尺寸、齿面粗糙度、圆周速度以及润滑的影响有限，可按所选材料、热处理及硬度从图中查值，但必要时应引入相应的修正系数。一般齿轮的许用应力 $[\sigma]$ 为：

$$[\sigma]=\sigma_{\lim}/S \tag{5-28}$$

式中：$\sigma_{\lim}$——齿轮的疲劳极限；

S——疲劳强度安全系数。

设计接触疲劳强度时，取 $S=S_H$ 和 $\sigma_{\lim}=\sigma_{H\lim}$。接触疲劳极限 $\sigma_{H\lim}$ 可从相关机械手册中查取；接触疲劳强度安全系数 S_H 可从表5-11查取。

设计弯曲疲劳强度时，取 $S=S_F$ 和 $\sigma_{\lim}=\sigma_{F\lim}$。弯曲疲劳极限 $\sigma_{F\lim}$ 可从相关机械手册中查取；弯曲疲劳强度安全系数 S_F 可从表5-11查取。当轮齿双侧受弯时，即受对称循环变应力的作用，其 $\sigma_{F\lim}$ 取查取值的70%。

表5-11　安全系数 S_F 和 S_H

安全系数	软齿面	硬齿面	重要传动、渗碳淬火齿轮或铸造齿轮
S_F	1.3～1.4	1.4～1.6	1.6～2.2
S_H	1.0～1.1	1.1～1.2	1.3

5.8.3　齿轮传动的计算载荷和载荷系数

一般称要求啮合齿轮所传递的扭矩 T 为名义载荷。由于齿轮在啮合传动过程中存在冲击、动载以及载荷分布不均现象，轮齿所受的实际载荷常大于名义载荷，需引入相应的系数进行载荷修正。

考虑原动机、工作机以及联轴器的影响，需引入使用系数 K_A 修正载荷。

考虑啮合轮齿的法向齿距误差的影响，需引入动载系数 K_v 进行修正。

考虑单对轮齿与多对轮齿的承载变化的影响，需引入齿间载荷分配系数 K_α 进行修正。

考虑载荷沿齿面接触方向分布状况的影响，需引入齿向载荷分布系数 K_β 进行修正。

综合各项影响因素，在齿轮强度设计中，计算载荷应为：

$$T_c = KT \tag{5-29}$$

其中，$K = K_A K_v K_\alpha K_\beta$ 及是载荷系数。

对于一般齿轮传动，设计时可参考表 5-12 中的值选择载荷系数 K。对于重要的齿轮传动，设计时需查相关的机械设计手册，确定载荷系数 K。

表 5-12　载荷系数 K

原 动 机	工作机载荷特性		
	均匀平稳	一般冲击	强冲击
电动机	1.0~1.2	1.2~1.6	1.6~1.8
多缸内燃机	1.2~1.6	1.6~1.8	1.9~2.1
单缸内燃机	1.6~1.8	1.8~2.0	2.2~2.4

5.8.4　标准直齿圆柱齿轮传动的强度设计

齿轮强度设计的关键是计算最大应力。当齿轮的计算载荷与齿轮材料的许用应力确定后，需在轮齿的力学模型基础上，建立齿轮传递载荷与齿轮传动参数之间的数学关系。

5.8.4.1　齿面接触疲劳强度设计

轮齿发生点蚀与齿面所受的接触应力密切相关。要防止点蚀的发生，一般须满足：$\sigma_H \leqslant [\sigma_H]$，$\sigma_H$ 是齿面接触应力，$[\sigma_H]$ 是齿轮材料的许用接触应力。

图 5-41 所示是研究齿廓啮合的物理模型，其中 ρ_1、ρ_2 是一对齿廓在啮合位置的曲率半径，F_{cn} 和 b 分别代表该处的法向计算载荷与接触齿宽，齿廓啮合的受力状况可近似为一对受挤压的圆柱体。忽略啮合齿廓间的润滑与摩擦力影响，按弹性力学中的赫兹公式可求出它的最大齿面接触应力 σ_H。

实践表明，点蚀一般先在靠齿根一侧的节点附近发生，再逐步向四周扩展。为便于计算，取标准齿轮在节点处的接触应力为最大，经参数化简有：

$$\sigma_H = Z_H Z_E \sqrt{\frac{2KT_1(u \pm 1)}{bd_1^2 u}} \tag{5-30}$$

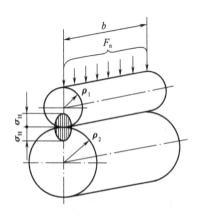

图 5-41　齿面上的接触应力

式中，$u = z_2/z_1$，为大齿轮与小齿轮的齿数比；Z_E 为弹性影响系数，仅与材料相关，可从表 5-13 中查取。设计时若配对齿轮均为锻钢，则 $Z_E = 189.8\sqrt{\text{MPa}}$；$Z_H$ 为区域系数（考虑节点位置对接触应力的影响），对 $\alpha = 20°$ 的标准齿轮，其 $Z_H \approx 2.5$。

表 5-13　弹性影响系数 Z_E

齿轮材料	锻　钢	铸　钢	球墨铸铁
锻钢	189.8	188.9	181.4
铸钢	—	188.0	180.5
球墨铸铁	—	—	173.9

经化简可得齿面接触疲劳强度的校核公式：

$$\sigma_H = 2.5 Z_E \sqrt{\frac{2KT_1(u \pm 1)}{b d_1^2 u}} \leqslant [\sigma_H] \qquad (5-31)$$

引入齿宽系数 $\phi_d = b/d_1$，可将校核公式变换为齿面接触疲劳强度的设计公式

$$d_1 \geqslant \sqrt[3]{\frac{2KT_1(u \pm 1)}{\phi_d u} \cdot \left(\frac{2.5 Z_E}{[\sigma_H]}\right)^2} \qquad (5-32)$$

式中，$[\sigma_H]$ 应取两配对齿轮中许用接触应力小者。

5.8.4.2　齿根弯曲疲劳强度设计

轮齿发生疲劳折断与齿根所受的弯曲应力密切相关。要防止折断的发生，一般须满足：$\sigma_F \leqslant [\sigma_F]$，$\sigma_F$ 是齿根弯曲应力，$[\sigma_F]$ 是齿轮材料的许用弯曲应力。

图 5-42 所示为轮齿的力学模型，可将轮齿视为宽度为 b 的悬臂梁。设单个轮齿承受全部载荷，并将危险截面的 s_F 和 h_F 以及作用载荷 F_n 向分度圆换算，引入齿形系数 Y_{Fa} 修正齿形影响，Y_{Fa} 与齿轮模数 m 无关，可按齿数 z 从表 5-14 中查取正常齿制标准外齿轮的 Y_{Fa} 值；引入应力校正系数 Y_{Sa} 修正各类应力的影响，Y_{Sa} 也可从表 5-14 中查取。

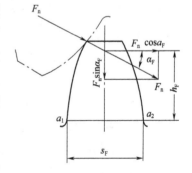

图 5-42　轮齿受力模型

由材料力学的悬臂梁弯曲应力公式可知，危险截面的最大弯曲应力为：

$$\sigma_F = \frac{2KT_1 Y_{Fa} Y_{Sa}}{\phi_d m^3 z_1^2} \leqslant [\sigma_F] \qquad (5-33)$$

其中，齿宽系数 $\phi_d = b/d_1$。

经变换便是齿根弯曲疲劳强度的设计公式：

$$m \geqslant \sqrt[3]{\frac{2KT_1}{\phi_d z_1^2} \cdot \frac{Y_{Fa} Y_{Sa}}{[\sigma_F]}} \ (\text{mm}) \qquad (5-34)$$

式中，$Y_{Fa}Y_{Sa}/[\sigma_F]$ 应取两配对齿轮中的大值。

表 5-14　标准直齿圆柱外齿轮（正常齿制）的齿形系数 Y_{Fa} 与应力校正系数 Y_{Sa}

z	17	18	19	20	21	22	23	24	25	26	27	28
Y_{Fa}	2.97	2.91	2.85	2.80	2.76	2.72	2.69	2.65	2.62	2.60	2.57	2.55
Y_{Sa}	1.52	1.53	1.54	1.55	1.56	1.57	1.575	1.58	1.59	1.595	1.60	1.61
z	29	30	40	50	60	70	80	90	100	150	200	∞
Y_{Fa}	2.53	2.52	2.40	2.32	2.28	2.24	2.22	2.20	2.18	2.14	2.12	2.06
Y_{Sa}	1.62	1.625	1.67	1.70	1.73	1.75	1.77	1.78	1.79	1.83	1.865	1.97

5.8.4.3　齿轮传动的设计参数选择与传动精度确定

要用强度设计公式计算所需的传动尺寸，除已知正常齿制的标准直齿圆柱齿轮的 $\alpha = 20°$、$h_a^* = 1$ 和 $c^* = 0.25$ 外，还必须选定部分传动参数。

（1）齿数 z_1 的选择。当齿轮的分度圆直径一定时，增多齿数会减小模数，使轮齿的抗弯强度降低、切削量减少（易加工）；还会增大重合度，使传动的运行平稳、冲击振动减轻。

一般闭式传动的小齿轮齿数应适当增加，取 $z_1 = 20 \sim 40$；而开式传动的小齿轮取 $z_1 = 17 \sim 20$，适当减少齿数可增大模数，提高轮齿的抗弯强度并预防磨损失效。

啮合齿轮的齿数应尽可能互质，以便在传动中能均匀磨合。

（2）齿宽系数 ϕ_d 的选择。一般增大齿宽 b 既可提高齿轮的承载能力，又能增大其抗疲劳强度、缩小径向尺寸。但随 b 的增大，齿面的载荷分布也更加不均。所以齿宽系数 ϕ_d 应合理选择。当硬齿面齿轮相对轴承对称布置时，$\phi_d = 0.8 \sim 1.4$；若为非对称布置，则 $\phi_d = 0.6 \sim 1.2$；对悬臂布置或开式传动，应取 $\phi_d = 0.3 \sim 0.4$。相同布置的软齿面齿轮，其 ϕ_d 值应降低 30% ~ 50%。当齿轮的制造精度高、轴系的支承刚度大时，ϕ_d 取大值。

当按 $b = \phi_d d_1$ 计算齿宽时，结果应取整。并且小齿轮的齿宽应增大 5 ~ 10mm，以保证两齿轮的实际啮合宽度。

（3）齿数比 u。一般直齿圆柱齿轮传动取齿数比 $u \leqslant 5$，必要时可取更大的齿数比；但 u 值过大会导致传动的结构尺寸过大。

（4）传动精度。传动精度既规定了齿轮的制造与安装误差，又规定了传动的准确性、平稳性以及载荷分布的均匀性要求。GB/T 10095—2008 为圆柱齿轮副规定了 12 级精度，其中 6 级精度(高)~9 级精度(低)最常用。设计时可按应用场合与齿轮传动的圆周速度从表5-15 中选取，对于重要齿轮传动的精度须查相关的机械设计手册。

表 5-15　直齿圆柱齿轮的传动精度选择与应用

精度等级	6	7	8	9
圆周速度（m/s）	≤15	≤10	≤5	≤3
应用场合	高速、重载	高速中载或中速重载	中速、中载	低速、轻载

5.8.5　齿轮的结构

经强度设计可确定齿轮传动的基本尺寸，但它的结构形式与尺寸还要由结构设计来确定。

影响齿轮结构设计的因素有很多，一般先按齿轮直径选合适的结构形式，再用经验公式与相关数据确定结构尺寸。

当齿轮的齿根圆直径与轴径接近时，应将齿轮与轴制成一体，简称齿轮轴，如图 5-43 所示。

当齿顶圆直径 $d_a \leqslant 160\mathrm{mm}$ 时，可制成实心式结构，如图 5-44 所示。

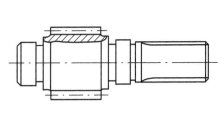

图 5-43　圆柱齿轮轴

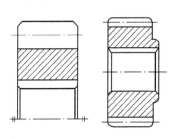

图 5-44　实心齿轮

当齿顶圆直径 $d_a < 500\mathrm{mm}$ 时，齿轮多为锻造，可制成腹板式结构，如图 5-45 所示。板孔能减轻重量、方便搬运，其数目应按需要与结构尺寸确定。

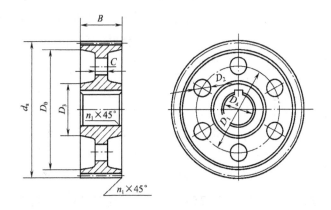

图 5-45　齿轮的腹板式结构

$$D_1 \approx (D_0 + D_3)/2；\quad D_2 \approx (0.25 \sim 0.35)(D_0 - D_3)；$$

$$D_3 \approx 1.6D_4（钢）；\quad D_3 \approx 1.7D_4（铸铁）；\quad n_1 \approx 0.6m_n；\quad r \approx 5\mathrm{mm}；$$

$$D_0 \approx d_a - (10 \sim 14)\ m_n；\quad C \approx (0.2 \sim 0.4)\ B \geqslant 10\mathrm{mm}$$

当齿顶圆直径 $d_a > 400\mathrm{mm}$ 时，齿轮多为铸造，可制成（十字形）轮辐式结构，如图 5-46 所示。

若大尺寸齿轮被制成齿圈，则应选择组装齿圈式结构，如图 5-47 所示。

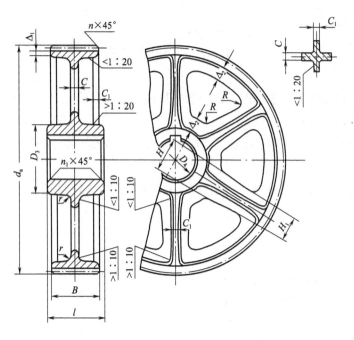

图 5-46　齿轮的轮辐式结构

$B<240\text{mm}$；$D_3 \approx 1.6D_4$（铸钢）；$D_3 \approx 1.7D_4$（铸铁）；$\Delta_1 \approx (3\sim4)~m_n \geqslant 8\text{mm}$；

$\Delta_2 = (1\sim1.2)~\Delta_1$；$H \approx 0.8D_4$（铸钢）；$H \approx 0.9D_4$（铸铁）；$H_1 \approx 0.8H$；$C \approx H/5$；$C_1 \approx H/6$；

$R \approx 0.2H$；$1.5D_4 > l \geqslant B$；轮辐数常取为 6

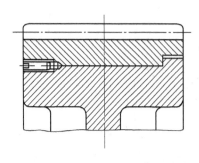

图 5-47　组装齿圈式结构

例 5-1　一级直齿圆柱齿轮减速器，由电动机驱动，其输入转速 $n = 960\text{r/min}$，传动比 $i = 3.2$，传递功率 $P = 10\text{kW}$，单向传动，载荷基本平稳，试确定这对齿轮传动的主要尺寸。

解：（1）选择齿轮的齿数与精度等级。按传动的速度与载荷情况（中速、中载），齿轮选 8 级精度。初选小齿轮齿数 $z_1 = 24$，则大齿轮齿数 $z_2 = iz_1 = uz_1 = 3.2 \times 24 = 76.8$，可取 $z_2 = 77$。

（2）选择齿轮材料并计算许用应力。小齿轮选 40Cr 钢，经调质处理，其齿面硬度为 250HBS。大齿轮选 45 钢，经调质处理，齿面硬度 220HBS。该减速器为软齿面传动，应先按接触疲劳强度设计，再按弯曲疲劳强度校核。

由齿轮的材料、热处理方法及硬度，可从相关机械手册中查取齿根弯曲疲劳极限和齿面接触疲劳极限，有

$$\sigma_{\text{Hlim1}} = 600\text{MPa} \qquad \sigma_{\text{Hlim2}} = 550\text{MPa}$$

$$\sigma_{\text{Flim1}} = 500\text{MPa} \qquad \sigma_{\text{Flim2}} = 380\text{MPa}$$

按应用从表 5-11 中查安全系数，分别取 $S_H = 1.05$ 和 $S_F = 1.35$。则齿轮的各许用应力分别为：

$$[\sigma_{H1}] = \sigma_{Hlim1}/S_H = 600/1.05 = 571.4(MPa)$$

$$[\sigma_{H2}] = \sigma_{Hlim2}/S_H = 550/1.05 = 523.8(MPa)$$

设计时应取$[\sigma_H] = [\sigma_{H2}] = 523.8(MPa)$。

$$[\sigma_{F1}] = \sigma_{Flim1}/S_F = 500/1.35 = 370.4(MPa)$$

$$[\sigma_{F2}] = \sigma_{Flim2}/S_F = 380/1.35 = 281.5(MPa)$$

按齿数 z 可从表5-14中查取齿轮的齿形系数和应力校正系数。有

$$Y_{Fa1} = 2.65 \qquad Y_{Sa1} = 1.58 \qquad Y_{Fa2} = 2.226 \qquad Y_{Sa2} = 1.764$$

则 $Y_{Fa1}Y_{Sa1}/[\sigma_{F1}] = 2.65 \times 1.58/370.4 = 0.011$

$Y_{Fa2}Y_{Sa2}/[\sigma_{F2}] = 2.226 \times 1.746/281.5 = 0.014$

校核时应取 $Y_{Fa} = 2.226$、$Y_{Sa} = 1.764$ 和 $[\sigma_F] = 281.5MPa$。

（3）按齿面接触疲劳强度设计。按传动的使用情况，由表5-12选取载荷系数 $K = 1.4$；选取齿宽系数 $\phi_d = 1.0$；由表5-13查取材料的弹性影响系数 $Z_E = 189.8MPa^{1/2}$。

计算小齿轮所传递的转矩：

$$T_1 = 95.5 \times 10^5 P/n_1 = 95.5 \times 10^5 \times 10/960 = 9.95 \times 10^4 \ (N \cdot mm)$$

将各项参数代入设计公式有：

$$d_1 \geqslant \sqrt[3]{\frac{2KT_1(u \pm 1)}{\phi_d u} \times \left(\frac{2.5Z_E}{[\sigma_H]}\right)^2} = \sqrt[3]{\frac{2 \times 1.4 \times 9.95 \times 10^4}{1.0} \times \frac{4.2}{3.2} \times \left(\frac{2.5 \times 189.8}{523.8}\right)^2} \ (mm)$$

$$= 66.95(mm)$$

（4）确定模数和齿宽。模数：

$$m = d_1/z_1 = 66.95/24 = 2.79 \ (mm)$$

可取标准值 $m = 3mm$。

则小齿轮的分度圆直径：

$$d_1 = z_1 m = 24 \times 3 = 72 \ (mm)$$

齿宽 $b_2 = d_1\phi_d = 72mm$。

（5）验算齿根的弯曲疲劳强度。将各项参数代入校核公式有：

$$\sigma_F = \frac{2KT_1 Y_{Fa}Y_{Sa}}{\phi_d m^3 z_1^2} = \frac{2 \times 1.4 \times 9.95 \times 10^4 \times 2.226 \times 1.764}{1.0 \times 3^3 \times 24^2}$$

$$= 70.34(MPa) < [\sigma_F] = 281.5(MPa)$$

满足弯曲疲劳强度的要求。

（6）验算圆周速度。

$$F_t = 2T_1/d_1 = 2 \times 9.95 \times 10^4/72 = 2763.9(N)$$

$$K_A F_t/b = 1.4 \times 2763.9/72 = 53.74(N/mm) < 100(N/mm)$$

$$v = \pi d_1 n_1/(60 \times 1000) = 3.14 \times 72 \times 960/60000 = 3.62(m/s) < 5(m/s)$$

符合8级精度的使用要求。

（7）几何尺寸计算。

分度圆直径 $d_1 = z_1 m = 72(mm)$，$d_2 = z_2 m = 231(mm)$

中心距 $a=0.5(z_1+z_2)m=151.5(\text{mm})$

齿宽 $b_1=77\text{mm}$，$b_2=72\text{mm}$

（8）结构设计与绘制齿轮零件图（略）。

思考题与习题

5-1 渐开线啮合齿廓有何特性？

5-2 为何定义标准模数？它对齿轮应用有何影响？

5-3 齿轮的基圆、分度圆和节圆有何区别与关系？

5-4 分析齿轮的啮合传动为何频繁使用 $p_n=p_b$。

5-5 在标准外啮合直齿圆柱齿轮传动中，当 $a'>a$ 时，其啮合传动有何变化？

5-6 重合度对齿轮传动有何影响？它与哪些参数有关？

5-7 齿轮根切对齿轮传动有何影响？其发生原因和解决方法是什么？

5-8 如何区分标准齿轮与变位齿轮？通过变位能解决什么问题？它的几何参数有何变化？

5-9 齿轮的传动类型与齿轮变位含义相同吗？为何引入齿高变动系数？

5-10 各类齿轮传动的标准参数定义平面相同吗？为什么？

5-11 螺旋角 β 对平行轴斜齿圆柱齿轮传动有何影响？

5-12 在蜗杆传动的中间平面内，蜗杆与蜗轮如何传动？

5-13 各类齿轮传动的正确啮合条件有何异同？

5-14 为何定义当量齿数？它的具体含义是什么？

5-15 已知渐开线上 K 点处的向径 $r_K=45\text{mm}$，它的基圆半径 $r_b=40\text{mm}$。试求渐开线在 K 点的压力角 α_K 和曲率半径 ρ_K。

5-16 已知外啮合标准直齿圆柱齿轮传动的 $i_{12}=2.5$、$m=2.5\text{mm}$ 和 $a=122.5$，试求齿数 z_1、z_2。

5-17 已知渐开线直齿圆柱外齿轮的 $z=24$、$p_n=24.28\text{mm}$、$d_a=208\text{mm}$ 和 $d_f=172\text{mm}$，试确定该齿轮的 m、α、h_a^* 和 c^*。

5-18 已知外啮合标准直齿圆柱齿轮传动的 $z_1=21$、$z_2=80$、$m=3\text{mm}$ 和 $\alpha=20°$，试求（正常齿制）：

（1）轮齿的 h_a、h_f、c、h、p、s 和 e。

（2）小齿轮的 d_{a1}、d_1、d_{f1} 和 d_{b1}。

（3）标准安装时的中心距 a、重合度 ε_α 和单对齿啮合区长度。

（4）当 $a'=154\text{mm}$ 时的啮合角 α'、顶隙 c'、节圆直径 d_1' 与 d_2'。

5-19 已知一对外啮合标准直齿圆柱齿轮传动的中心距 $a=120\text{mm}$，传动比 $i=3$，小齿轮的齿数 $z_1=20$。试确定这对齿轮的模数与分度圆直径。

5-20 用正常齿制的齿条刀具切制齿轮，其移动速度 $v_刀=1\text{mm/s}$。若被切制齿轮的

$m = 2\text{mm}$、$z = 14$、$x = 0.5$，试求轮坯的转速和刀具中线至轮坯中心的距离 L。

5-21 已知渐开线标准平行轴外啮合斜齿轮传动的 $z_1 = 17$、$z_2 = 40$、$m_n = 4\text{mm}$ 和 $\beta = 20°$，试求中心距 a、端面齿距 p_t 以及正常齿制的端面齿高 h_t 与法面齿高 h_n。

5-22 已知渐开线标准平行轴外啮合斜齿轮传动的 $z_1 = 23$、$z_2 = 53$、$m_n = 6\text{mm}$ 和 $a = 237\text{mm}$，试求（正常齿制）：

（1）螺旋角 β 和当量齿数 z_{v2}。

（2）大齿轮的 d_{a2}、d_2、d_{f2} 和 d_{b2}。

（3）当 $b = 30\text{mm}$ 时的重合度 $\varepsilon_\gamma = \varepsilon_\alpha + \varepsilon_\beta$。

5-23 已知阿基米得标准蜗杆传动的中心距 $a = 140\text{mm}$、$i_{12} = 65.5$，试确定其基本参数。

5-24 已知阿基米得标准蜗杆传动的 $z_1 = 2$、$i_{12} = 25$、$m = 8\text{mm}$ 和 $q = 10$，试计算其中心距 a 以及蜗杆蜗轮的几何尺寸。

5-25 在题图 5-1 所示的蜗杆传动中，已知蜗杆的转动和螺旋方向，试标出蜗轮的转向。

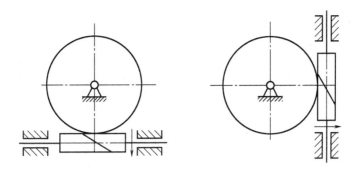

题图 5-1

5-26 $\Sigma = 90°$ 的标准直齿圆锥齿轮传动，已知 $z_1 = 16$、$i_{12} = 2$、$m = 4\text{mm}$，试计算该对圆锥齿轮的几何尺寸。并给出小齿轮允许的最小无根切齿数。

5-27 在单级闭式直齿圆柱齿轮传动中，已知驱动电动机的 $P = 4\text{kW}$、$n_1 = 720\text{r/min}$；小齿轮的 $z_1 = 25$、$b_1 = 85\text{mm}$、$m = 4\text{mm}$，材料为调质 45 钢；大齿轮的 $z_2 = 73$、$b_1 = 90\text{mm}$，材料为正火 45 钢；试验算该单级传动的强度。

5-28 已知闭式直齿圆柱齿轮传动的 $P = 30\text{kW}$、$n_1 = 730\text{r/min}$、$i = 4.6$。要求该传动结构紧凑，长期双向转动并存在中等冲击。若取 $z_1 = 29$，两齿轮都用 40Cr 表面淬火，试设计该齿轮传动的强度。

第6章

轮系及其设计

由一对齿轮相互啮合组成的齿轮机构是齿轮传动中最基本的传动单元，上一章已经详细介绍了一对齿轮的啮合原理、几何计算等内容。但是，实际机械中，由于原动机速度的单一性与工作机速度多样性之间的矛盾，一对齿轮的传动往往不能满足工作要求，而需要由一系列相互啮合的齿轮实现传动。例如，汽车变速箱、机床的主轴箱以及航空发动机上的传动装置等。这种由一系列齿轮组成的传动系统称为轮系。

6.1 轮系的类型

根据轮系在运转过程中各齿轮的几何轴线在空间的相对位置关系是否变化，轮系可分为定轴轮系、周转轮系及复合轮系。

6.1.1 定轴轮系

图 6-1、图 6-2 所示的轮系中，运动由齿轮 1 输入，通过一系列齿轮的啮合传动，带动从动齿轮 5 转动。这两个轮系中，虽然有很多齿轮，但在运转过程中，每个齿轮的几何轴线位置都是固定不变的。这种在运转过程中，所有齿轮的几何轴线位置均固定不变的轮系，成为定轴轮系。图 6-1 所示的定轴轮系中，所有齿轮的轴线都相互平行，这类轮系称为平行轴定轴轮系；图 6-2 所示的定轴轮系中，有轴线相交的锥齿轮机构和轴线交错的蜗杆机构，这类轮系称为非平行轴定轴轮系。

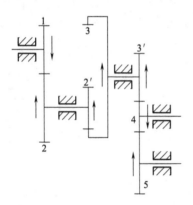

图 6-1　平行轴定轴轮系

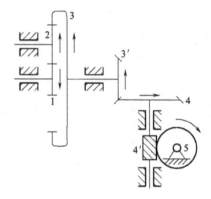

图 6-2　非平行轴定轴轮系

6.1.2 周转轮系

图 6-3(a) 所示的两轮系中，齿轮 1、3 均绕固定的轴线 OO' 转动。齿轮 2 安装在构件 H 的端部。一方面齿轮 2 绕本身的回转轴线 O_2O_2 自转，另一方面在构件 H 的带动下，齿轮 2 又绕齿轮 1、3 的轴线 OO' 公转。这种运转过程中，至少有一个齿轮的几何轴线的位置不固定，而是绕着其他定轴齿轮的轴线回转，这种轮系称为周转轮系。周转轮系中，像齿轮 2 既绕自己轴线作自转，又绕其他定轴齿轮轴线作公转的齿轮，称为行星轮；带动行星轮 2

作公转的构件 H 称为行星架或系杆；与行星齿轮啮合的定轴齿轮称为中心轮或太阳轮。在周转轮系中，一般都以中心轮或行星架作为输入和输出构件，故又称它们为周转轮系的基本构件，基本构件都围绕同一轴线回转。

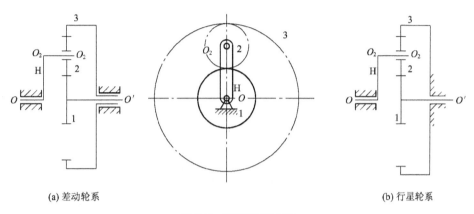

(a) 差动轮系   (b) 行星轮系

图 6-3 周转轮系及类型

根据自由度数目不同，周转轮系可分为两种类型。若周转轮系自由度为 2，则称其为差动轮系，如图 6-3（a）所示的轮系。若将图 6-3（a）所示的差动轮系中的中心轮 3 与机架相固联而变为固定轮，如图 6-3（b）所示，此时周转轮系的自由度变为 1，则称其为行星轮系。为保证周转轮系中各构件具有确定的运动规律，差动轮系应具有两个原动件，行星轮系应具有一个原动件。

根据基本构件不同，周转轮系还可分为 2K-H 和 3K 等类型（K 表示中心轮，H 表示行星架）。图 6-3 所示的轮系为 2K-H 型周转轮系，图 6-4 所示轮系则为 3K 型周转轮系，图 6-5 所示轮系为 K-H-V 型周转轮系，该轮系中只有一个中心轮，运动通过等角速机构由 V 轴输出。

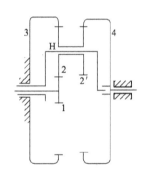

图 6-4 3K-H 型周转轮系

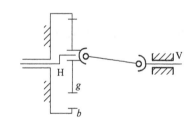

图 6-5 K-H-V 型周转轮系

6.1.3 复合轮系

实际工程应用中，除了使用单一的定轴轮系和周转轮系外，还经常使用既含有定轴轮系部分，又含有周转轮系部分［图6-6（a）］、或由几部分周转轮系所构成的复杂轮系［图6-6（b）］，通常将这种复杂轮系称为复合轮系或混合轮系。

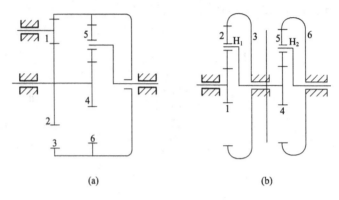

图6-6　复合轮系

6.2　轮系的传动比

轮系的传动比是指轮系中首、末两构件的角速度（或转速）之比。轮系的传动比包括传动比的大小和首、末两构件的转向关系两方面的内容。

6.2.1　定轴轮系的传动比

6.2.1.1　传动比的大小计算

以图6-1所示的定轴轮系为例，介绍定轴轮系的传动比大小的计算方法。该轮系由齿轮对1—2、2′—3、3′—4、4—5构成，若以轮1作为首轮，轮5作为末轮，则该轮系的传动比为：

$$i_{15} = \frac{\omega_1}{\omega_5} \left(\text{或} = \frac{n_1}{n_5} \right)$$

该轮系中各对啮合齿轮的传动比大小分别为：

$$i_{12} = \frac{\omega_1}{\omega_2} = \frac{Z_2}{Z_1}$$

$$i_{2'3} = \frac{\omega_{2'}}{\omega_3} = \frac{Z_3}{Z_{2'}}$$

$$i_{3'4} = \frac{\omega_{3'}}{\omega_4} = \frac{Z_4}{Z_{3'}}$$

$$i_{45} = \frac{\omega_4}{\omega_5} = \frac{Z_5}{Z_4}$$

由于齿轮2和2′、3和3′分别固定在同一根轴上，因此有：

$$\omega_2 = \omega_{2'}, \quad \omega_3 = \omega_{3'}$$

为求得整个轮系的传动比 $i_{15} = \dfrac{\omega_1}{\omega_5}$，将以上四式分别连乘，可得：

$$i_{12}i_{2'3}i_{3'4}i_{45} = \frac{\omega_1}{\omega_2}\frac{\omega_2}{\omega_3}\frac{\omega_3}{\omega_4}\frac{\omega_4}{\omega_5} = \frac{Z_2 Z_3 Z_4 Z_5}{Z_1 Z_{2'} Z_{3'} Z_4}$$

即

$$i_{15} = \frac{\omega_1}{\omega_5} = i_{12}i_{2'3}i_{3'4}i_{45} = \frac{Z_2 Z_3 Z_4 Z_5}{Z_1 Z_{2'} Z_{3'} Z_4} \tag{6-1}$$

式（6-1）表明：定轴轮系的传动比等于该轮系的各对啮合齿轮传动比的连乘积，其大小等于各对啮合齿轮中所有从动轮齿数的连乘积与所有主动轮齿数的连乘积之比，即：

$$定轴轮系的传动比 = \frac{所有从动齿轮齿数的连乘积}{所有主动齿轮齿数的连乘积} \tag{6-2}$$

在图 6-1 所示的定轴轮系中，齿轮 4 既和齿轮 3′ 啮合，也和齿轮 5 啮合，在与齿轮 3′ 的啮合中齿轮 4 作为从动轮，而与齿轮 5 的啮合中，齿轮 4 是主动轮，计算轮系的传动比时，z_4 同时出现在分子和分母上，因此，齿轮 4 齿数 z_4 并不影响轮系传动比的大小，齿轮 4 的作用仅为改变齿轮 5 的转向，这类齿轮称为惰轮或过桥轮。

6.2.1.2　首、末齿轮转向关系确定

（1）轮系中各轮的几何轴线均相互平行。轮系中所有齿轮均为直齿圆柱齿轮或斜齿圆柱齿轮时，该轮系中所有齿轮的几何轴线将相互平行。一对圆柱齿轮内啮合时转向相同，而一对圆柱齿轮外啮合时转向相反，故只要经过一次外啮合就改变一次转向。因此可用轮系中外啮合的次数来确定轮系中首末两齿轮的转向关系。若用 m 表示轮系外啮合的次数，则可用 $(-1)^m$ 表示轮系传动比的正负，当计算结果为正时，说明首末两轮转向相同，若计算结果为负，说明首末两轮转向相反。综上所述，对于几何轴线均相互平行的定轴轮系，可用下式计算传动比：

$$定轴轮系的传动比 = (-1)^m \frac{所有从动齿轮齿数的连乘积}{所有主动齿轮齿数的连乘积} \tag{6-3}$$

利用式（6-3）计算结果的正负，可直接判定首末两轮转向关系，即：当计算结果为正时，首末两轮转向相同；若计算结果为负，首末两轮转向相反。

（2）轮系中部分齿轮的几何轴线不平行，但首末两轮的轴线平行。若轮系中包含圆锥齿轮传动或蜗杆传动等空间齿轮机构时，这些齿轮的几何轴线不平行，其转向也就无所谓同向或反向，不能再利用式（6-3）来确定各齿轮的转向。对于包含圆锥齿轮传动或蜗杆传动等空间齿轮机构的轮系，只能根据每对齿轮的具体啮合类型，在图上用箭头表示每个齿轮的转向。若首末两轮的轴线平行，则在传动比的计算结果中加上正、负号，表示首末两轮的转向关系。

图 6-7 所示的含有圆锥齿轮传动的轮系中，各齿轮的转向均用箭头表示在图上，由于首（齿轮 1）、末（齿轮 4）两齿轮轴线平行，转向相反，故在最后的轮系传动比的计算结果上要加上负号，表示首末两齿轮转向关系，即：

$$i_{14} = \frac{\omega_1}{\omega_4} = -\frac{Z_2 Z_3 Z_4}{Z_1 Z_{2'} Z_{3'}}$$

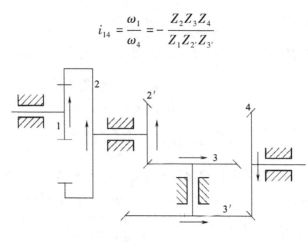

图 6-7　圆锥齿轮机构的转向

（3）轮系首、末两齿轮的几何轴线不平行。如图 6-8 所示的轮系中，既有蜗杆传动，又有锥齿轮传动，且蜗杆 1 的轴线与锥齿轮 5 的轴线不平行，像此类首、末两齿轮的几何轴线不平行的轮系，不能采用在传动比的计算结果中加正、负号的方法表示首、末两齿轮转向关系，其转向关系只能用箭头表示在图上。

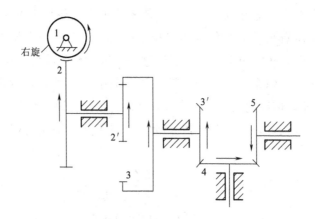

图 6-8　首、末两齿轮的几何轴线不平行

6.2.2　周转轮系的传动比

周转轮系与定轴轮系的主要区别是：周转轮系中有带动行星轮转动的系杆 H，使得行星轮既自转又公转。因此，周转轮系的传动比计算不能直接利用定轴轮系传动比的计算方法。

如图 6-9 所示，如果整个周转轮系加一个绕主轴线 OO' 转动的公共角速度 "$-\omega_H$"，根据相对运动原理，轮系中各构件之间的相对运动关系保持不变，但轮系中每个构件的绝对运动情况发生了改变。如图 6-10 所示，系杆 H 的角速度变为 $\omega_H-\omega_H=0$，即系杆静止不动，于是原来的周转轮系变成了假想的定轴轮系，该假想的定轴轮系称为原周转轮系的转化轮系或转化机构。表 6-1 列出了周转轮系和其转化轮系的角速度。

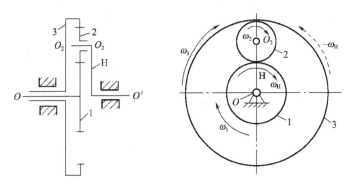

图 6-9　周转轮系

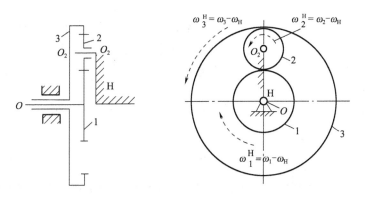

图 6-10　转化轮系

表 6-1　周转轮系及其转化轮系的角速度

构件代号	原周转轮系中角速度 ω_i	转化轮系中的角速度 ω_i^H
1	ω_1	$\omega_1^H = \omega_1 - \omega_H$
2	ω_2	$\omega_2^H = \omega_2 - \omega_H$
3	ω_3	$\omega_3^H = \omega_3 - \omega_H$
H	ω_H	$\omega_H^H = \omega_H - \omega_H = 0$

注　表的 ω_1^H、ω_2^H、ω_3^H、ω_H^H 分别表示转化轮系中齿轮 1、2、3 及系杆的角速度。

　　由于转化轮系是定轴轮系，因此，该转化轮系的传动比可以按照定轴轮系传动比的计算方法来计算。

　　由定轴轮系传动比的计算可得：

$$i_{13}^H = \frac{\omega_1^H}{\omega_3^H} = \frac{\omega_1 - \omega_H}{\omega_3 - \omega_H} = -\frac{Z_3}{Z_1}$$

式中：i_{13}^H——在转化轮系中齿轮 1 作为首齿轮、齿轮 3 作为末齿轮时的传动比。齿数比前的"–"号，表示在转化机构中齿轮 1 和齿轮 3 的转向相反。

根据以上原理，可得出计算周转轮系传动比的一般公式。设周转轮系中两个中心轮分别是 1 和 K，行星架为 H，其转化轮系的传动比 i_{1K}^H 可表示为：

$$i_{1K}^H = \frac{\omega_1^H}{\omega_K^H} = \frac{\omega_1 - \omega_H}{\omega_K - \omega_H} = \pm \frac{\text{从 1 到 K 所有从动轮齿数积}}{\text{从 1 到 K 所有主动轮齿数积}} \tag{6-4}$$

式中，当给定 ω_1、ω_K 及 ω_H 中任意两个量，便可求得第三个量。因此，利用该公式可求解周转轮系各基本构件的绝对角速度和任意两个基本构件之间的传动比。

若周转轮系的转化轮系传动比为"+"，则该周转轮系称为正号机构；若为"-"，则称为负号机构。

周转轮系传动比计算的注意事项：

（1）由于转化轮系是定轴轮系，因此，式（6-4）中齿数比前的"+""-"号，应按定轴轮系的判别方法确定。

（2）式（6-4）中 ω_1、ω_K 及 ω_H 均为代数量，代入公式计算时要带上相应的"+""-"号。当规定某一构件的转向为"+"时，则转向与之相反的为"-"。计算出的未知角速度转向应由计算结果中的"+""-"号确定。

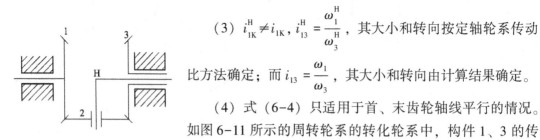

图 6-11 空间周转轮系

（3）$i_{1K}^H \neq i_{1K}$，$i_{13}^H = \dfrac{\omega_1^H}{\omega_3^H}$，其大小和转向按定轴轮系传动比方法确定；而 $i_{13} = \dfrac{\omega_1}{\omega_3}$，其大小和转向由计算结果确定。

（4）式（6-4）只适用于首、末齿轮轴线平行的情况。如图 6-11 所示的周转轮系的转化轮系中，构件 1、3 的传动比可写成：

$$i_{13}^H = \frac{\omega_1^H}{\omega_3^H} = \frac{\omega_1 - \omega_H}{\omega_3 - \omega_H} = -\frac{Z_3}{Z_1}$$

但是齿轮 1 和齿轮 2 的轴线不平行，且齿轮 2 轴线与行星架 H 的轴线不平行，$\omega_2 - \omega_H$ 没有意义，故：

$$i_{12}^H \neq \frac{\omega_1 - \omega_H}{\omega_2 - \omega_H}$$

例 6-1 图 6-3（b）所示的行星轮系中，已知各轮齿数分别为：$Z_1 = 40$，$Z_2 = 20$，$Z_3 = 80$，试计算中心轮 1 和系杆 H 的传动比 i_{1H}。

解：中心轮 1、3 在其转化轮系中的传动比 i_{13}^H 为：

$$i_{13}^H = \frac{\omega_1^H}{\omega_3^H} = \frac{\omega_1 - \omega_H}{\omega_3 - \omega_H} = -\frac{Z_3}{Z_1} = -\frac{80}{40} = -2$$

行星轮系中，中心轮 3 固定不动，即 $\omega_3 = 0$，代入上式得：

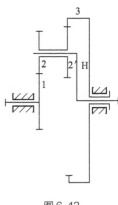

$$\frac{\omega_1 - \omega_H}{0 - \omega_H} = -2$$

解得：
$$i_{1H} = \frac{\omega_1}{\omega_H} = 1 - (-2) = 3$$

从该例题的计算过程中还可推知：$i_{1H} = 1 - i_{13}^H$。

例 6-2 图 6-12 所示的轮系中，已知 $Z_1 = 15$，$Z_2 = 25$，$Z_{2'} = 20$，$Z_3 = 60$，两个太阳轮的转速分别为 $n_1 = 200 \text{r/min}$，$n_3 = 50 \text{r/min}$。试求以下两种情况下系杆 H 的转速 n_H：（1）n_1、n_3 转向相反。（2）n_1、n_3 转向相同。

图 6-12

解：该轮系的自由度为 2，是差动轮系。

其转化轮系中齿轮 1、3 的传动比为：

$$i_{13}^H = \frac{n_1^H}{n_3^H} = \frac{n_1 - n_H}{n_3 - n_H} = -\frac{Z_2 Z_3}{Z_1 Z_{2'}} = -\frac{25 \times 60}{15 \times 20} = -5$$

（1）当 n_1、n_3 转向相反时。设 n_1 转向为正，则 n_3 转向为负，故将 $n_1 = 200 \text{r/min}$，$n_3 = -50 \text{r/min}$ 代入上式得：

$$\frac{n_1 - n_H}{n_3 - n_H} = \frac{200 - n_H}{-50 - n_H} = -5$$

解得 $n_H = -8.33 \text{r/min}$，n_H 转向与 n_1 相反。

（2）当 n_1、n_3 转向相同时。设 n_1、n_3 均为正，故将 $n_1 = 200 \text{r/min}$，$n_3 = 50 \text{r/min}$ 代入上式得：

$$\frac{n_1 - n_H}{n_3 - n_H} = \frac{200 - n_H}{50 - n_H} = -5$$

解得 $n_H = 75 \text{r/min}$，n_H 转向与 n_1、n_3 相同。

从该例题计算过程看，n_1、n_3 及 n_H 均为代数量，代入公式计算时一定要根据转向关系，带上相应的 "+" "-" 号。

6.2.3 复合轮系的传动比

由于复合轮系中既包含定轴轮系部分，也包含周转轮系部分，或者包含几部分周转轮系。因此，复合轮系传动比的计算既不能完全采用定轴轮系的传动比计算方法，也不能完全采用周转轮系的方法，其传动比正确的计算方法是：

（1）正确区分定轴轮系和周转轮系。周转轮系的特点是具有行星轮和行星架，故应先寻找轮系中的行星轮和行星架（注意，有时行星架往往是由轮系中具有其他功能的构件兼任）。每个行星架连同行星架上的行星轮和与行星轮相啮合的太阳轮组成基本的周转轮系。

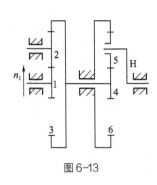

图 6-13

一般每一个行星架对应一个基本周转轮系。在复合轮系中，找出周转轮系之后，剩下部分就是定轴轮系。

（2）分别列出各基本轮系传动比的计算式。即定轴轮系部分按定轴轮系传动比的计算方法列式，周转轮系部分按照周转轮系传动比的计算方法列式。

（3）找出各基本轮系之间的联系。

（4）将各基本轮系传动比计算式联立求解。

例 7-3 图 6-13 所示的轮系中，已知齿轮 1 的转速 $n_1 = 700/\min$，转向如图所示。各齿轮的齿数分别为 $Z_1 = Z_4 = 40$，$Z_2 = Z_5 = 30$，$Z_3 = Z_6 = 100$，试求行星架 H 的转速 n_H。

解：该轮系为复合轮系，其中齿轮 1、2、3 构成定轴轮系，齿轮 4、5、6 及行星架 H 构成行星轮系。定轴轮系部分，齿轮 1 与 3 的传动比为：

$$i_{13} = \frac{n_1}{n_3} = -\frac{Z_3}{Z_1} = -\frac{100}{40} = -2.5$$

行星轮系中，中心轮 4、6 在转化轮系中的传动比为：

$$i_{46}^{H} = \frac{n_4^{H}}{n_6^{H}} = \frac{n_4 - n_H}{n_6 - n_H} = -\frac{Z_6}{Z_4} = -\frac{100}{40} = -2.5$$

行星轮系中，中心轮 6 固定，故 $n_6 = 0$，由于齿轮 3、4 为同一构件，即 $n_3 = n_4$。联立以上各式，解得 $i_{1H} = \frac{n_1}{n_H} = -8.75$

将 $n_1 = 700/\min$ 代入上式，可得行星架转速 n_H 为：

$$n_H = \frac{n_1}{i_{1H}} = \frac{700}{-8.75} = -80 \, (\mathrm{r/min})$$

n_H 为负值，表示其转向与 n_1 相反。

该题的计算要注意两点：首先要正确划分轮系，其次代入转速时一定要注意正负号。

6.3 轮系的功用

各种机械设备中，轮系的应用十分广泛。这些轮系的功能可归纳为以下几个方面。

（1）获得较大的传动比。为了避免由于齿数相差过大使小齿轮易于损坏和发生齿根干涉等问题，齿轮传动中，一对齿轮的传动比一般不超过 8。当需要更大传动比时，既可利用定轴轮系的多级传动来实现，也可采用行星轮系实现。图 6-14 所示的 2K-H 行星轮系中，$z_1 = 100$，$z_2 = 101$，$z_{2'} = 100$，$z_3 = 99$，系杆 H 与中心轮 1 的传动比 $i_{H1} = 10000$。

（2）实现变速变向传动。输入轴的转速转向不变，利用轮系可使输出轴得到若干种转速或改变输出轴的转向，这种传动称为变速变向传动。

图6-15所示为汽车变速箱中的轮系。图中轴Ⅰ为动力输入轴，轴Ⅱ为输出轴，齿轮4、6为滑移齿轮，A-B为牙嵌式离合器。该变速箱可使输出轴得到四种转速：

①第一挡：齿轮5、6啮合，齿轮3、4及离合器A-B脱开。

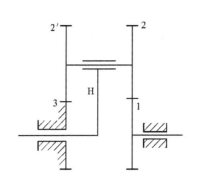

图6-14 2K-H行星轮系

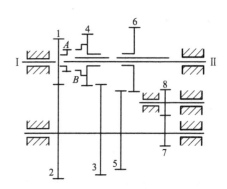

图6-15 汽车变速箱

②第二挡：齿轮3、4啮合，齿轮5、6及离合器A-B脱开。

③第三挡：离合器A-B啮合，齿轮3、4及齿轮5、6脱开。

④倒退挡：齿轮6、8啮合，齿轮3、4、齿轮5、6及离合器A-B均脱开。此时，由于惰轮8的作用，输出轴Ⅱ反向。

图6-16所示牛头刨床传动系统中，电动机轴的转动经由带传动传递到轴Ⅰ，当齿轮1、2、3分别与齿轮4、5、6啮合时，轴Ⅱ可得到3种转速；当齿轮7、8分别与齿轮9、10啮合时，轴Ⅳ可得到2种转速，因此，轴Ⅳ总共可有6种转速。牛头刨床传动系统中，利用定轴轮系使输出轴Ⅳ得到6种转速。

（3）实现分路传动。当输入轴的转速一定时，利用轮系可将输入轴的一种转速同时传到几根不同的输出轴上，获得所需的各种转速。如图6-17所示滚齿机工作台中实现范成运动的传动机构简图。该轮系中，电动机带动主动轴转动，主动轴的运动和动力经过锥齿轮1、2传给单线滚刀，经过齿轮3、4、5、6、7及右旋单线蜗杆8和蜗轮9传给轮坯，实现轮坯与滚刀之间的范成运动。

（4）实现结构紧凑的大功率传动。在周转轮系中，常采用多个行星轮均匀分布在中心轮周围（图6-18），由多个行星轮共同承担载荷的结构，可减小齿轮尺寸，提高承载能力。因为多个行星轮均匀分布，可使因行星轮公转所产生的离心惯心力及各齿廓啮合处的径向分力得以平衡，减少主轴承内的作用力，显著改善轮系的受力状况，因此，可传递较大的功率。

图6-19所示为某涡轮螺旋桨发动机主减速器的传动简图。其左边部分为定轴轮系，右边部分为周转轮系。动力由中心轮1输入后，经系杆H和内齿轮3分两路输往左部，最后

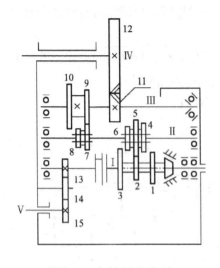

图 6-16 牛头刨床传动系统　　　　　图 6-17 滚齿机分路传动

在系杆 H 及内齿轮 5 处汇合，输往螺旋桨。由于功率分路传递，加之采用多个行星轮共同承担载荷，从而使整个装置在体积小、重量轻的条件下，实现了大功率传动。整个减速器的外廓尺寸仅为 $\phi430\text{mm}$，而传递的功率却高达 2850kW。

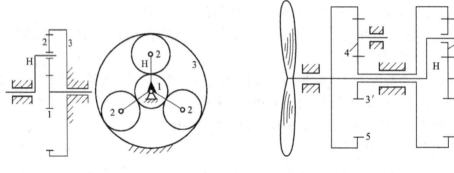

图 6-18 多个均布的行星　　　　　图 6-19 发动机主减速器

（5）实现运动的合成与分解。利用差动轮系可以实现运动的合成与分解。如图 6-11 所示由锥齿轮组成的空间差动轮系中，两个中心轮的齿数相等，即 $Z_1 = Z_3$。两中心轮在转化轮系的传动比 i_{13}^{H} 为：

$$i_{13}^{\text{H}} = \frac{n_1^{\text{H}}}{n_3^{\text{H}}} = \frac{n_1 - n_{\text{H}}}{n_3 - n_{\text{H}}} = -\frac{Z_3}{Z_1} = -1$$

即 $n_{\text{H}} = \dfrac{1}{2}(n_1 + n_3)$

上式说明，系杆的转速 n_{H} 是两个中心轮转速 n_1、n_3 的合成。差动轮系能作运动合成的特性在机床、计算装置以及补偿调整装置中得到了广泛应用。

差动轮系不仅能将两个独立的运动合成为一个运动，而且还可将一个基本构件的转动按所需比例分解成另外两个基本构件的不同转动。图 6-20（a）所示汽车后桥的差速器就利用了差动轮系的这一特性。当汽车转弯时，它能将发动机传到齿轮 5 的运动，以不同的转速分别传递到左右两车轮。

当汽车在平坦的道路上直线行驶时，左右两车轮所滚过的距离相等，所以转速也相等。这时齿轮 1、2、3 和 4 如同一个固联的整体，一起转动。当汽车如图 6-20（b）所示向左转动时，为减少轮胎的磨损，必须使车轮和地面间不发生滑动，这就要求右轮比左轮转动得快些。这时齿轮 1 和齿轮 3 间便发生相对转动，齿轮 2 除随齿轮 4 绕后车轮轴线公转外，还绕自己的轴线自传，由齿轮 1、2、3 和 4（系杆 H）组成的差动轮系便发挥作用。该差动轮系和图 6-11 所示的差动轮系完全相同，故有：

$$n_H = \frac{1}{2}(n_1 + n_3)$$

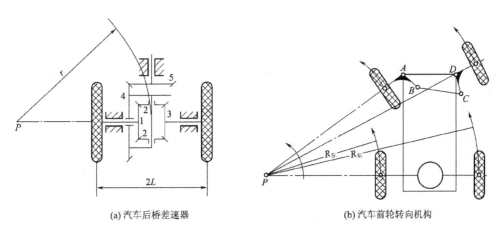

(a) 汽车后桥差速器   (b) 汽车前轮转向机构

图 6-20

又由图 6-20（b）所示，当车身绕瞬时回转中心 P 转动时，左右两轮走过的弧长与它们距 P 点的距离成正比，即：

$$\frac{n_1}{n_3} = \frac{R_{左}}{R_{右}} = \frac{r}{r + L}$$

联立以上两式，可得此时汽车两后轮的转速分别为：

$$n_1 = \frac{r - L}{r} n_H \ , \ n_3 = \frac{r + L}{r} n_H$$

以上分析说明，利用差速器可自动将发动机传递的转速 n_H 分解为两个后轮不同的转速 n_1 和 n_3。

需要说明的是：差动轮系将一个转动分解为两个转动是有条件的，该条件为两个转动之间必须具有确定的关系。在上面的例子中，后两轮转动的确定关系是由地面的约束条件提供的。

思考题与习题

6-1 如何确定定轴轮系中首、末两轮的转向关系？

6-2 什么是周转轮系的转换轮系？它在周转轮系传动比的计算中起什么作用？

6-3 周转轮系中两轮传动比的正负号与该周转轮系的转化轮系中两轮传动比的正负号相同吗？为什么？

6-4 计算复合轮系传动比的思路是什么？

6-5 如何从复杂的复合轮系中划分出基本轮系？

6-6 什么是正号机构、负号机构？它们各有何特点？各适用什么使用场合？

6-7 题图6-1所示的钟表机构中，S、M及H分别代表秒、分及时，已知$Z_1=8$，$Z_2=60$，$Z_3=8$，$Z_5=15$，$Z_7=12$，齿轮6与齿轮7的模数相同，试求齿轮4、6、8的齿数。

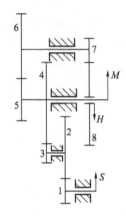

题图6-1

6-8 题图6-2所示的手动提升机构中，已知$Z_1=Z_3=18$，$Z_2=Z_6=60$，$Z_4=36$，试求i_{16}，并指出提升重物时手柄的转向。

6-9 图6-17所示滚齿机工作台的传动系统中，$Z_1=15$，$Z_2=28$，$Z_3=15$，$Z_4=55$，$Z_9=40$，若被加工齿轮的齿数为64，试求i_{75}。

6-10 题图6-3所示为收音机短波调谐微动机构，已知$z_1=99$，$z_2=100$，其中，齿轮3为宽齿，同时与齿轮1、2啮合。试问当旋钮转动一圈时，齿轮2转过多大的角度？

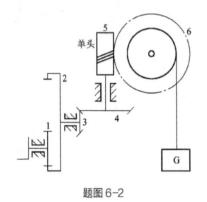

题图6-2

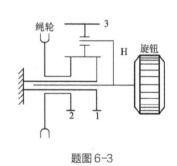

题图6-3

6-11 题图6-4所示为电动螺丝刀的传动系统简图。已知$Z_1=Z_4=7$，$Z_3=Z_6=39$。若$n_1=3000 \text{r/min}$时，螺丝刀的转速是多少？

6-12 题图6-5所示的周转轮系中，已知各齿轮齿数为$Z_1=60$，$Z_2=20$，$Z_{2'}=20$，$Z_3=20$，$Z_4=20$，$Z_5=100$，试求传动比i_{41}。

6-13 题图6-6所示的周转轮系中，已知各齿轮齿数为$Z_1=26$，$Z_2=32$，$Z_{2'}=22$，$Z_3=80$，$Z_4=36$，$n_1=300 \text{r/min}$，$n_3=50 \text{r/min}$，试求齿轮4的转速大小和方向。

6-14 题图6-7所示为汽车自动变速器中的预选式行星轮系。已知各齿轮齿数为$Z_1=$

$Z_2 = 30$，$Z_3 = Z_6 = 90$，$Z_4 = 40$，$Z_5 = 25$，轴 I 为主动轴，轴 II 为从动轴，S、P 为制动器，其传动有两种状态：

（1）S 压紧齿轮 3，P 处于松开状态。

（2）P 压紧齿轮 6，S 处于松开状态。

试求两种不同传动状态下的传动比 $i_{I II}$。

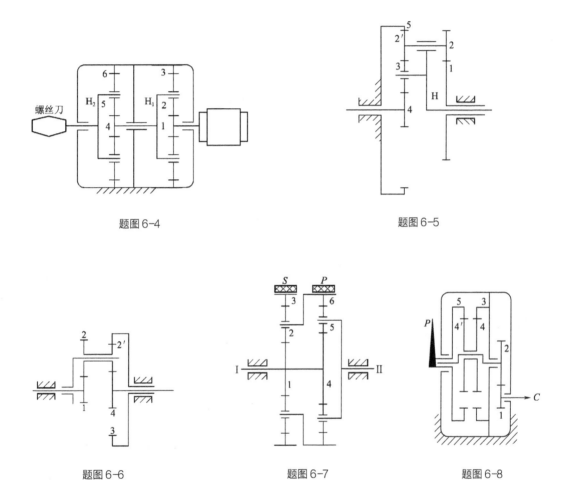

题图 6-4

题图 6-5

题图 6-6

题图 6-7

题图 6-8

6-15　题图 6-8 所示为自行车里程表机构中的轮系，其中 C 为车轮轴，P 为里程表指针。已知各齿轮齿数为 $Z_1 = 17$，$Z_3 = 23$，$Z_4 = 19$，$Z_{4'} = 20$，$Z_5 = 24$。设轮胎受压变形后使 28 英寸车轮的有效直径为 0.7m，当车行 1km 时，表上的指针刚好回转一周，试求齿轮 2 的齿数。

第7章

其他常用机构及其应用

为了满足生产过程中提出的不同要求，在机械中采用了各种类型的机构。如主动件连续运动，从动件作周期性运动和停歇的机构称为间歇运动机构。间歇运动机构广泛应用于电子机械、轻工机械等设备中实现转位、步进、计数等功能。间歇运动机构的类型很多，本章主要介绍较常用的棘轮机构、槽轮机构、不完全齿轮机构和凸轮间歇运动机构。除了间歇机构，本章还介绍了螺旋机构。

7.1 棘轮机构及其应用

7.1.1 棘轮机构的工作原理

图7-1所示的棘轮机构由棘轮4、棘爪3、止动爪5、摇杆2和机架组成。棘轮4与轴1固联，摇杆2空套在轴1上，可以自由摆动。当摇杆作逆时针方向摆动时，与摇杆铰接的棘爪3借助弹簧或自重插入棘轮齿槽，推动棘轮逆时针转过一定角度。若摇杆顺时针方向摆动时，由于止动爪5阻止棘轮顺时针转动，棘爪3沿棘轮齿背滑过，从而实现当摇杆往复摆动时，棘轮作单向间歇转动。

为了防止棘轮机构工作时，棘爪从棘轮齿槽中脱出，棘爪与棘轮齿接触处点 A 的法线 $n-n'$，必须位于棘爪轴心 O_2 和棘轮轴心 O_1 之间，否则棘轮的反作用力将使棘爪从棘轮齿槽中脱出。

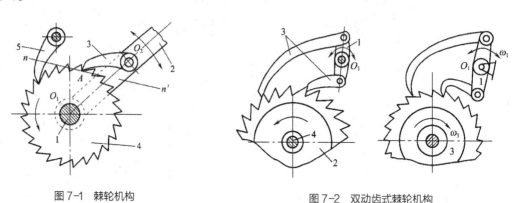

图 7-1　棘轮机构　　　　　　　图 7-2　双动齿式棘轮机构

7.1.2 棘轮机构的类型和特点

7.1.2.1 按结构分类

（1）齿式棘轮机构：图7-1所示为单向齿式棘轮机构，其特点是结构简单、制造方便；转角准确、运动可靠；动程可在较大范围内调节；棘爪在齿背上的滑行引起噪声、冲击和磨损，故不适合用于高速。

图7-2所示为双动齿式棘轮机构，主动摇杆上装有两个棘爪，绕 O_1 轴摆动，在其两个方向往复摆动的过程中分别带动棘爪推动或带动棘轮运动。

图 7-3（a）所示为一双向齿式棘轮机构，该机构在摇杆上装有一双向棘爪 1，棘轮 2 的齿形为矩形，当棘爪处于实线位置摆动时，棘轮沿逆时针方向做间歇转动；棘爪处于虚线位置摆动时，棘轮沿顺时针方向作间歇转动，从而实现棘轮的双向间歇转动。图 7-3（b）所示为另一种双向棘轮机构，当棘爪 1 在图示位置时，棘轮 2 将沿逆时针方向做间歇运动。若将棘爪提起并绕自身轴线转 180°后再插入棘轮齿中，则可实现沿顺时针方向的间歇运动。若将棘爪提起并绕本身轴线转 90°后放下，架在壳体顶部的平台上，使轮与爪脱开，则当棘爪往复摆动时，棘轮静止不动。这种棘轮机构常应用在牛头刨床工作台的进给装置中。

上述棘轮机构中，棘轮的转角都是相邻齿所夹中心角的倍数，也就是说，棘轮的转角是有级性改变的。如果要实现无级性改变，就需要采用无棘齿的棘轮。

（2）摩擦式棘轮机构。图 7-4 所示的机构是通过棘爪 1 与棘轮 2 之间的摩擦力来传递运动的（构件 3 为制动棘爪），故称为摩擦式棘轮机构。这种机构传动较平稳，噪声小，但其接触表面间容易发生滑动，故运动准确性差。

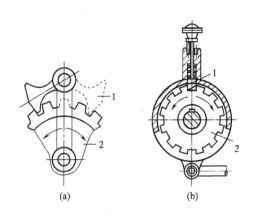

图 7-3　双向齿式棘轮机构

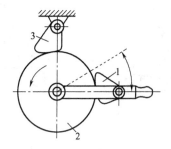

图 7-4　摩擦式棘轮机构

7.1.2.2　按啮合形式分类

（1）外啮合形式。图 7-1~图 7-4 所示的棘轮机构均属外啮合形式的棘轮机构。其棘爪和楔块都安装在从动轮外部。外啮合式棘轮机构应用较广。

（2）内啮合形式。图 7-5 所示为内啮合棘轮机构，其棘爪和楔块都安装在从动轮外的内部。

（3）棘条形式。当棘轮的直径为无穷大时，就成为棘条机构，如图 7-6 所示，当摇杆主动件作往复摆动时，它可以获得单向间歇的直线运动。

7.1.3　棘轮机构的应用

图 7-7 所示的牛头刨床进给机构为第 1 章所述的牛头刨床中的主要机构，为了实现工作台的双向间歇送进，由 1、7 组成的齿轮机构，1、2、5 和机架组成的曲柄摇杆机构

ABCD，3、4、6组成的双向棘轮机构共同组成了工作台横向进给机构。

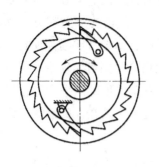

图7-5　内啮合棘轮机构

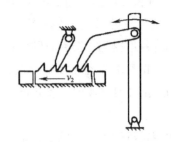

图7-6　棘条机构

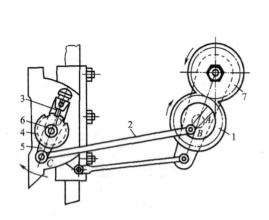

图7-7　牛头刨床进给机构

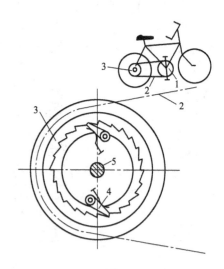

图7-8　棘轮机构的应用

棘轮机构除了常用于实现间歇运动外，还能实现超越运动。如图7-8所示的自行车后轮轴上的内啮合棘轮机构，当脚蹬踏板时，经链轮1和链条2带动内圈具有棘轮的链轮3顺时针转动，再通过棘爪4的作用，使后轮轴5顺时针转动，从而驱使自行车前进。自行车前进时，如果令踏板不动，后轮轴5便会超越链轮3而转动，让棘爪4在棘轮齿背上滑过，从而实现不蹬踏板的自由滑行。

7.2　槽轮机构及其应用

7.2.1　槽轮机构的工作原理

如图7-9所示，槽轮机构是由具有径向槽的槽轮2、带有圆销A的拨盘1和机架组成的。拨盘1做匀速转动时，驱使槽轮2作周期性运动和有间隙的间歇运动。拨盘1上的圆销 A 尚未进入槽轮 2 的径向槽时，由于槽轮 2 的内凹锁止弧 β 被拨盘 1 外凸圆弧 α 卡住，故槽轮 2 静止不动。图 7-9 中所示位置是当圆销 A 开始进入槽轮 2 的径向槽时的情况。这时锁住弧被松开，因此槽轮 2 受圆柱销 A 驱使沿逆时针转动。当圆销 A 开始脱出槽轮的径向槽时，槽轮的另一内凹锁止弧又被拨盘 1 的外凸圆弧卡住，致使槽轮 2 又静止不动，直到圆销 A 再进入槽轮 2 的另一径向槽时，两者又重复上述的运动循环。为了防止槽轮在工作过程中位置发生偏移，除上述锁止弧之外也可以采用其他专门的定位装置。

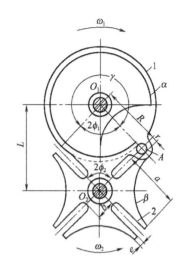

图 7-9　槽轮机构

7.2.2　槽轮机构的类型和特点

槽轮机构主要分成平面槽轮机构和空间槽轮机构，平面槽轮机构又分为外槽轮机构（图 7-9）和内槽轮机构（图 7-10）。外槽轮机构的主、从动轮转向相反；内槽轮机构的主、从动轮转向相同。与外槽轮机构相比，内槽轮机构传动较平稳、停歇时间短、所占空间小。

槽轮机构的主要参数是槽数 z 和拨盘圆销数 K。如图 7-9 所示，为了使槽轮 2 在开始和终止转动时的瞬时角速度为零，以避免圆销与槽发生撞击，圆销进入或脱出径向槽的瞬时，槽的中心线 O_2A 应与 O_1A 垂直。设 z 为均匀分布的径向槽数目，则槽轮 2 转过 $2\phi_2 = 2\pi/z$ 弧度时，拨盘啮合转角为：

$$2\phi_1 = \pi - 2\phi_2 = \pi - 2\pi/z$$

图 7-10　内槽轮机构

在一个运动循环内，槽轮 2 的运动时间 t_m 对拨盘 1 的运动时间 t 之比值 τ 称为运动特性系数。当拨盘 1 等速转动时，这个时间之比可用转角之比来表示。对于只有一个圆销的槽轮机构，t_m 和 t 分别对应于拨盘 1 转过的角度 $2\phi_1$ 和 2π。因此其运动特性系数 τ 为：

$$\tau = \frac{t_m}{t} = \frac{2\phi_1}{2\pi} = \frac{z-2}{2z} \tag{7-1}$$

为保证槽轮运动，其运动特性系数 τ 应大于零，由式（7-1）可知，径向槽的数目应等于或大于 3，但槽数 $z=3$ 的槽轮机构，由于槽轮的角速度变化很大，圆销进入或脱出径向槽的瞬间，槽轮的角加速度也很大，会引起较大的振动和冲击，所以很少应用。又由式（7-1）可知，这种槽轮机构的 τ 总是小于 0.5，即槽轮的运动时间总小于静止时间 t_a。

如果拨盘 1 上装有数个圆销，则可以得到 $\tau > 0.5$ 的槽轮机构。设均匀分布的圆销数目

为 K，则一个循环中，槽轮 2 的运动时间为只有一个圆销时的 K 倍，即：

$$\tau = \frac{K(z-2)}{2z} \qquad (7-2)$$

运动特性系数 τ 还应小于 1（$\tau=1$ 表示槽轮 2 与拨盘 1 一样作连续转动，不能实现间歇运动），故由式（7-2）得：

$$K < \frac{2z}{z-2}$$

由上式可知，当 $z=3$ 时，圆销的数目可为 1 至 5；当 $z=4$ 或 5 时，圆销数目可为 1 至 3；而当 $z \geq 6$ 时，圆销的数目可为 1 或 2。

槽数 $z>9$ 的槽轮机构比较少见，因为当中心距一定时，z 越大槽轮的尺寸也越大，转动时的惯性力矩也增大。另由式（7-1）可知，当 $z>9$ 时，槽数虽增加，τ 的变化却不大，起不到明显的作用，故 z 常取为 4~8。

槽轮机构构造简单，制造容易，工作可靠，能准确控制转角，机械效率高，并且运动平稳。缺点是动程不可调节，转角不可太小，槽轮在启动和停止时加速度变化大、有冲击，随着转速的增加或槽轮数目的减少而加剧，因而不适用于高速。

7.2.3　槽轮机构的应用

槽轮机构在自动机床转位机构、电影放映机卷片机构、提花织机等自动机械中得到广泛的应用。图 7-11 所示为电影放映机卷片机构，当拨盘 1 带动槽轮 2 间歇运动时，胶片上的画面依次在方框中停留，通过视觉暂留而获得连续的场景。

图 7-12 所示为间歇转位机构，槽轮机构可使传送链条实现非匀速的间歇移动，故可满足自动线上的流水装配作业。

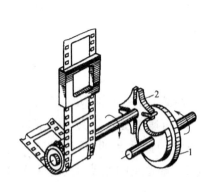

图 7-11　槽轮机构的应用

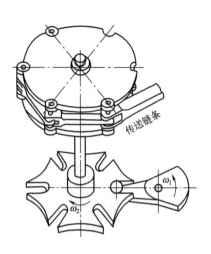

图 7-12　间歇转位机构

7.3 不完全齿轮机构及其应用

7.3.1 不完全齿轮机构的工作原理

图 7-13 所示为不完全齿轮机构。这种机构的主动轮 1 只有一个或几个轮齿，其余部分为外凸锁止弧，从动轮 2 上有与主动轮轮齿相应的齿距和内凹锁止弧相间布置。主动轮 1 连续转动，当进入啮合时，从动轮 2 开始转动；当主动轮 1 的轮齿退出啮合，由于两轮的凸、凹锁止弧的定位作用，从动轮 2 可靠停歇，从而实现了从动轮 2 的间歇运动。如图 7-13（a）、（b）所示的不完全齿轮机构，当主动轮 1 连续转过一圈时，从动轮 2 分别间歇地转过 1/8 圈和 1/4 圈。

7.3.2 不完全齿轮机构的类型

不完全齿轮机构按啮合形式分为外啮合（图 7-13）、内啮合（图 7-14）以及不完全齿轮齿条机构（图 7-15）。

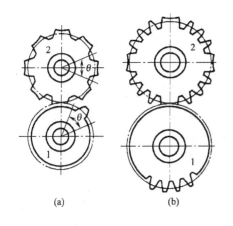

图 7-13 外啮合不完全齿轮机构

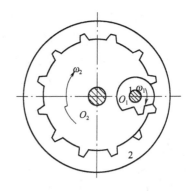

图 7-14 内啮合不完全齿轮机构

7.3.3 不完全齿轮机构的特点和应用

不完全齿轮机构的优点是设计灵活，从动轮的运动角范围大，很容易实现一个周期中的多次动、停时间不等的间歇运动。缺点是加工复杂；在进入和退出啮合时速度有突变，引起冲击。因此，不完全齿轮机构不宜用于主动轮转速很高的场合。

不完全齿轮机构常应用于计数器、电影放映机和某些具有特殊运动要求的专用机械中。如图 7-16 所示的机构，主动轴 I 上装有两个不完全齿轮 A 和 B，当主动轴 I 连续回转时，从动轴 II 能周期性地输出"正转—停歇—反转"运动。为了防止从动轮在停歇期间游动，应在从动轴上加设阻尼装置或定位装置。

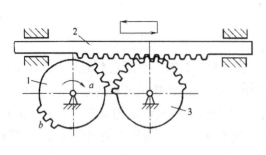

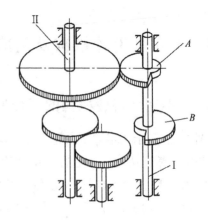

图 7-15 不完全齿轮齿条机构

图 7-16 不完全齿轮机构的应用

7.4 凸轮式间歇运动机构及其应用

7.4.1 凸轮式间歇运动机构的工作原理

凸轮间歇运动机构一般由主动凸轮、从动转盘和机架组成。

图 7-17 所示为圆柱凸轮间歇运动机构，凸轮 1 呈圆柱形，滚子 3 均匀地分布在转盘 2 的端面，滚子中心与转盘中心的距离等于 R_2。

图 7-18 所示为蜗杆凸轮间歇运动机构，凸轮 1 形状如同圆弧面蜗杆一样，滚子均匀地分布在转盘 2 的圆柱面上，犹如蜗轮的齿。这种凸轮间歇运动机构可以通过调整凸轮与转盘的中心距来消除滚子与凸轮接触面间的间隙以补偿磨损。

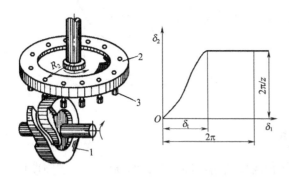

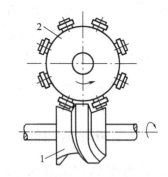

图 7-17 圆柱凸轮间歇运动机构

图 7-18 蜗杆凸轮间歇运动机构

7.4.2 凸轮式间歇运动机构的特点和应用

凸轮式间歇运动机构的优点是运转可靠、传动平稳、定位精度高，适用于高速传动，转盘可以实现任何运动规律，还可以用改变凸轮推程运动角来得到所需的转盘转动与停歇时间的比值。

凸轮间歇运动机构常用于传递交错轴间的分度运动和需要间歇转位的机械装置中。

7.5 螺旋机构及其应用

7.5.1 螺旋机构的工作原理

螺旋机构是由螺杆、螺母和机架组成。一般情况下，螺旋机构是将旋转运动转换为直线运动。如图 7-19 所示，螺杆 1 旋转使螺母 2 沿轴向运动。图 7-19（a）中 A 是转动副，图 7-19（b）中 A 是螺旋副，因此，当两个螺旋机构的螺杆 1 转速相同时，螺母 2 的位移不同。

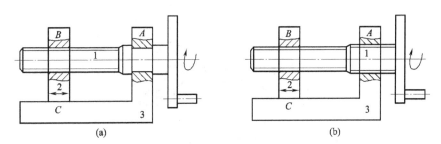

图 7-19 螺旋机构

7.5.2 螺旋机构的类型

螺旋机构按其用途可分为：传力螺旋，以传递动力为主；传导螺旋，以传递运动为主；调整螺旋，用作调整并固定零部件间的相对位置。

螺旋机构按其螺旋副内的摩擦性质不同可分为：滑动螺旋，螺杆与螺母面直接接触，摩擦状态为滑动摩擦；滚动螺旋，如图 7-20 所示，螺杆与螺母滚道间有滚动体，当螺杆或螺母转动时，滚动体在螺纹滚道内滚动，使螺杆和螺母为滚动摩擦，提高了传动效率和传动精度。

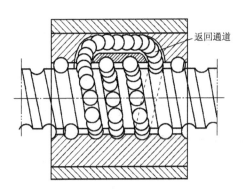

图 7-20 滚动螺旋机构

7.5.3 螺旋机构的特点和应用

螺旋机构结构简单、制造方便、运动准确、能获得很大的降速比和力的增益，工作平稳、无噪声，合理选择螺纹导程角可具有自锁作用，但传动效率低，需要有反向机构才能反向运动。

螺旋机构应用广泛，如图 7-21 所示的加紧机构，安装在机架 4 上的螺杆 3 的 *A* 端为右旋螺纹，*B* 端为左旋螺纹，通过螺母使两个卡爪 1 和 2 同步张合加紧工件 5。再如螺旋起重机、螺旋压力机、机床进给机构等。

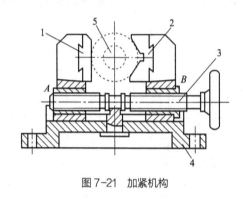

图 7-21　加紧机构

思考题与习题

7-1　常用间歇运动机构有哪几种？各具有哪些优缺点？各适用于什么场合？

7-2　棘轮机构中棘爪的轴心位置应如何安排？

7-3　何谓槽轮机构的运动系数？它与槽轮的槽数有何关系？槽轮的槽数常取多少？

7-4　设计一槽轮机构，要求槽轮的运动时间等于停歇时间，试选择槽轮的槽数和拨盘的圆销数。

第8章

带传动与链传动

带传动和链传动都是利用中间挠性件（带或链）实现传动的，适用于轴间中心距较大的传动场合。且均具有结构简单、维护方便及成本低廉等优点，因此得到广泛应用。

8.1　带传动的类型及应用

8.1.1　带传动的主要类型

带传动是一种应用广泛的挠性传动形式。如图8-1所示，带传动一般由主动轮1、传动带2及从动轮3组成。根据带传动原理不同，可分为摩擦型带传动［图8-1（a）］和啮合型带传动［图8-1（b）］。

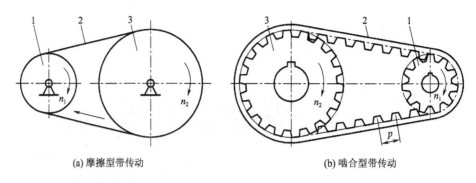

(a) 摩擦型带传动　　　　　　　　　　(b) 啮合型带传动

图8-1　带传动的组成

（1）摩擦型带传动。摩擦型带传动中，传动带紧套在带轮上，在带与轮的接触面上产生正压力，当主动轮1回转时，接触面产生摩擦力，主动轮1依靠摩擦力使传动带2一起运动。在从动轮一侧，传动带2靠摩擦力驱使从动轮3转动，实现了运动和动力由主动轮向从动轮的传递。

如图8-2所示，摩擦型带传动根据带截面形状不同，可分为V带传动［图8-2（a）］、平带传动［图8-2（b）］、多楔带传动［图8-2（c）］及圆带传动［图8-2（d）］。

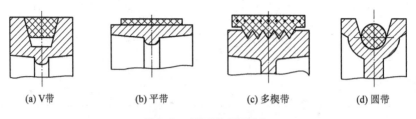

(a) V带　　　　　(b) 平带　　　　　(c) 多楔带　　　　　(d) 圆带

图8-2　摩擦带的截面形状

V带截面是等腰梯形，带轮上有相应的轮槽，其两侧面是工作面。与平带相比，在相同拉力条件下，V带传动能提供更大的摩擦力。

根据材料不同，平带可分为帆布芯平带（橡胶布带）、编织平带、皮革平带等。帆布芯平带成卷供应，按需要截取长度用接头连接成环形。

多楔带兼有平带柔性好和 V 带摩擦力大的优点，多楔带可避免多根 V 带传动时由于各条 V 带长度误差造成的各带受力不均匀问题。

圆带结构简单，其材料多为皮革、面、麻及锦纶等，常用于小功率传动。

摩擦型带传动的主要优点是：带具有弹性和挠性，传动时可吸收振动，缓和冲击，故带传动平稳、噪声小；当传动过载时，带与带轮间可相对滑动，能防止其他零件损坏；可用于中心距较大的场合；结构简单，装拆方便。主要缺点：传动时带与带轮间有弹性滑动，不能保证准确的传动比；带的寿命较短；不宜用于高温、易燃等场合。

（2）啮合型带传动。啮合型带传动依靠传动带内表面上等距分布的横向齿和带轮上相应的齿槽啮合传递运动和动力。由于啮合型带传动工作时，带和带轮之间没有相对滑动，可以保证带和带轮间的同步传动，因此，啮合型带传动也称同步传动。

8.1.2 带传动的应用

根据带传动的特点，带传动主要适用于：

（1）速度较高的场合，多用于原动机输出的第一级传动。带的工作速度一般为 5 ~ 30m/s，高速带工作速度可达 30m/s。

（2）中小功率传动，通常功率不超过 50kW。

（3）传动比一般不超过 7，最大用到 10。

（4）传动比不要求十分准确。

V 带传动适用于中心距较小、传动比较大及结构要求紧凑的场合，加之 V 带已标准化并大量生产，因此，V 带传动得到日益广泛的应用。平带传动结构简单、带轮制造方便，传动效率高，柔性好，适用于大中心距的场合。多楔带适用于结构紧凑、传递功率较大的场合。

8.1.3 V 带的类型和结构

V 带是由如图 8-3 所示的顶胶 1、抗拉体 2、底胶 3 和包布 4 等多种材料制成的无接头环形带。按照抗拉体的结构不同，普通 V 带可分为布帘芯 V 带和绳芯 V 带两种。布帘芯 V 带制造方便，抗拉强度较高，但易伸长、发热和脱层。绳芯 V 带柔性、挠曲性好，适用于载荷不大和带轮直径较小的场合。

V 带受弯曲时顶胶伸长，底胶缩短，两者之间长度保持不变的中性层称为节面，节面的宽度称为节宽 b_p。V 带的高度 h 与节宽 b_p 之比称为相对高度。按照相对高度不同，V 带可分为普通 V 带和窄 V 带。

普通 V 带已经标准化，按截面尺寸分为 Y、Z、A、B、C、D、E 七种型号，截面尺寸见表 8-1。普通 V 带的相对高度约为 0.7，窄 V 带的相对高度约为 0.9。窄 V 带的抗拉体由合成纤维绳制成，与相同高度的普通 V 带相比，承载能力可提高 1.5 ~ 2.5 倍。窄 V 带也已标准化，按截面尺寸可分为 SPZ、SPA、SPB、SPC 四种型号。

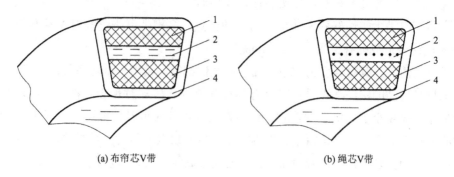

(a) 布帘芯V带　　　　　　　　　　　(b) 绳芯V带

图 8-3　普通 V 带结构

表 8-1　普通 V 带截面尺寸

型号	Y	Z	A	B	C	D	E
b_p (mm)	5.3	8.5	11	11	19	27	32
b (mm)	6	10	13	17	22	32	38
h (mm)	4	6	8	11	14	19	25
α (°)	40						
q (kg/m)	0.02	0.06	0.10	0.17	0.39	0.62	0.90

　　V 带的名义长度称为基准长度，基准长度是在规定的张紧力下，V 带位于两测量带轮基准直径上的周线长度。V 带的基准长度也已经标准化（表8-2）。

表 8-2　普通 V 带基准长度和长度系数 K_L

基准长度 L_d (mm)	普通 V 带							窄 V 带			
	Y	Z	A	B	C	D	E	SPZ	SPA	SPB	SPC
400	0.96	0.87									
450	1.00	0.89									
500	1.02	0.91									
560		0.94									
630		0.96	0.81					0.82			
710		0.99	0.83					0.84			
800		1.00	0.85					0.86	0.81		
900		1.03	0.87	0.82				0.88	0.83		
1000		1.06	0.89	0.84				0.90	0.85		
1120		1.08	0.91	0.86				0.93	0.87		
1250		1.11	0.93	0.88				0.94	0.89	0.82	
1400		1.14	0.96	0.90				0.96	0.91	0.84	
1600		1.16	0.99	0.92	0.83			1.00	0.93	0.86	

续表

基准长度 L_d（mm）	普通 V 带							窄 V 带			
	Y	Z	A	B	C	D	E	SPZ	SPA	SPB	SPC
1800		1.18	1.01	0.95	0.86			1.01	0.95	0.88	
2000			1.03	0.98	0.88			1.02	0.96	0.90	0.81
2240			1.06	1.00	0.91			1.05	0.98	0.92	0.83
2500			1.09	1.03	0.93			1.07	1.00	0.94	0.86
2800			1.11	1.05	0.95	0.83		1.09	1.02	0.96	0.88
3150			1.13	1.07	0.97	0.86		1.11	1.04	0.98	0.90
3550			1.17	1.09	0.99	0.89		1.13	1.06	1.00	0.92
4000			1.19	1.13	1.02	0.91			1.08	1.02	0.94
4500				1.15	1.04	0.93	0.90		1.09	1.04	0.96
5000				1.18	1.07	0.96	0.92			1.06	0.98
5600					1.09	0.98	0.95			1.08	1.00
6300					1.12	1.00	0.97			1.09	1.02
7100					1.15	1.03	1.00				1.04
8000					1.18	1.06	1.02				1.06
9000					1.21	1.08	1.05				1.08
10000					1.23	1.11	1.07				1.10

8.2 带传动的工作情况分析

8.2.1 带传动的受力分析

带传动安装时，带紧套在带轮上。如图 8-4（a）所示，带传动不工作时，带两边所受的拉力相等，均为 F_0，称为初拉力。如图 8-4（b）所示，当主动轮上受驱动力矩 T_1 作用而工作时，由于带和带轮接触面上摩擦力的作用，带绕入带轮的一边被拉紧，称为紧边，拉力由 F_0 增大为 F_1；带的另一边脱离带轮而被放松，称为松边，拉力由 F_0 减小为 F_2。

假设带紧边拉力增加量与松边的减小量相等，即满足：

$$F_1 - F_0 = F_0 - F_2 \tag{8-1}$$

如图 8-4（b）所示，取主动轮及其一侧的带作为分离体，根据力矩平衡可得：

$$T_1 = \frac{(F_1 - F_2)d_1}{2} \tag{8-2}$$

式中：d_1——小带轮直径。

式（8-2）显示，紧边与松边拉力差 F_1-F_2 是传递力矩作用的圆周力，称为有效拉力 F_e，即：

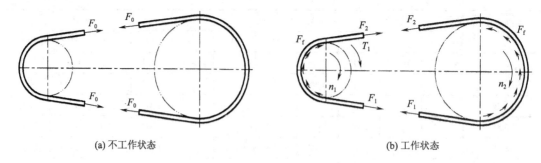

(a) 不工作状态   (b) 工作状态

图8-4　带的受力情况分析

$$F_e = F_1 - F_2 \tag{8-3}$$

取主动轮一侧带的分离体作为研究对象，根据力矩平衡条件可得：

$$F_f = F_1 - F_2 \tag{8-4}$$

式中：F_f——小带轮和带在接触面上的摩擦力，N。

式（8-3）和式（8-4）显示：有效拉力 F_e 等于带和带轮在接触面上的摩擦力 F_f。

有效拉力 F_e 和带传递的功率 P 及带速 v 满足：

$$F_e = \frac{1000P}{v} \tag{8-5}$$

式中：P——传递的功率，kW；

　　　v——带速，m/s。

在特定条件下，带和带轮接触面上的摩擦力 F_f 有一极限值，即最大摩擦力（或最大有效拉力 F_{max}），该极限值限制了带传动的传动能力。若需要传递的有效拉力 F_e 超过极限值 F_{max} 时，带将在带轮上打滑，这时传动失效。

带开始打滑时，紧边拉力 F_1 和松边拉力 F_2 的关系可由柔韧体摩擦的欧拉公式给出：

$$F_1 = F_2 e^{f\alpha} \tag{8-6}$$

式中：e——自然对数的底（e=2.718）；

　　　f——带和轮接触面间的摩擦系数；

　　　α——传动带在带轮上的包角。

联立式（8-1）、式（8-3）及式（8-6），可得特定条件下带能传递的最大有效拉力 F_{max}：

$$F_{max} = 2F_0 \frac{e^{f\alpha} - 1}{e^{f\alpha} + 1} \tag{8-7}$$

由式（8-7）可见，影响带传动最大有效拉力 F_{max} 的因素有：

（1）初拉力 F_0。初拉力 F_0 越大，带与带轮间的正压力越大，最大有效拉力 F_{max} 越大。但 F_0 过大时，将加剧带的磨损，缩短带的寿命；若 F_0 过小，带的工作能力不足，工作时易打滑。

（2）包角 α。最大有效拉力 F_{max} 随包角 α 的增大而增大。为保证带的传动能力，一般要求 $\alpha_{min} \geqslant 120°$。

（3）摩擦因数 f。摩擦因数 f 越大，最大有效拉力 F_{max} 越大。f 与带及带轮材料、表面状况及工作环境等有关。

8.2.2 带传动的应力分析

8.2.2.1 拉应力

带传动工作时，紧边产生的拉应力 σ_1 和松边产生的拉应力 σ_2 分别为：

$$\sigma_1 = \frac{F_1}{A}$$

$$\sigma_2 = \frac{F_2}{A} \tag{8-8}$$

式中：σ_1——紧边拉应力，MPa；

σ_2——松边拉应力，MPa；

A——带的横截面积，mm^2。

8.2.2.2 离心应力

带在绕过带轮时做圆周运动，从而产生离心力，并在带中产生离心应力。离心应力作用于带长的各个截面上，且大小相等。离心应力 σ_c 可由下式计算：

$$\sigma_c = \frac{qv^2}{A} \tag{8-9}$$

式中：σ_c——离心应力，MPa；

q——带单位长度的质量，kg/m，见表8-1；

v——带的线速度，m/s。

8.2.2.3 弯曲应力

带绕过带轮时，因弯曲而产生弯曲应力，弯曲应力只产生在带绕上带轮的部分。由材料力学知：

$$\sigma_b = E\frac{2h_a}{d_d} \tag{8-10}$$

式中：σ_b——弯曲应力，MPa；

E——带的弹性模量，MPa；

h_a——带的最外层到中性层的距离，mm；

d_d——带轮的基准直径，mm。

由式（8-10）可知，带轮基准直径 d_d 越小，带的弯曲应力越大。为防止过大的弯曲应力，对每种型号的 V 带，都规定了相应的最小带轮直径 d_{dmin}，见表8-3。

图8-5表示了带上各个截面应力分布情况，带中最大应力 σ_{max} 发生在带的紧边开始绕入小带轮处，其值为：

$$\sigma_{max} = \sigma_1 + \sigma_c + \sigma_{b_1} \tag{8-11}$$

表8-3 V带最小带轮直径d_{dmin}和推荐轮槽数

带 型	Y	Z SPZ	A SPA	B SPB	C SPC	D	E
d_{min}（mm）	20	50 63	75 90	125 140	200 224	355	500
推荐轮槽数 Z	1~3	1~4	1~6	2~8	3~9	3~9	3~9

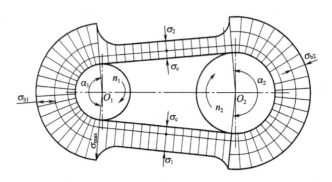

图8-5 带上各截面应力分布

图8-5显示，带在传动时，作用在带上某点的应力，随它所处的位置不同而变化。带回转一周时，应力变化一个周期。当应力循环一定次数时，带将疲劳断裂。

8.2.3 带传动的变形分析

带是弹性体，受到拉力会产生弹性伸长，且拉力越大，弹性伸长随之增大。如图8-6所示，当带刚绕上主动轮A_1点时，带速和主动轮的圆周速度相等。在带由A_1点运动B_1点的过程中，带的拉力由F_1逐渐减小为F_2，与此相应，带的伸长量也由A_1点处的最大逐渐减小到B_1点处的最小，带相对于带轮出现回缩，导致带速小于带轮的圆周速度，出现带与带轮间的相对滑动。在从动带轮一侧，在带由A_2点转到B_2点的过程中，带的拉力由F_2逐渐增大为F_1，带的弹性伸长也随之由最小增加到最大，带相对于带轮出现向前拉伸，导致

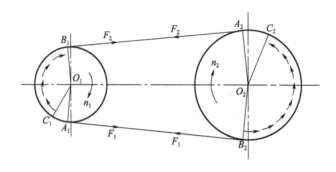

图8-6 带传动中的弹性滑动

带速大于带轮的圆周速度,使带与带轮间产生相对滑动。综上所述,由于带的紧边与松边拉力差引起带的弹性变形量的逐渐变化,导致带与带轮间发生相对滑动,这种现象称为带传动的弹性滑动,弹性滑动是带传动不可避免的现象。

弹性滑动导致从动带轮的圆周速度小于主动带轮的圆周速度,使传动比不准确;并使传动效率降低,引起带的磨损。

带传动弹性滑动引起的从动带轮相对于主动带轮的圆周速度降低率称为滑动率 ε,滑动率 ε 为:

$$\varepsilon = \frac{v_1 - v_2}{v_1} = \frac{\pi d_{d1}n_1 - \pi d_{d2}n_2}{\pi d_{d1}n_1} = 1 - \frac{d_{d2}n_2}{d_{d1}n_1} \tag{8-12}$$

式中:v_1,v_2——分别表示主、从动轮圆周速度;

d_{d1},d_{d2}——分别是主、从动带轮的基准直径,mm;

n_1,n_2——分别是主、从动带轮的转速,r/min。

因此,带的平均传动比为:

$$i = \frac{n_1}{n_2} = \frac{d_{d2}}{(1-\varepsilon)d_{d1}} \tag{8-13}$$

通常 ε 为 0.01~0.02,在一般带传动计算中可以忽略不计。

实验结果表明,弹性滑动并非发生在带与带轮的全部接触弧上,只发生在带离开带轮的那部分圆弧上(图8-6中的 C_1B_1 和 C_2B_2),有弹性滑动的接触弧称为滑动弧;没有发生弹性滑动的接触弧称为静止弧(图8-6中的 A_1C_1 和 A_2C_2)。在带速不变的条件下,随着传递功率的增加,带与带轮间的总摩擦力增大,使滑动弧长度随之增加。当总摩擦力达到极值时,整个接触弧成为滑动弧;若传递的功率进一步增加时,带和带轮间发生打滑。出现打滑时,带传动不能工作,传动失效。所以,带传动正常工作时,应避免出现打滑。

8.3 V带传动设计计算

8.3.1 单根V带的许用功率

8.3.1.1 带传动的失效形式与设计准则

根据带传动的工作情况分析可知,带传动的主要失效形式为打滑和疲劳破坏。因此,摩擦型带传动设计的主要准则是:保证带在工作中不打滑,并具有一定的疲劳强度和使用寿命。

8.3.1.2 单根V带的许用功率

带传动不打滑应满足:

$$F_e = \frac{1000P}{v} \leqslant F_{max} \tag{8-14}$$

将式(8-7)中的摩擦因数 f 用当量摩擦因数 f_v 代替后,可得出带开始打滑时,带的最

大有效拉力 F_{max} 及带的紧边拉力 F_1 满足：

$$F_{max} = F_1\left(1 - \frac{1}{e^{f_v\alpha}}\right) \qquad (8\text{-}15)$$

带的疲劳强度条件为：

$$\sigma_{max} = \sigma_1 + \sigma_c + \sigma_{b1} \leqslant [\sigma] \qquad (8\text{-}16)$$

式中：$[\sigma]$——许用应力，MPa。

当带不发生疲劳破坏且最大应力 σ_{max} 达到许用应力 $[\sigma]$ 时，紧边拉应力 σ_1 为：

$$\sigma_1 = [\sigma] - \sigma_c - \sigma_{b1} \qquad (8\text{-}17)$$

由式（8-8）及式（8-14）可得 V 带能传递的最大功率为：

$$P = \frac{F_e v}{1000} = \frac{([\sigma]\sigma_c - \sigma_{b1})A\left(1 - \dfrac{1}{e^{f_v\alpha}}\right)v}{1000} \qquad (8\text{-}18)$$

式中：v——带速，m/s；

A——带的截面面积，mm^2，可根据表 8-1 表中数据得出；

σ_c，σ_{b1}——分别由式（8-9）及式（8-10）计算，$[\sigma]$ 可通过实验求得。

在传动比 $i=1$（即包角 $\alpha=180°$）、特定带长、载荷平稳条件下，由式（8-18）计算所得的单根普通 V 带传递的基本额定功率 P_0 列于表 8-4 中。

表 8-4　单根 V 带的基本额定功率　　　　　　　　　单位：kW

带型	小带轮基准直径 d_{d_1}（mm）	n_1（r/min）										
		400	730	980	1200	1460	1600	2000	2400	2800	3600	5000
Z	50	0.06	0.09	0.12	0.14	0.16	0.17	0.20	0.22	0.26	0.30	0.34
	63	0.08	0.13	0.18	0.22	0.25	0.27	0.32	0.37	0.41	0.47	0.50
	71	0.09	0.17	0.23	0.27	0.31	0.33	0.39	0.46	0.50	0.58	0.62
	80	0.14	0.20	0.26	0.30	0.36	0.39	0.44	0.50	0.56	0.64	0.66
A	75	0.27	0.42	0.52	0.60	0.68	0.73	0.84	0.92	1.00	1.08	1.02
	90	0.39	0.63	0.79	0.93	1.07	1.15	1.34	1.50	1.64	1.83	1.82
	100	0.47	0.77	0.97	1.14	1.32	1.42	1.66	1.87	2.05	2.28	2.25
	125	0.67	1.11	1.40	1.66	1.93	2.07	2.44	2.74	2.98	3.26	2.91
B	125	0.84	1.43	1.67	1.93	2.20	2.33	2.64	2.85	2.96	2.80	1.09
	140	1.05	1.69	2.13	2.47	2.83	3.00	3.42	3.70	3.85	3.63	1.29
	160	1.32	2.16	2.72	3.17	3.64	3.86	4.40	4.75	4.89	4.46	0.81
	180	1.59	2.61	3.30	3.85	4.41	4.68	5.30	5.67	5.76	4.92	—
C	200	2.41	3.80	4.66	5.29	5.86	6.07	6.34	6.02	5.01	—	—
	250	3.62	5.82	7.18	8.21	9.06	9.38	9.62	8.75	6.56	—	—
	315	5.14	8.34	10.23	11.53	12.48	12.72	12.14	9.43	4.16	—	—
	400	7.06	11.52	13.67	15.04	15.51	15.24	11.95	4.34	—	—	—

续表

带型	小带轮基准直径 d_{d_1}（mm）	n_1（r/min）										
		400	730	980	1200	1460	1600	2000	2400	2800	3600	5000
D	355	9.24	14.04	16.30	17.25	16.70	15.63	—	—	—	—	—
	400	11.45	17.58	20.25	21.20	20.03	18.31	—	—	—	—	—
	450	13.85	21.12	24.16	24.84	22.42	19.59	—	—	—	—	—
	500	16.20	24.52	27.60	26.71	23.28	18.88	—	—	—	—	—
SPZ	63	0.35	0.56	0.70	0.81	0.93	1.00	1.17	1.32	1.45	1.66	1.85
	71	0.44	0.72	0.92	1.08	1.25	1.35	1.59	1.81	2.00	2.33	2.68
	80	0.55	0.88	1.15	1.38	1.60	1.73	2.05	2.34	2.61	3.06	3.56
	90	0.67	1.12	1.44	1.70	1.98	2.14	2.55	2.93	3.26	3.84	4.46
SPA	90	0.75	1.21	1.52	1.76	2.02	2.16	2.49	2.77	3.00	3.26	3.07
	100	0.94	1.54	1.93	2.27	2.61	2.80	3.27	3.67	3.99	4.42	4.31
	112	1.16	1.91	2.44	2.86	3.31	3.57	4.18	4.71	5.15	5.72	5.61
	125	1.40	2.33	2.98	3.50	4.06	4.38	5.15	5.80	6.34	7.03	6.75
SPB	140	1.92	3.13	3.92	4.55	5.21	5.54	6.31	6.86	7.15	6.89	—
	160	2.47	4.06	5.13	5.98	6.89	7.33	8.38	9.31	9.52	9.10	—
	180	3.01	4.99	6.31	7.38	8.50	9.05	10.34	11.21	11.62	10.77	—
	200	3.54	5.88	7.47	8.74	10.07	10.70	12.18	13.11	13.41	11.83	—
SPC	224	5.19	8.82	10.39	11.89	13.26	13.81	14.58	14.01	—	—	—
	250	6.31	10.27	12.76	14.61	16.26	16.92	17.70	16.69	—	—	—
	280	7.59	12.40	15.40	17.60	19.49	20.20	20.75	18.86	—	—	—
	315	9.07	14.82	18.37	20.88	22.92	23.58	23.47	19.98	—	—	—

当传动比 $i>1$ 时，带传动的工作能力有所提高，即单根 V 带有一定的功率增量 ΔP，其值列于表 8-5 中，这时单根 V 带能传递的功率为 $P_0 + \Delta P$。

表 8-5　单根 V 带的功率增量 ΔP　　　　　　单位：kW

型号	传动比 i	小带轮转速 n_1（r/min）												
		400	730	800	980	1200	1460	1600	2000	2400	2800	3200	3600	4000	5000
Z	1.35~1.51	0.01	0.01	0.01	0.02	0.02	0.02	0.02	0.02	0.03	0.04	0.04	0.04	0.05	0.05
	1.52~1.99	0.01	0.01	0.02	0.02	0.02	0.02	0.03	0.03	0.04	0.04	0.04	0.05	0.05	0.06
	≥2	0.01	0.02	0.02	0.02	0.03	0.03	0.03	0.04	0.04	0.04	0.05	0.05	0.06	0.06
A	1.35~1.51	0.04	0.07	0.08	0.08	0.11	0.13	0.15	0.19	0.23	0.26	0.30	0.34	0.38	0.47
	1.52~1.99	0.04	0.08	0.09	0.10	0.13	0.15	0.17	0.22	0.26	0.30	0.34	0.39	0.43	0.54
	≥2	0.05	0.09	0.10	0.11	0.15	0.17	0.19	0.24	0.29	0.34	0.39	0.44	0.48	0.60
B	1.35~1.51	0.10	0.17	0.20	0.23	0.30	0.36	0.39	0.46	0.59	0.69	0.79	0.89	0.99	1.24
	1.52~1.99	0.11	0.20	0.23	0.26	0.34	0.40	0.45	0.56	0.62	0.79	0.90	1.01	1.13	1.42
	≥2	0.13	0.22	0.25	0.30	0.38	0.46	0.51	0.63	0.76	0.89	1.01	1.14	1.27	1.60

续表

型号	传动比 i	小带轮转速 n_1（r/min）													
		400	730	800	980	1200	1460	1600	2000	2400	2800	3200	3600	4000	5000
C	1. 35~1. 51	0. 27	0. 48	0. 55	0. 65	0. 82	0. 99	1. 10	1. 37	1. 65	1. 92	2. 14	—		
	1. 52~1. 99	0. 31	0. 55	0. 63	0. 74	0. 94	1. 14	1. 25	1. 57	1. 88	2. 19	2. 44	—		
	≥2	0. 35	0. 62	0. 71	0. 83	1. 06	1. 27	1. 41	1. 76	2. 12	2. 47	2. 75	—		
SPZ	1. 39~1. 57	0. 05	0. 09	0. 10	0. 12	0. 15	0. 18	0. 20	0. 25	0. 30	0. 35	0. 40	0. 45	0. 50	0. 62
	1. 58~1. 94	0. 06	0. 10	0. 11	0. 13	0. 17	0. 20	0. 22	0. 28	0. 33	0. 39	0. 45	0. 50	0. 56	0. 70
	1. 95~3. 38	0. 06	0. 11	0. 12	0. 15	0. 18	0. 22	0. 24	0. 30	0. 36	0. 43	0. 49	0. 55	0. 51	0. 76
	≥3. 39	0. 06	0. 12	0. 13	0. 15	0. 19	0. 23	0. 26	0. 32	0. 39	0. 45	0. 51	0. 58	0. 64	0. 80
SPA	1. 39~1. 57	0. 13	0. 23	0. 25	0. 30	0. 38	0. 46	0. 51	0. 64	0. 76	0. 89	1. 02	1. 14	1. 27	1. 59
	1. 58~1. 94	0. 14	0. 26	0. 29	0. 34	0. 43	0. 51	0. 57	0. 71	0. 86	1. 00	1. 14	1. 29	1. 43	1. 79
	1. 95~3. 38	0. 16	0. 28	0. 31	0. 37	0. 47	0. 56	0. 62	0. 78	0. 93	1. 09	1. 25	1. 40	1. 56	1. 95
	≥3. 39	0. 16	0. 30	0. 33	0. 40	0. 49	0. 59	0. 66	0. 82	0. 99	1. 15	1. 32	1. 48	1. 65	2. 06
SPB	1. 39~1. 57	0. 26	0. 47	0. 53	0. 63	0. 79	0. 95	1. 05	1. 32	1. 58	1. 85	2. 11	2. 38		
	1. 58~1. 94	0. 30	0. 53	0. 59	0. 71	0. 89	1. 07	1. 19	1. 48	1. 78	2. 08	2. 37	2. 66		
	1. 95~3. 38	0. 32	0. 58	0. 65	0. 78	0. 97	1. 16	1. 29	1. 62	1. 94	2. 26	2. 58	2. 91		
	≥3. 39	0. 34	0. 62	0. 68	0. 82	1. 03	1. 23	1. 37	1. 71	2. 05	2. 40	2. 74	3. 07		
SPC	1. 39~1. 57	0. 79	1. 43	1. 58	1. 90	2. 38	2. 85	3. 17	3. 96	4. 75	—				
	1. 58~1. 94	0. 89	1. 60	1. 78	2. 14	2. 67	3. 21	3. 57	4. 46	5. 35	—				
	1. 95~3. 38	0. 97	1. 75	1. 94	2. 33	2. 91	3. 50	3. 89	4. 86	5. 83	—				
	≥3. 39	1. 03	1. 85	2. 06	2. 47	3. 09	3. 70	4. 11	5. 14	6. 17	—				

如果实际工况下，包角不等于 180°，V 带长度与特定带长不相等时，引入包角修正系数 K_α（表 8-6）和长度修正系数 K_L（表 8-2），对单根 V 带所能传递的功率进行修正。在实际工况下，单根 V 带所能传递的功率 P_r 为：

$$P_r = (P_0 + \Delta P)K_\alpha K_L \tag{8-19}$$

式中：P_r——实际工况下单根 V 带所能传递的功率，kW；

ΔP——传动比不等于 1 时，单根 V 带额定功率增量（kW）；

K_α——包角修正系数；

K_L——长度修正系数。

表 8-6　包角修正系数 K_α

小带轮包角 α（°）	180	175	170	165	160	155	150	145	140	135	130	125	120
K_α	1. 00	0. 99	0. 98	0. 96	0. 95	0. 93	0. 92	0. 91	0. 89	0. 88	0. 86	0. 84	0. 82

8.3.2　V带传动的设计与参数选择

8.3.2.1　V带传动设计的一般内容

V带传动设计的已知条件包括：带传动的工作条件（原动机种类、工作机类型和特性等）；传递的功率 P；主从动轮的转速 n_1、n_2 或传动比；传动位置和外部尺寸的要求等。

带传动设计的内容包括：带的型号、长度和根数的确定；带轮中心距的确定；带轮的材料、结构及尺寸的设计与选择；带的初拉力及作用在带轮轴上的压力计算；带张紧装置的设计等。

8.3.2.2　设计计算步骤及参数选择的原则

（1）确定计算功率。根据带传动的工作条件以及带传递的功率 P，计算功率 P_{ca} 可由下式给出：

$$P_{ca}K_A P \tag{8-20}$$

式中：P_{ca}——计算功率，kW；

　　　K_A——工作情况系数，见表8-7；

　　　P——带传递的功率，kW。

表8-7　工作情况系数 K_A

工　况		K_A					
		空、轻载启动			重载启动		
		每天工作小时数（h）					
		<10	10~16	>16	<10	10~16	>16
载荷变动最小	液体搅拌机、通风机和鼓风机（≤7.5kW）、离心式水泵和压缩机、轻载荷输送机	1.0	1.1	1.2	1.1	1.2	1.3
载荷变动小	带式输送机（不均匀负荷）、通风机（>7.5kW）、旋转式水泵（非离心式）、发电机、金属切削机床、印刷机、旋转筛、锯木机和木工机械	1.1	1.2	1.3	1.2	1.3	1.4
载荷变动较大	制砖机、斗式提升机、往复式水泵和压缩机、起重机、磨粉机、冲剪机床、橡胶机械、振动筛、纺织机械、重载输送机	1.2	1.3	1.4	1.4	1.5	1.6
载荷变动很大	破碎机（旋转式、颚式等）、磨碎机（球磨、棒磨、管磨）	1.3	1.4	1.5	1.5	1.6	1.8

注　1. 空、轻载启动——电动机（交流启动、三角起动、直流并励）、四缸以上的内燃机、装有离心式离合器、液力联轴器的动力机。

　　2. 重载启动——电动机（联机交流启动、直流复励或串励）、四缸以下的内燃机。

　　3. 反复启动、正反转频繁、工作条件恶劣等场合，K_A 应乘1.2，有效宽度制窄V带乘1.1。

　　4. 增速传动时 K_A 应乘以一个系数，该系数从表8-8中查取。

表8-8　增速传动时 K_A 应乘系数

增速比	1.25~1.74	1.75~2.49	2.5~3.49	≥3.5
系数	1.05	1.11	1.18	1.28

（2）选择 V 带类型。根据计算功率 P_{ca} 及小带轮转速 n_1，由图 8-7 确定普通 V 带的类型。

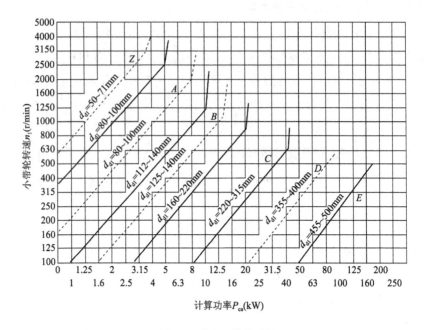

图 8-7　普通 V 带选型图

（3）确定带轮的基准直径 d_{d1}、d_{d2}。

①初选小带轮基准直径 d_{d1}。带轮直径较小时，带传动结构紧凑，但带弯曲应力较大，导致带疲劳强度降低；若传递相同功率时，带轮直径小，需要的有效拉力大，使得带的根数增加。因此，为防止过大的弯曲应力，一般取 $d_{d1} \geqslant d_{min}$，并参照表 8-8 将结果圆整。d_{min} 见表 8-3。

②验算带速。根据下式，验算带速 v：

$$v = \frac{\pi d_{d1} n_1}{60 \times 1000} \tag{8-21}$$

式中：v——带速，m/s；

　　　d_{d1}——小带轮基准直径，mm；

　　　n_1——小带轮转速，r/min。

当传递的功率一定时，若带速较高，则需要的有效拉力较小，使带的根数减少，带传动的结构比较紧凑；若带速过高，导致带的离心应力较大，同时还使单位时间内带的循环次数增加，导致带的疲劳强度降低。较大的离心应力，使带与轮间的压力减小，导致带传动易打滑。因此，带速不宜过高或过低，一般推荐 $v = 5 \sim 25$ m/s。

③计算大带轮直径。按照 $d_{d2} = i d_{d1}$ 计算大带轮直径，参照表 8-9 将计算结果圆整。

（4）确定中心距 a 及带的基准长度 L_d。

表 8-9　普通 V 带轮的基准直径系列

带型	基准直径 d_d（mm）
Y	20, 22.4, 25, 28, 31.5, 35.5, 40, 45, 50, 56, 63, 71, 80, 90, 100, 112, 125
Z	50, 56, 63, 71, 75, 80, 90, 100, 112, 125, 132, 140, 150, 160, 180, 200, 224, 250, 280, 315, 355, 400, 500, 630
A	75, 80, 85, 90, 95, 100, 106, 112, 118, 125, 132, 140, 150, 160, 180, 200, 224, 250, 280, 315, 355, 400, 450, 500, 560, 630, 710, 800
B	125, 132, 140, 150, 160, 170, 180, 200, 224, 250, 280, 315, 355, 400, 450, 500, 560, 600, 630, 710, 750, 800, 900, 1000, 1120
C	200, 212, 224, 236, 250, 265, 280, 300, 315, 335, 355, 400, 450, 500, 560, 600, 630, 710, 750, 800, 900, 1000, 1120, 1250, 1400, 1600, 2000
D	355, 375, 400, 425, 450, 475, 500, 560, 600, 630, 710, 750, 800, 900, 1000, 1060, 1120, 1250, 1400, 1500, 1600, 1800, 2000
E	500, 530, 560, 600, 630, 670, 710, 800, 900, 1000, 1120, 1250, 1400, 1500, 1600, 1800, 2000, 2240, 2500

①初选中心距 a_0。中心距较大时，包角增加，传动能力强；带的长度增加，单位时间内循环次数减少，有利于提高带的疲劳寿命，但传动的外廓尺寸增大。

一般初定中心距 a_0 为：

$$0.7(d_{d1} + d_{d2}) \leq a_0 \leq 2(d_{d1} + d_{d2}) \tag{8-22}$$

②计算带长 L_{d0}。根据带传动的几何关系，按照下式计算带长 L_{d0}：

$$L_{d0} = 2a_0 + \frac{\pi}{2}(d_{d1} + d_{d2}) + \frac{(d_{d2} - d_{d1})^2}{4a_0} \tag{8-23}$$

算出 L_{d0} 后，由表 8-2 选取与之相近的基准长度 L_d。

③确定中心距 a。通常选取的基准长度 L_d 与计算带长 L_{d0} 不相等，因此，实际中心距 a 需要进行修正。实际中心距近似为：

$$a \approx a_0 + \frac{L_d - L_{d0}}{2} \tag{8-24}$$

考虑到带轮的制造误差、带长的误差以及调整初拉力等需要，常给出中心距的变动范围：

$$\begin{aligned} a_{min} &= a - 0.015L_d \\ a_{max} &= a + 0.03L_d \end{aligned} \tag{8-25}$$

（5）验算小带轮上的包角 α_1。带传动中，小带轮上的包角 α_1 小于大带轮上的包角 α_2，使得小带轮上的包角 α_1 是影响带传动能力的重要因素。通常应保证：

$$\alpha_1 \approx 180° - \frac{d_{d2} - d_{d1}}{a} \times 57.3 \geq 120° \tag{8-26}$$

特殊情况允许 $\alpha_1 \geq 90°$。

（6）确定 V 带根数 z。

$$z \geqslant \frac{P_{ca}}{P_r} \qquad (8-27)$$

式中：z——V 带的根数；

P_{ca}——计算功率，kW；

P_r——由式（8-20）确定的功率，kW。

根据上式的计算结果圆整 V 带根数 z，若 V 带根数超过表 8-3 表中推荐的轮槽数时，应选截面较大的带型，以减少带的根数。

（7）确定初拉力。对于非自动张紧的 V 带传动，既要保证传递额定功率时不打滑，又要保证有一定寿命，这时单根 V 带适当的初拉力 F_0 为：

$$F_0 = 500 \frac{(2.5 - K_\alpha)P_{ca}}{K_\alpha z v} + qv^2 \qquad (8-28)$$

式（8-29）中，各符号的意义及单位同前。对于新安装的带，初拉力应为上式计算值的 1.5 倍。

（8）计算带对轴的压力。为设计和计算带轮轴及轴承，需要计算带传动时带作用于轴上的压力 F_p。忽略带两边的拉力差以及离心力，带作用于轴上的压力 F_p 为：

$$F_p = 2zF_0 \sin \frac{\alpha_1}{2} \qquad (8-29)$$

式中：F_p——压轴力，N；

z——带的根数；

F_0——初拉力，N；

α_1——小带轮包角。

例 8-1 设计如图 1-2 牛头刨床传动系统中与电动机相接的普通 V 带传动。已知电动机的额定功率为 $P = 4\text{kW}$，转速 $n_1 = 960\text{r/min}$，小带轮直径为 $d_{d1} = 108\text{mm}$，大带轮直径为 $d_{d2} = 240\text{mm}$，三班制工作，载荷变动小。

解：（1）确定计算功率 P_{ca}。由表 8-7 查得工作情况系数 $K_A = 1.3$，计算功率 P_{ca} 为：

$$P_{ca} = K_A P = 1.3 \times 4 = 5.2 (\text{kW})$$

（2）选取带型。根据 P_{ca} 及 n_1，由图 8-8 选用 A 型带。

（3）验算带速。

$$v = \frac{\pi d_{d1} n_1}{60 \times 1000} = \frac{\pi \times 108 \times 960}{60 \times 1000} = 5.42 (\text{m/s}) < 25\text{m/s} \quad 符合要求$$

（4）确定 V 带的基准长度和中心距。根据 $0.7(d_{d1} + d_{d2}) \leqslant a_0 \leqslant 2(d_{d1} + d_{d2})$ 初步确定中心距 a_0：

$$0.7(108 + 240) = 243.6 \leqslant a_0 \leqslant 2(108 + 240) = 696$$

为使结构紧凑，故选 $a_0 = 400\text{mm}$。

（5）根据式（8-23），计算 V 带的基准长度 L_{d0}：

$$L_{d0} = 2a_0 + \frac{\pi}{2}(d_{d1} + d_{d2}) + \frac{(d_{d2} - d_{d1})^2}{4a_0}$$

$$= 2 \times 400 + \frac{\pi}{2}(108 + 240) + \frac{(240 - 108)^2}{4 \times 400} = 1357.52(\text{mm})$$

由表 8-2 选 V 带基准长度 L_d 为 1400mm。按式（8-24）计算出实际的中心距 a：

$$a \approx a_0 + \frac{L_d - L_{d0}}{2} = 400 + \frac{1400 - 1357.52}{2} = 421.24(\text{mm})$$

（6）验算主动轮上的包角。由式（8-26）可得：

$$\alpha_1 \approx 180° - \frac{d_{d2} - d_{d1}}{a} \times 57.3 = 180° - \frac{240 - 108}{421.24} \times 57.3 = 162.04° \geqslant 120°$$

故主动轮的包角合适。

（7）计算 V 带的根数。由表 8-2 查得 $K_L = 0.96$，表 8-6 查得 $K_\alpha = 0.95$，由表 8-5 查得 $\Delta P = 0.11\text{kW}$，由表 8-4 查得 $P_0 = 0.97\text{kW}$。由式（8-27）可得 V 带的根数 z 为：

$$z = \frac{P_{ca}}{(P_0 + \Delta P)K_L K_\alpha} = \frac{5.2}{(0.97 + 0.11) \times 0.96 \times 0.95} = 5.28$$

取 $z = 6$ 根。

（8）计算初拉力 F_0。由表 8-1 查得 $q = 0.1\text{kg/m}$。由式（8-29）可得 V 带的初拉力为：

$$F_0 = 500\frac{(2.5 - K_\alpha)P_{ca}}{K_\alpha z v} + qv^2 = 500 \times \frac{(2.5 - 0.95) \times 5.2}{0.95 \times 6 \times 5.42} + 0.1 \times 5.42^2 = 159.41(\text{N})$$

（9）计算带对轴的压力。由式（8-29）得：

$$F_p = 2zF_0\sin\frac{\alpha_1}{2} = 2 \times 6 \times 159.41 \times \sin\frac{162.04°}{2} = 1889.47(\text{N})$$

8.4 其他带传动简介

8.4.1 同步带传动

同步带传动属于啮合型带传动，依靠传动带内表面上等距分布的横向齿和带轮上相应的齿槽啮合传递运动和动力。同步带的横剖面为矩形，且带面具有等距横向齿。同步带由强力层、齿面布及带本体构成。强力层一般由钢丝绳、玻璃纤维绳或芳纶绳制成，齿面布是一层锦纶布，带本体一般采用聚氨酯或氯丁橡胶制成。

同步带按照齿形可分为梯形齿同步带和圆弧齿同步带。梯形齿同步带按照齿距的制式又可分为周节制、模数制及特殊节距制，其中周节制的同步带使用最为广泛。

当带在纵截面内弯曲时，在带中保持长度不变的任意一条周线称为节线，节线长度为同步带的公称长度。如图 8-8 所示，在规定的张紧力条件下，带的纵截面上相邻两齿对称中心线的直线距离称为节距 p_b，它是同步带的一个主要参数。周节制梯形齿同步带按照节距可分为七种带型，各种带型的节距代号分别为：MXL、XXL、XL、L、H、XH、XXH，其节距依次增大。

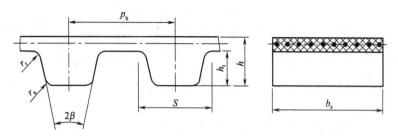

图 8-8　梯形齿同步带齿形

同步带传动具有以下优点：传动比恒定；结构紧凑；由于带薄而轻，抗拉体强度高，故带速可达 40m/s，传动比可达 10，传递功率可达 200kW；效率较高，约为 0.98，因而应用日益广泛。它的缺点是：带及带轮价格较高，对制造、安装要求高。

8.4.2　高速带传动

带的线速度超过 30m/s 时称为高速带传动。高速带传动常用于增速传动，增速比一般为 2~4，有时可达 8。高速带采用重量轻、厚度小、挠曲性好的环型平带。根据材质不同，可分为麻织带、丝织带、锦纶编织带、薄型强力锦纶带及高速环型胶带等。

高速带的带轮要求重量轻、质量分布均匀及运转时空气阻力小。为防止脱带，主从动带轮的轮缘表面应加工成如图 8-9 所示的中部凸起的腰鼓形，表面还应加工出环形泄气槽，以避免高速运转时带与带轮表面间形成气垫。

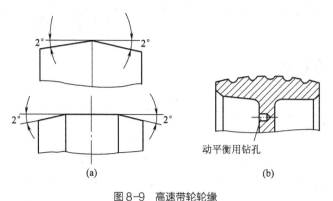

图 8-9　高速带轮轮缘

8.5　链传动的类型及应用

链传动由主、从动链轮及与链轮啮合的链条组成（图 8-10）。链条是刚性挠性件，因此，链传动是具有中间挠性件的啮合传动，链传动通过链条与链轮的啮合传递运动和动力。

按用途不同，链传动可分为：传动链、输送链和起重链。根据结构不同，传动链可分为短节距精密滚子链［简称滚子链，图 8-11（a）］、短节距精密套筒链［简称套筒链，图 8-11（b）］、齿形链和成型链等类型，前三种类型均已标准化。传动链在机械传动中主要

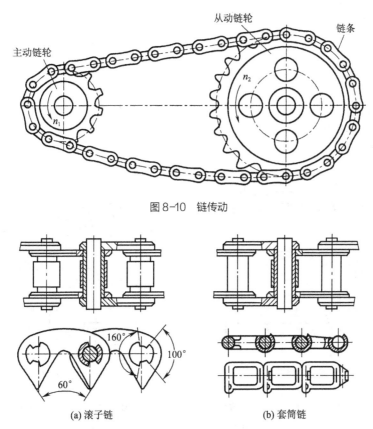

从动链轮
链条
主动链轮
n_2
n_1

图 8-10　链传动

160°
100°
60°

(a) 滚子链　　　　　　　(b) 套筒链

图 8-11　传动链类型

用于传递动力和运动。

在链条的应用中，传动用的滚子链占有重要地位，通常滚子链的传动功率小于 100kW，链速小于 15m/s。链传动的效率可达 0.94~0.96。链传动的适用场合为：中心距较大、平均传动比准确、低速重载及环境恶劣的开式传动。

链传动兼具齿轮传动和带传动的特点。与齿轮传动相比，链传动制造、安装精度要求较低，成本低廉；实现远距离传动时，结构更加轻便。与带传动相比，链传动的平均传动比准确；传动效率高；链条对轴的拉力小，结构更为紧凑；另外，链传动还能在温度较高、湿度较大、油污较严重等条件较为恶劣的环境中使用。传动链的主要缺点有：传动过程中不能保持瞬时传动比恒定；工作时有噪声；磨损后易跳链等。

8.6　链传动的结构特点

8.6.1　滚子链的结构特点

如图 8-12 所示，滚子链由内链板 1、外链板 2、销轴 3、套筒 4 及滚子 5 构成。销轴与外链板、套筒与内链板均采用过盈配合，分别组成外链节和内链节。套筒与销轴、套筒与滚子全部采用间隙配合。内链节和外链节间铰接形成链条。当链条与链轮齿啮合时，内外链节相互转动，滚子与链轮齿廓间发生相对滚动。为减小链的质量及运动时的惯性，链板按等强度原则做成8字形。

滚子链按照排数不同，可分为单排链、双排链（图8-13）和多排链。排数越多，承载能力越大。链条排数较多时，由于链条制造与装配精度的限制，导致各排链条间的载荷分配不均，故一般不超过3排。

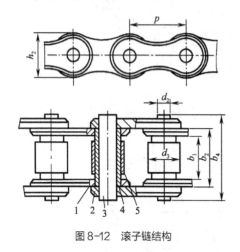

图8-12　滚子链结构　　　　　　　　图8-13　双排滚子链结构

滚子链已经标准化，分为 A、B 两个系列。A 系列源于美国，流行于世界，B 系列源于英国，主要流行于欧洲。滚子链主要参数是链的节距 p，即链条上相邻两销轴间的中心距。节距 p 越大，链的尺寸和能传递的功率越大，但这时链的重量也随之增大。当要传递的功率较大时，可选用双排链或多排链。表8-10列出了常用 A 系列滚子链的参数。表中链号与国际链号一致，链号数乘以 25.4 再除以 16 即为节距值。GB/T 1243—2006 规定了滚子链的标记方法：链号-排数×链节数-国家标准号。例如，10A—2×90—GB/T 1243—2006 表示按照该标准制造的 A 系列、节距为 15.875mm 的滚子链。

表8-10　滚子链的基本参数和尺寸

链号	节距 p （mm）	排距 p_t （mm）	滚子外径 d_r （mm）	内链节内宽 b_{1min} （mm）	销轴直径 d_{2max} （mm）	链板高度 h_{2max} （mm）	极限拉伸载荷 （单排） Q_{min} （N）	每米质量 （单排） q （kg/m）
08A	12.70	14.38	7.95	7.85	3.96	12.07	13800	0.60
10A	15.875	18.11	10.16	9.40	5.08	15.09	21800	1.00
12A	19.05	22.78	11.91	12.57	5.95	18.08	31100	1.50
16A	25.40	29.29	15.88	15.75	7.94	24.13	55600	2.60
20A	31.75	35.76	19.05	18.90	9.54	30.18	86700	3.80
24A	38.10	45.44	22.23	25.22	11.10	36.20	124600	5.60
28A	44.45	48.87	25.40	25.22	12.70	42.24	169000	7.50
32A	50.80	58.55	28.53	31.55	14.29	48.26	222400	10.10
40A	63.50	71.55	39.68	37.85	19.34	60.33	347000	16.10
48A	76.20	87.83	47.63	47.35	23.30	72.39	500400	22.60

注　使用过渡链节时，其极限拉伸载荷按表列数值的 80% 计算

为使链条连接成环形，应使内、外链板相连接，所以，链节数最好是偶数。这时开口处可用开口销［图8-14（a）］或弹簧锁片［图8-14（b）］来固定。若链节数是奇数时，采用过渡链节连接［图8-14（c）］。由于过渡链节受附加弯矩作用，故通常应避免使用奇数链节。

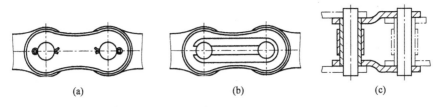

图8-14　滚子链接头形式

8.6.2　齿形链的结构特点

如图8-15所示，齿形链是由许多齿形链板铰接而成。其工作边为链板的两个外侧直边，工作时，通过链板工作面和链轮的轮齿啮合实现传动。

(a) 内导板齿形链　　　　　　　(b) 外导板齿形链

图8-15　齿形链结构

为防止齿形链工作时发生侧向移动，在齿形链中设置了导向链板，即导板。导板有内导板和外导板两种。内导板的链传动中，链轮的轮齿上需开出导向槽。内导板的齿形链导向性好，工作可靠，适用于高速、重载场合。外导板齿形链不需在链轮轮齿上开导向槽，结构简单，但导向性差。

和滚子链相比，由于齿形链的齿形及啮合特点，其轮齿受力均匀，故传动平稳，振动、噪声小，因此齿形链也称无声链。齿形链承受冲击性能好，允许的速度高。但其结构复杂，质量大，价格较高。

8.7　链传动的运动特性和受力分析

8.7.1　链传动的运动特性

链条由刚性的链节铰接而成，当链条绕在链轮上与链轮啮合时，链条组成正多边形的一部分。正多边形的边数等于链轮的齿数 z，边长等于链节的节距 p。链轮回转一周时，随之转过的链长为 zp。因此，链的平均速度 v_m 为：

$$v_\text{m} = \frac{n_1 z_1 p}{60 \times 1000} = \frac{n_2 z_2 p}{60 \times 1000} \qquad (8\text{-}30)$$

式中：v_m——链的平均速度，m/s；

　　n_1，n_2——主、从动链轮的转速，r/min；

　　z_1，z_2——主、从动链轮的齿数；

　　p——链的节距，mm。

链传动的平均传动比 i 为：

$$i = \frac{n_1}{n_2} = \frac{z_2}{z_1} \qquad (8\text{-}31)$$

从式（8-30）和式（8-31）可见，链传动的平均链速 v_m 和平均传动比 i 均为常数。

由于围绕在链轮上的链条构成多边形的一部分，实际上链传动的瞬时链速 v 和瞬时传动比 i 都是在一定范围内变化的。当主动链轮以恒定的角速度 ω_1 回转时，链速 v 与从动链轮的角速度 ω_2 也都是变化的。

为便于分析，如图 8-16 所示，假设链的主动边（紧边）在传动过程中处于水平位置。当链节进入主动链轮时，其铰链的销轴位置总是随链轮的转动而改变。轴销 A 沿着链轮分度圆运动，其圆周速度 v_1 为：

$$v_1 = R_1 \omega_1$$

式中：R_1——链轮分度圆半径。

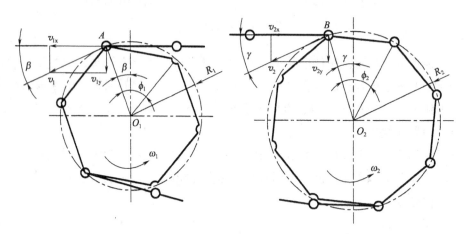

图 8-16　链传动的速度分析

当销轴位于 β 角的瞬时，v_1 可分解为沿链条前进方向的水平分速度 v_{1x}（即链速 v）和垂直方向分速度 v_{1y}，v_{1x} 和 v_{1y} 可由下式计算：

$$v_{1x} = R_1 \omega_1 \cos \beta \qquad (8\text{-}32)$$
$$v_{1y} = R_1 \omega_1 \sin \beta$$

式中：β——铰链点 A 的圆周速度 v_1 与前进方向的分速度 v_{1x} 之间的夹角，其值等于 A 点在链轮上的相位角，如图 8-16 所示。

由于 β 在 $\pm\phi_1/2$ 之间变化（$\phi_1 = 180/Z_1$），即使 ω_1 为常数，v_{1x} 和 v_{1y} 都不可能是常数。当 β 为 $\pm\phi_1/2$ 时，v_{1x} 达到最小值；当 β 为 0 时，v_{1x} 达到最大值 $R_1\omega_1$。综上所述，传动过程中链速 v_{1x} 随链轮的转动不断变化，转过一齿，重复一次变化，链速呈现如图 8-17 所示的周期性变化。链速的周期性变化，使链传动具有速度不均匀性。链节距越大，链轮齿数越少，速度

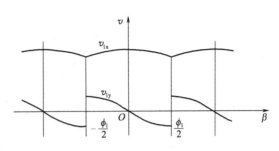

图8-17　链速的周期性变化

不均匀程度越严重。这种由于多边形啮合传动给链传动带来的速度不均匀性，称为多边形效应。同理由于链速及 γ 角的变化，使得从动链轮的角速度 ω_2 也是变化的，其大小为：

$$\omega_2 = \frac{v_{1x}}{R_2\cos\gamma} = \frac{R_1\omega_1\cos\beta}{R_2\cos\gamma} \tag{8-33}$$

因此，链传动的瞬时传动比 i_t 为：

$$i_t = \frac{\omega_1}{\omega_2} = \frac{R_2\cos\gamma}{R_1\cos\beta} \tag{8-34}$$

由于 β、γ 是随时间变化的，从上式可知，瞬时传动比 i_t 也相应随时间而变化，且与链轮齿数有关。只有当两链轮的齿数相等，且中心距为节距 p 的整数倍时，传动比才恒等于 1。

8.7.2　链传动的受力分析

（1）有效圆周力 F_e。

$$F_e = \frac{1000P}{v} \tag{8-35}$$

式中：F_e——有效圆周力，N；

　　　P——传递的功率，kW；

　　　v——链速，m/s。

（2）离心力 F_c。

$$F_c = qv^2 \tag{8-36}$$

式中：F_c——离心力，N；

　　　q——链条单位长度质量，kg/m；

　　　v——链速，m/s。

（3）垂度拉力 F_f。垂度拉力 F_f 是由链条重量产生，且大小和链条的垂度及布置方式相关。如图 8-18 所示，f 为垂度，β 为两链轮中心线和水平面的倾角。

按照计算悬索拉力的方法，可求出垂度拉力 F_f 的表达式为：

$$F_f = K_f qga \tag{8-37}$$

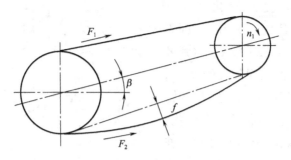

图8-18 链的紧边拉力和松边拉力

式中：F_f——垂度拉力，N；

　　q——链条单位长度质量，kg/m；

　　g——重力加速度，m/s²；

　　a——链轮中心距，m；

　　K_f——垂度系数。

当 $\beta=0$ 时，$K_f=6$；当 $\beta<40°$ 时，$K_f=4$；当 $\beta>40°$ 时，$K_f=2$；当 $\beta=90°$ 时，$K_f=1$。

如图8-18所示，链传动工作时，紧边拉力 F_1 和松边拉力 F_2 分别为：

$$F_1 = F_e + F_c + F_f \qquad (8\text{-}38)$$
$$F_2 = F_c + F_f$$

8.8 滚子链传动的主要参数及其选择

（1）链轮齿数 z。小链轮齿数 z_1 不宜过大或过小。小链轮齿数 z_1 较小时，链传动的结构较为紧凑。但小链轮齿数 z_1 过小，会导致链速的不均匀和动载荷增加；使链节在开始进入啮合和退出啮合过程中的相对转角增大，加剧链条铰链的磨损，也加快了链条和链轮的损坏。小链轮齿数 z_1 较大时，链传动的传动性能好，但链传动的外廓尺寸和重量加大。链轮的最少齿数 $z_{min}=9$，一般 $z_1 \geqslant 17$；对于高速或承受冲击载荷的链传动，$z_1 \geqslant 25$，且链轮应淬硬。一般根据链速 v 由表8-11选取小链轮齿数 z_1。

表8-11 小链轮齿数 z_1

链速 v（m/s）	0.6~3	3~8	>8	>25
齿数 z_1	≥17	≥21	≥25	≥35

链条铰链磨损后，链条节距由 P 增大为 $P+\Delta P$，如图8-19所示，滚子中心所在啮合圆的直径也由 d 增大到 $d+\Delta d$。根据几何关系可得：

$$\Delta d = \frac{\Delta P}{\sin \frac{180°}{z}} \qquad (8\text{-}39)$$

式中：ΔP——节距的伸长量，mm；

   Δd——啮合圆直径的增加量，mm；

   z——链轮的齿数。

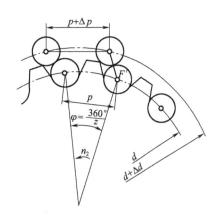

图8-19 链节距伸长量与
啮合圆直径

式（8-39）显示，啮合圆直径的增加量 Δd 随节距的伸长量 ΔP 及链轮的齿数 z 的增加而增大。当啮合圆直径增大到一定程度时，就会出现脱链。为避免脱链，大链轮的齿数不能过大，一般应满足 $z_{max} \leqslant 120$。

一般情况下，链节数为偶数，为使链条均匀磨损，链轮的齿数应取奇数或与链节数互为质数的奇数。

（2）传动比 i。当传动比过大时，链条在链轮上的包角过小，同时啮合齿数少，每个轮齿承受载荷大，加剧了链轮轮齿的磨损，易导致跳齿和脱链。因此，通常限制链传动的传动比 $i \leqslant 7$，推荐使用 $i = 2 \sim 3.5$。

（3）中心距 a。中心距 a 对链传动的传动性能有很大影响。若中心距过小，使啮合齿数过少，每个轮齿承受载荷过大，加剧了链轮轮齿的磨损，易导致跳齿和脱链。若中心距过大，将使链条松边的垂度增加，导致松边上下颤动。链传动的布置方式和是否使用张紧装置也会对中心距产生影响。通常推荐使用初选中心距 $a_0 = (30 \sim 50)p$，最大中心距 $a_{0max} = 80p$。若有张紧装置或拖板时，最大中心距为：$a_{0max} \geqslant 80p$；中心距不可调时，$a_{0max} \approx 30p$。

（4）节距 p。节距 p 越大，链条及链轮各部分尺寸越大，承载能力越强，但链传动的结构尺寸也越大；节距 p 越大，多边形效应也越显著，链运动的不均匀性及振动、冲击越严重，噪声越大。因此，设计时，在满足传递功率的前提下，应尽可能选择较小的链节距 p。在高速、大功率及大传动比的场合，可选用节距较小的多排链；在低速、大中心距及大传动比的使用场合，应选用节距较大的单排链。

思考题与习题

8-1 在带传动设计中，为什么小带轮的直径 d_{d1} 不能过小？为什么带速 v 不能过高或过低？

8-2 打滑现象是怎样产生的？打滑能否避免？

8-3 什么是弹性滑动？它和打滑有何区别？

8-4 带在绕带轮转动的过程中，最大应力发生在何处？其值是多少？

8-5 带传动的失效形式与设计准则是什么？

8-6 与带传动相比，链传动有那些特点？链传动适用于哪些场合？

8-7 链传动中，为什么链轮齿数不宜过大或小？

8-8 为什么链节数通常选偶数，而链轮齿数选奇数？

8-9 为减小多边形效应的不良影响，应如何选取链传动的参数？

8-10　与带传动相比，链传动有哪些特点？链传动适用于哪些场合？

8-11　V带传动所传递的功率 $P = 7.5\text{kW}$，带速 $v = 10\text{m/s}$，现测得张紧力 $F_0 = 1125\text{N}$，试求紧边和松边的拉力。

8-12　试设计机床用普通V带传动，已知带传动所传递的功率为 $P = 3.2\text{kW}$，小带轮转速 $n_1 = 1460\text{r/min}$，传动比 $i = 3.6$，两班制工作，要求结构尽量紧凑。

8-13　某带式输送装置中，电动机与齿轮减速器间使用普通V带传动，电动机功率 $P = 7\text{kW}$，转速 $n_1 = 960\text{r/min}$，减速器输入轴的转速 $n_2 = 330\text{r/min}$。带式输送装置工作时有轻度冲击，两班制工作，试设计此带传动。

8-14　某运输机的滚子链链传动中，需传递的功率为200kW，小链轮转速为720r/min，大链轮转速为200r/min，运输机载荷不够平稳。试设计该链传动。

8-15　已知某滚子链传动中，主动链轮转速为850r/min，齿数为21。从动链轮齿数为99，中心距为900mm，滚子链极限拉伸载荷为55.6kN，工作情况系数为1.0，试求链条能传递的功率。

第9章

螺纹连接

任何一部机器都是由许多零、部件组合而成的。组成机器的所有零、部件都不能孤立地存在，它们必须通过一定的方式连接起来，称之为机械连接。

机械连接分为两大类：机器在工作时，被连接件间可以有相对运动的连接，称为机械动连接；机器在工作时，被连接件间不允许出现相对运动的连接，称为机械静连接。机械静连接又可分为可拆连接和不可拆连接：允许多次装拆而无损于使用性能的连接称为可拆连接；必须要破坏或损伤连接件或被连接件中的某一部分才能拆开的连接称为不可拆连接。机械连接的常见类型、特点和应用见表9-1。

表 9-1 机械连接的常见类型、特点和应用

项　　目		类　型　特　点		应　用　实　例
机械连接	动连接	构件与构件的连接（运动副）		各种铰链、汽缸活塞、齿轮副
		零件与零件的连接		滑移齿轮和轴连接、导向键连接
	静连接	可拆连接	螺纹连接	螺栓、螺钉、螺柱、螺母
			键连接	平键、楔键、花键、半圆键
			无键连接	型面连接、弹性连接、过盈连接
		不可拆连接		焊接
				粘接
				铆接

螺纹连接是应用最广泛的连接类型之一。图9-1所示为一减速器上的部分螺纹连接件。其中有用于减速器箱盖、轴承旁的连接螺栓，用于轴承端盖的连接螺钉以及与地基连接的地脚螺栓等。键将轴与齿轮连接在一起。

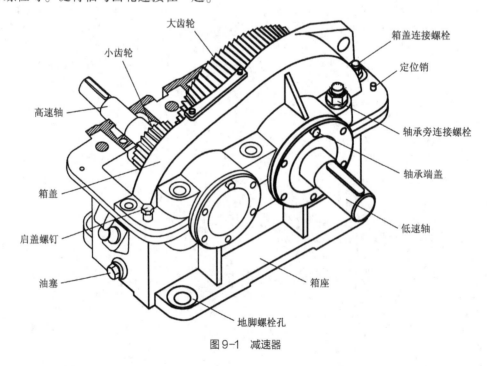

图9-1 减速器

9.1 螺纹的参数及分类

9.1.1 螺纹形成原理及主要参数

如图 9-2 所示，将一倾角为 λ 的直角三角形绕在圆柱体上，则此三角形的斜边在圆柱体表面形成的空间曲线即为螺纹的螺旋线。在圆柱体外表面形成的螺旋线称为外螺纹，在圆柱形孔内表面形成的螺旋线称为内螺纹。

按照螺旋线的数目，螺纹分为单线螺纹［图 9-3（a）］和多线螺纹［图 9-3（b）、(c)］；按照螺旋线绕行的方向，螺纹分为左旋螺纹［图 9-3（b）］和右旋螺纹［图 9-3（a）、(c)］，常用的是右旋螺纹。

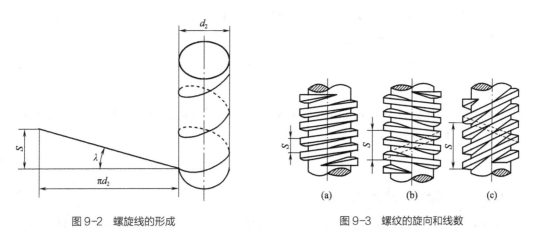

图 9-2 螺旋线的形成   图 9-3 螺纹的旋向和线数

如图 9-4 所示，螺纹的主要几何参数有螺纹的直径、螺纹的螺距 p、导程 S、线数 n 和螺纹升角 λ 等。

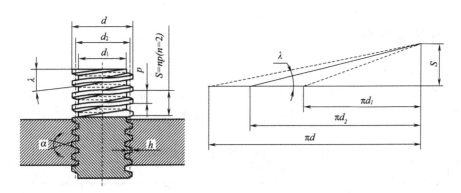

图 9-4 螺纹的主要几何参数

9.1.1.1 螺纹的直径

（1）大径 d。螺纹的最大直径，即与外螺纹牙顶或内螺纹牙底相重合的假想圆柱面的直径，在螺纹标准中定为公称直径。

（2）小径 d_1。螺纹的最小直径，即与外螺纹牙底或内螺纹牙顶相重合的假想圆柱面的直径，在强度计算中常用作螺杆危险剖面的计算直径。

（3）中径 d_2。在轴向剖面内牙型上的牙厚等于槽宽处的一个假想圆柱面的直径，它近似地等于螺纹的平均直径，$d_2 \approx \dfrac{d+d_1}{2}$。中径是确定螺纹几何参数和配合性质的直径。

9.1.1.2 螺纹的螺距、导程和线数

如图9-3所示，在形成螺纹时，所用螺旋线的条数称为线数，用 n 表示。沿一根螺旋线形成的螺纹称为单线螺纹；沿两根以上等距螺旋线形成的螺纹称为多线螺纹。连接螺纹要求自锁性好，故多用单线螺纹；传动螺纹要求效率高，故多用双线或多线螺纹。为了便于制造，一般线数 $n \leqslant 4$；螺纹相邻两牙型上对应点间的轴向距离称为螺距，用 p 表示；螺纹上任一点沿同一条螺旋线转一周所移动的轴向距离称为导程，用 S 表示。由此可知，导程 S、螺距 p 和线数 n 之间的关系为：

$$S = np \tag{9-1}$$

9.1.1.3 螺纹升角

在中径圆柱上螺旋线的切线与垂直于螺纹轴线的平面间所夹的锐角称为螺纹升角，用 λ 表示。由图9-4可得：

$$\tan \lambda = \frac{S}{\pi d_2} = \frac{np}{\pi d_2} \tag{9-2}$$

9.1.1.4 螺纹的牙型角与牙侧角

在轴向剖面内，螺纹牙型两侧边的夹角称为牙型角，用 α 表示；螺纹牙型侧边与螺纹轴线的垂直平面间的夹角称为牙侧角，用 β 表示。对于三角形、梯形等对称牙型有：

$$\beta = \frac{\alpha}{2}$$

9.1.2 螺纹的分类

根据螺纹牙型的不同，将螺纹分为普通螺纹（三角螺纹）、英制螺纹、圆柱管螺纹、矩形螺纹、梯形螺纹和锯齿形螺纹等。前三种螺纹主要用于连接，后三种螺纹主要用于传动。除矩形螺纹外，其余都已标准化。表9-2列出了常用螺纹的类型、特点和应用。

表9-2　常用螺纹的类型、特点和应用

类型	牙 形 图	特点及应用
普通螺纹	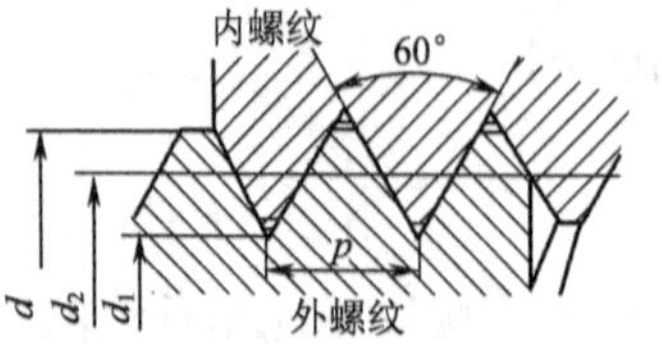	牙形角 $\alpha = 60°$，牙根较厚，牙根强度较高。当量摩擦因数较大，自锁性好，主要用于连接。同一公称直径按螺距 p 的大小分为粗牙和细牙。一般情况下用粗牙，薄壁零件或受动载荷作用的连接常用细牙

续表

类型	牙 形 图	特点及应用
英制螺纹	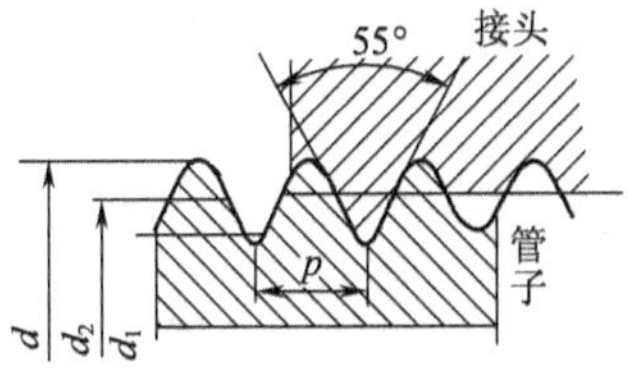	牙形角 $\alpha=55°$，螺距以每英寸牙数计算，也有粗牙、细牙之分。多用于英、美设备中的零件修配
圆柱管螺纹	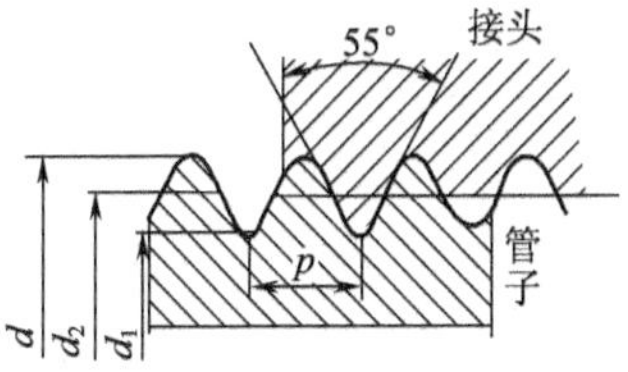	牙形角 $\alpha=55°$，牙顶呈圆弧，旋合螺纹间无径向间隙，紧密性好。公称直径近似为管子孔径，以英寸为单位。多用于压力在 1.57MPa 以下的管子连接
矩形螺纹	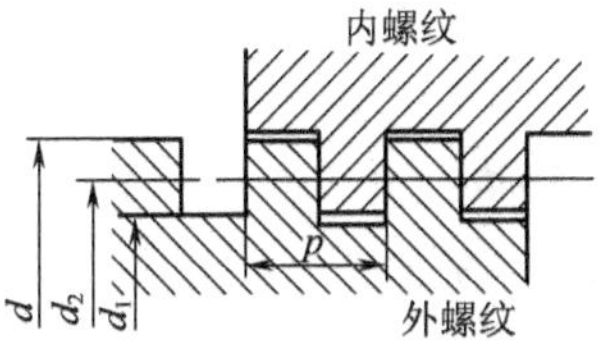	螺纹牙的截面通常为正方形，牙厚为螺距一半，尚未标准化，牙根强度较低，难于精确加工，磨损后间隙难以补偿，对中精度低。当量摩擦因数最小，效率较其他螺纹高，故适用于传动
梯形螺纹	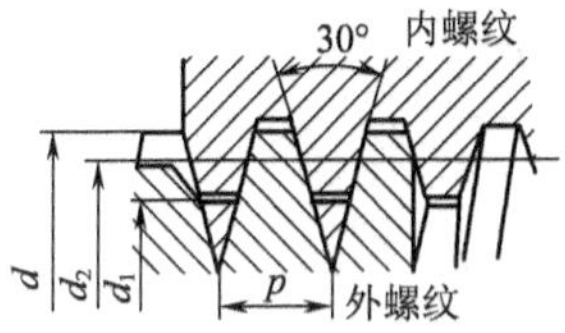	牙形角 $\alpha=30°$，效率比矩形螺纹略低，但可避免矩形螺纹的缺点，广泛应用于传动
锯齿形螺纹	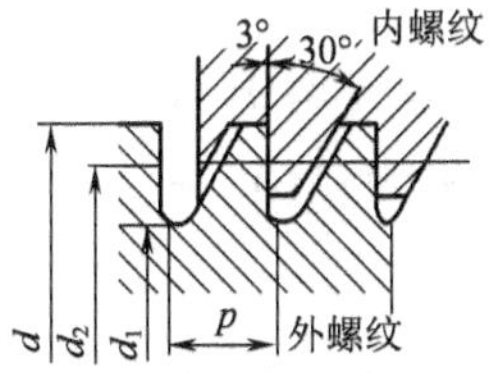	工作面牙侧角为 3°，非工作面牙侧角为 30°，兼有矩形螺纹效率高和普通螺纹自锁性好的优点，但只能用于单向受力的传动中

9.2 螺旋副的受力、效率和自锁

螺旋副在力矩和轴向载荷作用下的相对运动，可以看做是作用在中径 d_2 的水平力 F 推动受轴向载荷 F_0 的滑块（重物）沿螺纹的运动，如图 9-5 所示。在图 9-5 中 λ 为螺旋升角，当滑块沿斜面匀速上升时，F 为驱动力；当滑块在 F_0 作用下沿斜面向下匀速运动时，F 为支持力；F_R 为全反力；F_f 为摩擦力。

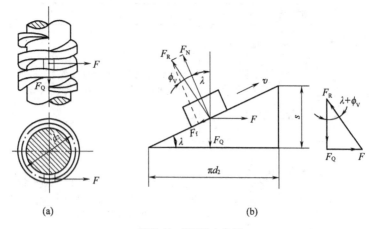

图9-5　螺纹受力分析

根据图9-5（b）可知，滑块在上升（螺母拧紧）和下降（螺母松开）时的受力关系、效率和自锁条件分别为：

（1）驱动力：　　　　　拧紧时　　$F = F_Q \tan(\lambda + \phi_V)$　　　　　　　　　　　　　（9-3）

　　　　　　　　　　　松开时　　$F' = F_Q \tan(\lambda - \phi_V)$　　　　　　　　　　　　（9-4）

（2）效率：　　　　　　拧紧时　　$\eta = \dfrac{\tan \lambda}{\tan(\lambda + \phi_V)}$　　　　　　　　　　　（9-5）

　　　　　　　　　　　松开时　　$\eta' = \dfrac{\tan(\lambda - \phi_V)}{\tan \lambda}$　　　　　　　　　　（9-6）

式中：ϕ_V——当量摩擦角，$\phi_V = \arctan f_V$；

　　　f_V——当量摩擦系数，$f_V = f/\cos \beta$；

　　　β——螺纹的牙侧角。

由式（9-6）可见，若 $\lambda \leqslant \phi_V$，则放松螺母时的效率 $\eta' \leqslant 0$，说明此时无论轴向载荷有多大，滑块（螺母）都不能沿斜面运动，这种现象称为自锁。所以，螺旋副的自锁条件是：

$$\lambda \leqslant \phi_V \qquad\qquad (9\text{-}7)$$

9.3　螺纹连接的基本类型和标准连接件

9.3.1　螺纹连接的基本类型

螺纹连接是利用螺纹连接件将被连接件连接起来而构成的一种可拆连接，在机械设备中应用较广。螺纹连接的类型很多，常用基本类型有螺栓连接、双头螺柱连接、螺钉连接和紧定螺钉连接。它们的构造、主要尺寸关系、特点和应用见表9-3。

表 9-3　螺纹连接的主要类型、构造、尺寸关系、特点和应用

类型	构造	主要尺寸关系	特点和应用
螺栓连接	普通螺栓　铰制孔用螺栓	（1）螺纹余留长度 l_1： ①普通螺栓连接： 静载荷 $l_1 \geqslant$（0.3~0.5）d 变载荷 $l_1 \geqslant 0.75d$ 冲击载荷 $l_1 \geqslant d$ ②铰制孔螺栓连接：l_1 尽可能小 （2）螺纹伸出长度 a： 　　$a =$（0.2~0.3）d （3）螺栓轴线到边缘的距离 e： 　　$e = d +$（3~6）	无需在被连接件上切制螺纹，故不受被连接件材料的限制，构造简单，装拆方便，应用广泛 用于连接两个能够开通孔并能从连接的两边进行装配的零件的连接场合
双头螺柱连接		（1）座端拧入深度 H： ①螺孔零件材料为钢或青铜时 　　$H \approx d$ ②螺孔零件材料为铸铁时 　　$H \approx$（1.25~1.5）d ③螺孔零件材料为铝合金时 　　$H \approx$（1.25~1.5）d	双头螺柱一端旋紧在被连接件的螺孔中，另一端与螺母旋紧，拆卸时只需旋下螺母而不必拆下双头螺柱 用于两个被连接件之一较厚，又需要经常装拆，因结构限制不适合用螺栓连接的地方或希望结构较紧凑的场合
螺钉连接		（2）螺纹孔深度 H_1： 　　$H_1 \approx H +$（2~2.5）d （3）钻孔深度 H_2： 　　$H_2 \approx H_1 +$（0.5~1）d l_1、a、e 的值同螺栓连接	将螺钉（或螺栓）直接拧入被连接件之一的螺纹孔中，压紧另一被连接件，其结构较双头螺柱简单、紧凑、光整 用于两个被连接件中一个较厚，另一个较薄，且不经常拆卸的场合
紧定螺钉连接			紧定螺钉旋入一零件的螺纹孔中，并用其末端顶住另一零件的表面或顶入相应的凹坑中，以固定两零件的相对位置，并可传递不大的力和转矩。此种连接结构简单，有的可任意改变两被连接件在轴向或周向的位置，便于调整

9.3.2　标准螺纹连接件

螺纹连接件包括螺栓、螺钉、双头螺柱、紧定螺钉、螺母、垫圈等。它们的结构形式和尺寸都已标准化，设计时可根据螺纹的公称直径 d 从相关的标准或设计手册中选用。

标准螺纹连接件按制造精度分为 A、B、C 三级，A 级精度最高，用于要求装配精度高及受震动、变载等重要连接；B 级多用于受载较大且经常拆卸、调整及载荷变动的连接；C 级多用于一般的螺纹连接（如常用的螺栓、螺钉连接）。

国家标准规定螺纹连接件按材料的力学性能分出等级。螺栓、螺柱、螺钉的性能等级分为 10 级，相配螺母性能等级分为 7 级，详见 GB/T 3098.1—2010 和 GB/T 3098.2—2010。

只有重要的或者有特殊要求的螺纹连接件，才采用高等级的材料并应进行表面处理（如氮化、磷化、镀镉。）

注意，规定性能等级的螺栓、螺母在图样上只注性能等级，不应标注材料牌号。

9.4 螺纹连接的预紧和防松

9.4.1 螺纹连接的预紧

绝大多数螺纹连接在装配时都必须拧紧，使连接件在承受工作载荷之前，就受到力的作用。这种在装配时需要预紧的螺纹连接称为紧螺栓连接。

在紧螺栓连接中，螺栓在拧紧后承受工作载荷之前受到的预加作用力称为预紧力。预紧力的大小对螺纹连接的可靠性、紧密性和防松能力有很大的影响。当预紧力不足时，在承受工作载荷后，被连接件之间可能会出现缝隙，或发生相对位移。对于普通螺栓连接，预紧还可以提高连接件的疲劳强度。但预紧力过大时，则可能使螺纹连接过载，甚至断裂破坏。因此，为了保证连接所需的预紧力，又不使连接件过载，对于重要的紧螺栓连接，如气缸盖、压力容器盖、管路凸缘、齿轮箱等的连接，装配时要控制预紧力的大小。

预紧力 F_0 的大小可以通过控制预紧力矩 T 来确定。F_0 与 T 的关系近似为（详见机械设计教材）：

$$T \approx 0.2 F_0 d \tag{9-8}$$

即对于一定公称直径 d 的螺栓，当所要求的预紧力 F_0 已知时，可按式（9-8）确定扳手的拧紧力矩 T。在实际装配时，对于一般用途的螺纹连接，连接预紧力的大小通常靠工人的经验来控制，重要的螺纹连接则应根据所需预紧力 F_0 的大小按计算值控制拧紧力矩。

控制拧紧力矩的专用工具很多，如测力矩扳手、定力矩扳手、电动扳手和风动扳手等。测力矩扳手如图9-6（a）所示，它是根据扳手上弹性元件在拧紧力矩作用下所产生的弹性变形量来指示拧紧力矩的大小；定力矩扳手如图9-6（b）所示，它是利用当达到要求的拧紧力矩时，圆柱销与扳手卡盖打滑，从而实现拧紧力矩大小的控制，所需拧紧力矩的大小可以通过尾部的调整螺钉来设定。

特别要注意的是，直径小的螺栓拧紧时容易因过载而被拉断，因此，对于需要预紧的

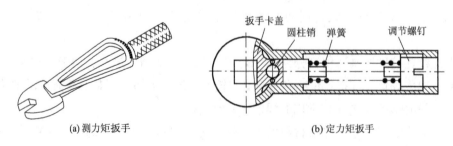

(a) 测力矩扳手   扳手卡盖   圆柱销   弹簧   调节螺钉   (b) 定力矩扳手

图9-6 测力矩扳手与定力矩扳手

重要螺栓连接，不宜选用小于 M12 的螺栓，必须使用时，应严格控制拧紧力矩。

为了充分发挥螺纹连接的潜力，保证连接的可靠性，同时又不会因预紧力过大而使螺栓被拉断，螺栓的预紧力 F_0 通常控制在小于其材料屈服极限 σ_s 的 80%。对于一般机械，螺栓的预紧力 F_0 为：

$$F_0 = (0.5 \sim 0.7)\sigma_s A_1$$

碳素钢螺栓取下限值；合金钢螺栓取上限值；受变载荷作用时取上限值。对于重要的螺栓连接，在产品技术文件和装配图样中应注明预紧力或拧紧力矩指标，以便在装配时予以保证。

9.4.2 螺纹连接的防松

螺纹连接件中所用的螺纹都具有良好的自锁性（单线螺纹、λ 小，Φ_V 大，$\lambda \ll \Phi_V$），且螺母与螺栓头部在支承面处的摩擦力也具有防松作用，所以在静载及常温环境下，螺纹连接件不会自行地松动或松脱。但在恶劣的工作环境中（如冲击、振动或变载荷作用时），有可能引起螺旋副内摩擦力的减小或消失。这种情况多次重复后，就会使连接失去自锁性而引起连接的松动，最终导致连接失效。

所谓防松，就是消除或限制螺纹副之间的相对运动，或增大螺纹副相对运动的难度。防松的方法很多，就防松的工作原理可分为利用摩擦防松、直接锁住防松和破坏螺旋副关系防松三种方法。利用摩擦防松简单方便，直接锁住防松可靠性高，而破坏螺纹副关系防松虽然防松可靠，但仅适用于装配后不再拆卸的连接中。常用的防松方法、结构、特点及应用见表 9-4。

表 9-4 常用防松方法的结构、特点和应用

摩擦防松	结构形式和应用	弹簧垫片	对顶螺母	尼龙圈锁紧螺母
	特点	利用拧紧螺母时，弹簧垫片被压紧后的弹性使螺纹副纵向压紧。结构简单，使用方便，应用广泛，但不十分可靠	两螺母对顶拧紧，螺栓受拉，螺母受压，使螺纹副纵向压紧。结构简单，适用于平稳、低速、重载场合	利用螺母末端的尼龙圈箍紧螺栓，横向压紧螺纹，防松效果好。用于工作温度小于 100℃ 的连接
直接锁住防松	结构形式和应用	止动垫片	槽形螺母和开口销	圆螺母和止动垫片
	特点	垫片一部分压入被连接件，一部分翻起，同时限止垫片和螺母运动。防松可靠，使用方便，但受到结构限制	槽形螺母拧紧后，开口销穿过螺栓尾部小孔和螺母的槽，限止螺栓与螺母相对运动。适用于较大冲击和振动的连接	使垫片内翅嵌入螺栓轴槽内，拧紧螺母后将垫片外翅之一折嵌于螺母的一个槽内。防松可靠

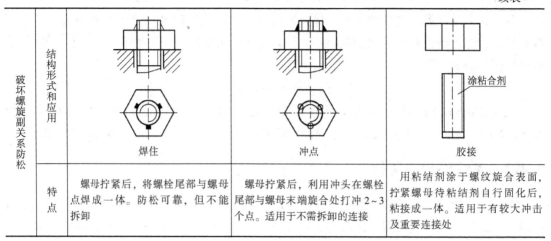

破坏螺旋副关系防松	结构形式和应用	焊住	冲点	胶接
	特点	螺母拧紧后，将螺栓尾部与螺母点焊成一体。防松可靠，但不能拆卸	螺母拧紧后，利用冲头在螺栓尾部与螺母末端旋合处打冲2~3个点。适用于不需拆卸的连接	用粘结剂涂于螺纹旋合表面，拧紧螺母待粘结剂自行固化后，粘接成一体。适用于有较大冲击及重要连接处

续表

应当指出，表9-4中所列举的防松方法仅是机械设备中最简单、最常用、最传统的一小部分。具体的防松方法种类甚多，应用也各不相同。近年来，国内外的防松技术及防松方法也有了很大发展，以适应日益增强的防松能力的需要、有利于安装方便性的需要以及适应自动化装配作业的需要。比如，传统的粘结法防松虽具有简单方便、可靠性高的特点，但粘结法不可重复使用。随着化学工业的发展，已经出现了多种不同规格、不同性能的防松粘结剂，只要所选粘结剂的抗剪强度低于连接件的抗剪强度，拆卸后的连接件就不会被破坏，而且能重复使用。又如近年来在螺杆结构上采取措施的各种防松方法，也取得了不同程度的防松效果。

9.5 螺栓组连接的结构设计

工作中的螺纹连接件大多是成组使用的。在进行螺栓的设计之前，先要进行螺栓组连接的结构设计。螺栓组连接结构设计的目的是：合理确定连接结合面的几何形状和螺栓的布置形式，使各螺栓和结合面间受力均匀，便于加工和装配。因此，螺栓组连接的结构设计原则，有以下几个方面：

（1）连接结合面的几何形状尽可能简单。常使结合面设计为轴对称的简单几何形状，且螺栓对称布置，螺栓组的对称中心与连接结合面的形心重合，如图9-7所示。这样便于加工和安装，易于保证连接结合面受力均匀，结合牢固。

（2）螺栓布置力求使各螺栓受力合理。主要设计原则有：对称布置螺栓，使螺栓组的对称中心和连接结合面的形心重合，保证连接结合面受力比较均匀，如图9-8（a）所示。当螺栓组承受横向载荷时，为了使各螺栓受力尽量均匀，不要在平行于工作载荷的方向上成排设计8个以上的螺栓，如图9-8（b）所示。当螺栓组承受弯矩或转矩时，为了减少螺栓的受力，应使螺栓的位置尽量靠近连接结合面的边缘，如图9-8（c）所示，而不要设计成图9-8（d）所示的形式。

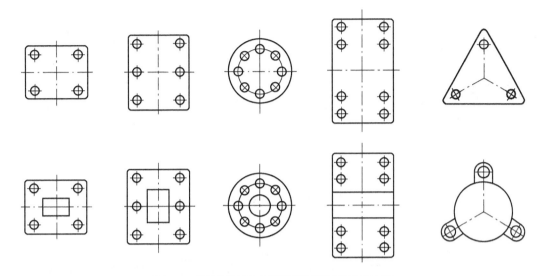

图9-7　螺栓组连接结合面常用形状及螺栓布置方案

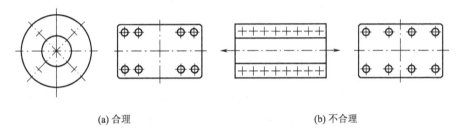

(a) 合理　　　　　　　　　　　　　(b) 不合理

图9-8　螺栓分布排列设计

（3）螺栓排列应有合理的边距与间距。螺栓布置时，要在螺栓轴线间以及螺栓与机体壁面间留有足够的扳手活动空间，如图9-9所示。扳手空间的尺寸可查阅有关机械设计手册。对于压力容器等紧密性要求高的重要连接，螺栓间距的最大值 t_0 是有规定的，设计时必须大于表9-5所推荐的数据。

表9-5　有紧密性要求的螺栓连接的螺栓间距 t_0

工作压力 p（MPa）	螺栓间距 t_0（mm）	工作压力 p（MPa）	螺栓间距 t_0（mm）
1.6	7d	10~16	4d
1.6~4	5.5d	16~20	3.5d
4~10	4.5d	20~30	3d

（4）避免螺栓承受附加弯曲载荷。被连接件上的螺母和螺栓头部的支承面应平整并与螺栓轴线垂直。对于在铸件等粗糙表面上安装螺栓时，应制成凸台或沉头座；当支承面为倾斜面时，应采用斜垫片等，如图9-10所示。

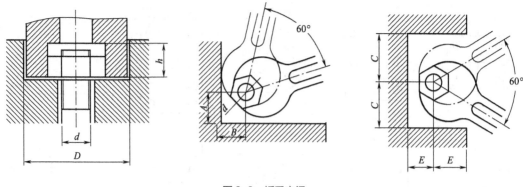

图9-9 扳手空间

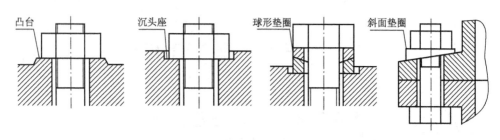

图9-10 避免螺栓承受附加弯曲载荷的措施

（5）要便于加工和装配。分布在同一圆周上的螺栓数目应取成偶数，以便于分度和画线；同一螺栓组的螺栓的材料、直径和长度均应相同，以便于装配。

9.6 螺栓连接的强度计算

螺栓组连接的结构设计完成后，对于重要的螺栓连接都要进行强度计算。

螺栓连接的强度计算，主要是根据连接的类型、装配情况（是否预紧、是否控制预紧力）、载荷状态等条件，确定螺栓的受力，然后按相应的强度条件，计算螺栓危险截面的直径（螺纹的小径 d_1）或校核其强度。根据强度条件确定 d_1 后，即可按国家标准选定螺栓的公称直径（螺纹的大径 d）及其他参数尺寸。螺栓的连接形式、载荷性质不同，螺栓的强度条件就不同。

9.6.1 受拉松螺栓连接

受拉松螺栓连接在装配时不必把螺栓拧紧，螺栓只在承受工作载荷时才受到力的作用，图9-11所示起重滑轮的螺栓连接即为受拉松螺栓连接。螺栓工作时只受载荷 F 的拉伸作用（忽略自重），工作载荷即为螺栓所受的拉力，故其设计准则是保证螺栓的抗拉强度。

（1）强度条件为：

$$\sigma = \frac{F}{\frac{\pi}{4}d_1^2} \leqslant [\sigma] \qquad (9-9)$$

式中：F——工作拉力，N；

d_1——螺栓的小径，mm；

$[\sigma]$——螺栓材料的许用拉应力，MPa，对钢制螺栓

$[\sigma] = \sigma_s / S$；

σ_s——螺栓材料的屈服极限，见表9-6；

S——安全系数，见表9-7。

（2）设计公式为：

$$d_1 \geqslant \sqrt{\frac{4F}{\pi[\sigma]}} \qquad (9-10)$$

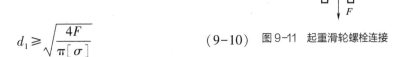

图9-11　起重滑轮螺栓连接

表9-6　螺栓（螺钉、螺柱）螺母的性能等级（摘自 GB/T 3098.1—2010 和 GB/T 3098.2—2010）

螺栓（螺钉、螺柱）					相配螺母	
性能等级		σ_b（MPa）	σ_s（MPa）	材料及热处理	最低硬度（HBS）	性能等级	材　料
3.6		300	180	Q215，Q235，10	90	4（$d>$M16）	
4.6		400	240	Q235，10，15	109	5（$d\leqslant$M16）	10，Q215
4.8		400	320	Q235，15	113		
5.6		500	300	Q235，35	134	5	
5.8		500	400	Q235，15	140		
6.8		600	480	35，45	181	6	10，Q235
8.8	$d\leqslant$M16	800	640	低炭合金钢（如硼、锰、铬等）、优质中碳钢，淬火并回火	232	8	35
	$d>$M16	800	640		248	9（M16$<d\leqslant$M39）	
9.8		900	720		269	9（$d\leqslant$M16）	
10.9		1000	900	低、中碳合金钢，淬火并回火	312	10	40Cr，15MnVB
12.9		1200	1080	合金钢，淬火并回火	365	12（$d\leqslant$M39）	30CrMnSi

表9-7　受拉螺栓连接的许用应力、安全系数

载荷情况	许用应力 $[\sigma]$（MPa）		紧螺栓连接安全系数 S				松螺栓连接安全系数 S
			不控制预紧力时			控制预紧力时	
			M6～M16	M16～M30	M30～M60	M6～M60	M6～M60
静载	$[\sigma]=\sigma_s/S$	碳钢	4～3	3～2	2～1.3	1.2～1.5	1.2～1.7
		合金钢	5～4	4～2.5	2.5		
变载	$[\sigma]=\sigma_s/S$	碳钢	10～6.5	6.5	10～6.5		
		合金钢	7.5～5	5	7.5～6		

9.6.2 受拉紧螺栓连接

受拉紧螺栓连接装配时必须拧紧，在承受工作载荷之前，螺栓已经受到预紧力的作用。这是螺栓连接应用最广泛的情况。按其载荷性质的不同分为下列两种情况。

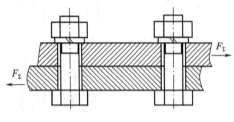

图 9-12 受横向载荷的螺栓组连接

9.6.2.1 受横向载荷的紧螺栓连接

图 9-12 所示为一由 z 个螺栓组成的受横向载荷为 F_Σ 的螺栓组连接。受载特点：F_Σ 的作用线与螺栓轴线垂直，并通过螺栓组的对称中心。当采用普通螺栓连接时，螺栓杆与孔壁间有间隙。螺栓预紧后，靠各螺栓的预紧力在结合面间产生的摩擦力抵抗横向载荷。设计时，应保证连接预紧后结合面间所产生的最大摩擦力大于或等于横向载荷，即：

$$fF_0 zi \geqslant K_s F_\Sigma$$

式中：F_0——各螺栓所需的预紧力，N；

i——结合面数（图 9-12 中，$i=1$）；

K_s——防滑系数，$K_s = 1.1 \sim 1.3$；

Z——螺栓数目；

f——结合面摩擦因数，见表 9-8。

表 9-8 连接结合面的摩擦因数 f

被连接件	结合面的表面状态	摩擦因数 f
钢或铸铁零件	干燥的加工表面	0.10~0.16
	有油的加工表面	0.06~0.10
钢结构件	轧制表面，钢丝刷清理浮锈	0.30~0.35
	涂富锌漆	0.35~0.40
	喷砂处理	0.45~0.55
铸铁对砖料、混凝土或木材	干燥表面	0.40~0.45

由此得预紧力 F_0 为：

$$F_0 \geqslant \frac{K_s F_\Sigma}{fzi} \qquad (9\text{-}11)$$

紧螺栓连接在装配时必须拧紧，拧紧螺母时，螺栓不仅受由 F_0 产生的拉力作用，还因螺纹力矩 T 而受扭转作用，故螺栓处于既受拉应力 σ 又受扭转切应力 τ 的复合应力状态。螺栓危险剖面的拉应力 σ 和扭转切应力 τ 分别为：

$$\sigma = \frac{F_0}{\frac{\pi}{4}d_1^2} \qquad (9\text{-}12)$$

$$\tau = \frac{F_0\tan(\lambda+\phi_V)\dfrac{d_2}{2}}{\dfrac{\pi}{16}d_1^3} = \frac{\tan\lambda+\tan\phi_V}{1-\tan\lambda\tan\phi_V}\frac{2d_2}{d_1}\frac{4F_0}{\pi d_1^2} \tag{9-13}$$

对于 M10~M64 的普通螺栓，取 d_2、d_1 及 λ 的平均值，并取 $\phi_V\approx0.17$，代入式（9-13）则可得 $\tau\approx0.5\sigma$。根据第四强度理论可求得螺栓在预紧状态下危险剖面的计算应力为：

$$\sigma_{ca} = \sqrt{\sigma^2+3\tau^2} = \sqrt{\sigma^2+3(0.5\sigma)^2} \approx 1.3\sigma \tag{9-14}$$

则螺栓危险剖面的强度条件为：

$$\sigma_{ca} = 1.3\sigma = \frac{1.3F_0}{\dfrac{\pi}{4}d_1^2} \leqslant [\sigma] \tag{9-15}$$

设计公式为：

$$d_1 \geqslant \sqrt{\frac{4\times1.3F_0}{\pi[\sigma]}} \tag{9-16}$$

这种受力形式的螺栓连接，为保证连接的可靠性，通常所需的预紧力较大，从而使螺栓的结构尺寸增大。为此，可采用各种减载零件来承担横向载荷，如图 9-13 所示。

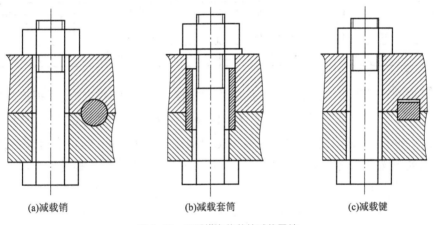

(a)减载销   (b)减载套筒   (c)减载键

图 9-13　承受横向载荷的减载零件

9.6.2.2　受轴向载荷的紧螺栓连接

图 9-14 所示为一受轴向载荷为 F_Σ 的圆形气缸盖螺栓组连接。受载特点：F_Σ 的作用线与螺栓轴线平行，并通过螺栓组的对称中心。由于螺栓均布，所以每个螺栓所受的轴向工作载荷 F 相等。即：

$$F = \frac{F_\Sigma}{z} \tag{9-17}$$

式中：z——螺栓数目。

由于螺栓既受预紧力 F_0 作用又受工作拉力 F 作用，

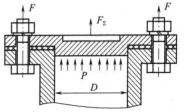

图 9-14　气缸盖螺栓组连接

应首先确定出螺栓的总拉力 F_2，再做强度计算。特别指出的是：当螺栓承受工作拉力时，由于螺栓和被连接件弹性变形的影响，螺栓的总拉力 F_2 不仅与预紧力 F_0 和工作拉力 F 有关，还与螺栓刚度 C_b 和被接件刚度 C_m 有关，即 $F_2 \neq F_0 + F$。这属于静力不定问题，根据静力平衡条件和变形协调条件分析（详见机械设计教材）可知，此时螺栓的总拉力 F_2、工作拉力 F、预紧力 F_0 满足下列关系：

$$F_2 = F_0 + CF = F_0 + \frac{C_b}{C_b + C_m}F \qquad (9\text{-}18)$$

$$F_2 = F_1 + F \qquad (9\text{-}19)$$

式中：$C = C_b / (C_b + C_m)$ 为螺栓的相对刚度，大小与螺栓及被连接件的材料、尺寸和结构形状有关，其值在 0~1 之间，可通过实验或计算确定，设计时可按表9-9选取。F_1 为残余预紧力，对于不同要求的连接，建议残余预紧力 F_1 按表9-10推荐值选取。

表9-9　螺栓连接的相对刚度 $C_b / (C_b + C_m)$

垫片材料	金属垫片或无垫片	皮革垫片	铜皮石棉垫片	橡胶垫片
$C_b / (C_b + C_m)$	0.2~0.3	0.7	0.8	0.9

表9-10　残余预紧力 F_1 推荐值

连接性质		残余预紧力 F_1 推荐值	连接性质	残余预紧力 F_1 推荐值
紧固连接	一般连接	(0.2~0.6) F	冲击载荷	(1.0~1.5) F
	变载荷	(0.6~1.0) F	压力容器或重要连接	(1.5~1.8) F

由此可得，对于图9-14所示气缸盖螺栓组连接，在设计时，应先根据连接的受载情况，按式（9-17）求出螺栓的工作拉力 F，再根据连接要求选取预紧力 F_0 或残余预紧力 F_1 值，按式（9-18）或式（9-19）计算出螺栓的总拉力 F_2 后，即可进行螺栓强度计算。此时螺栓仍处于既受拉应力 σ 又受扭转切应力 τ 的复合应力状态，螺栓在危险剖面的强度条件为：

$$\sigma_{ca} = \frac{1.3F_2}{\frac{\pi}{4}d_1^2} \leqslant [\sigma] \qquad (9\text{-}20)$$

设计公式为：

$$d_1 \geqslant \sqrt{\frac{4 \times 1.3F_2}{\pi[\sigma]}} \qquad (9\text{-}21)$$

9.6.3　受剪螺栓连接

图9-15所示为一由 z 个螺栓组成的受横向载荷为 F_Σ 的螺栓组连接。受载特点与受横向载荷的紧螺栓连接相同。但此处不是采用普通螺栓连接，而是采用铰制孔螺栓连接，外载荷直接作用在每个螺栓上，依靠螺栓杆与孔壁的剪切和挤压来抵抗横向载荷。这种连接形式不

依靠摩擦力承受工作载荷，连接所需的预紧力很小，所以计算时可忽略预紧力和摩擦力矩的影响。若每个螺栓所承受的横向工作载荷均为 F，则有：

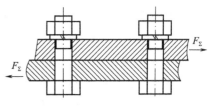

$$F = \frac{F_\Sigma}{z} \qquad (9\text{-}22)$$

图 9-15 受剪螺栓组连接

所以，螺栓杆的剪切强度条件：

$$\tau = \frac{F}{\frac{\pi}{4}d_0^2} \leq [\tau] \qquad (9\text{-}23)$$

式中：F——螺栓所受的工作载荷，N，可根据连接的受载情况由式（9-22）确定；

d_0——螺栓剪切面的直径，mm（可取为螺栓孔的直径）；

$[\tau]$——螺栓材料的许用切应力，MPa。

设计公式为：

$$d_0 \geq \sqrt{\frac{4F}{\pi[\sigma]}} \qquad (9\text{-}24)$$

螺栓杆与孔壁的挤压强度条件为：

$$\sigma_P = \frac{F}{d_0 L_{\min}} \leq [\sigma_P] \qquad (9\text{-}25)$$

式中：$L_{\min}$——螺栓杆与孔壁挤压面的最小高度，mm，设计时应使 $L_{\min} \geq 1.25d_0$；

$[\sigma_p]$——螺栓或孔壁材料的许用挤压应力，MPa。

设计公式为：

$$d_0 \geq \frac{F}{L_{\min}[\sigma_p]} \qquad (9\text{-}26)$$

9.7 提高螺纹连接强度的措施

影响螺栓连接强度的因素很多，如材料、结构、尺寸、工艺、螺纹牙受力、载荷分布、载荷特性等，而螺栓连接的强度又主要取决于螺栓的强度。因此，研究影响螺栓强度的因素和提高螺栓强度的措施，对提高连接的可靠性具有重要的意义。

螺纹牙的载荷分配、附加弯曲应力、应力集中和制造工艺等几个方面是影响螺栓强度的主要因素。下面仅以工程中常用的受拉螺栓为例，分析各种因素对受拉螺栓强度的影响和提高强度的措施。

（1）改善螺纹牙上载荷分布不均现象。受拉螺栓连接中的螺栓所受的总拉力是通过螺纹牙传送的。如果螺母和螺杆都是刚体，且制造无误差，则每圈螺纹之间的载荷分配是均匀的，如图 9-16（a）所示。但一般螺栓和螺母都是弹性体，螺栓、螺母的刚度和变形性质不同（螺栓受拉，螺母受压），且存在着制造和装配误差，故受力后，螺栓、螺母和各圈螺纹牙上的受力和变形也不均匀，如图 9-16（b）所示。

解决的办法：降低螺母的刚度，使之容易变形；增加螺母与螺杆的变形协调性，以缓和矛盾。常采取以下一些方法：

①采用悬置螺母，如图 9-17（a）所示。此结构减小了螺母的刚度，使螺母的旋合部分也随螺杆的螺纹牙受拉，与螺栓变形协调，使各圈螺纹牙上的载荷分配趋于均匀。可提高螺栓连接强度 40% 左右。

②采用环槽螺母，如图 9-17（b）所示。螺母开割凹槽后，螺母内缘下端局部受拉，减小了螺母下部的刚度，使螺母接近支承面处受拉且富有弹性，可提高螺栓连接强度 30% 左右。

③采用内斜螺母，如图 9-17（c）所示。螺母上螺栓旋入端内斜 10°～15°，以减小螺母中受力大的螺纹牙的刚度，把部分力移到受力小的螺纹牙上，载荷上移，使载荷分配趋于均匀，可提高螺栓连接强度 20% 左右。

④采用特殊结构螺母，如图 9-17（d）所示。这种螺母综合了环槽螺母和内斜螺母的优点，均载效果更明显，可提高螺栓连接强度 40% 左右。

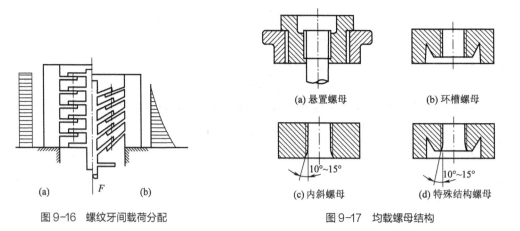

图 9-16　螺纹牙间载荷分配　　　　　图 9-17　均载螺母结构

⑤螺栓和螺母采用不同的材料匹配。通常螺母用弹性模量低且较软的材料，如钢螺栓配有色金属螺母，能改善螺纹牙受力分配，可提高螺栓连接强度 40% 左右。

（2）降低螺栓的应力幅。受轴向变载荷作用的螺栓连接，在最小应力不变的条件下，应力幅越小，螺栓连接的疲劳强度和连接的可靠性越高。由式（9-18）可知，在保持预紧力 F_0 不变的条件下，若减小螺栓刚度 C_b 或增大被连接件刚度 C_m，都可以达到减小总拉力 F_2 变动范围，即达到减小应力幅 σ_a 的目的。

为了减小螺栓刚度，可减小螺栓光杆部分的直径或采用空心螺杆，如图 9-18 所示的柔性螺栓。也可酌情增加螺栓的长度，如图 9-19 所示液压油缸缸体和缸盖的螺栓连接，采用长螺栓较采用短螺栓的疲劳强度高。

被连接件的刚度往往是较大的，但被连接件的结合面因需要密封而采用软垫片时，会使其刚度降低，如图 9-20（a）所示，这将降低螺栓连接的疲劳强度。这时应改用刚度较大的金属薄垫片或密封环，如图 9-20（b）所示，即可保持被连接件原来的刚度值。

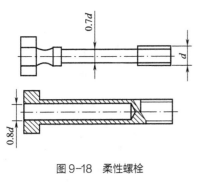

图 9-18　柔性螺栓

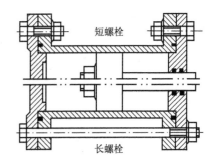

图 9-19　液压、油缸盖、体的两种连接方式

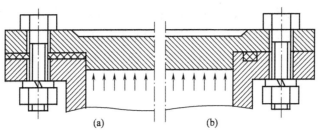

图 9-20　两种密封方式的比较

（3）避免附加弯曲应力。螺纹牙根部对弯曲十分敏感，故附加弯曲应力是螺栓断裂的重要因素。如图 9-21 所示为几种常见的产生附加弯曲应力的结构。

避免或减小附加弯曲应力的根本方法是使螺纹孔轴线与被连接件各支承面垂直。为此，如图 9-21 所示的几种缺陷，可采用图 9-10 的几种结构措施予以解决。

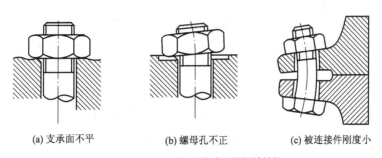

(a) 支承面不平　　　　　(b) 螺母孔不正　　　　　(c) 被连接件刚度小

图 9-21　产生附加弯曲应力的螺栓结构

（4）减小应力集中的影响。螺栓的螺纹牙根、螺纹收尾、螺栓头部与螺栓杆的过渡圆角处等均可能产生应力集中，是影响螺栓疲劳强度的主要因素之一。为了减小应力集中的程度，可适当加大螺纹牙根的过渡圆角。另外，在螺栓头部与螺栓杆交接处采用较大的过渡圆角［图 9-22（a）］、切制卸载槽［图 9-22（b）、（c）］以及使螺纹收尾处平缓过渡等都是减小应力集中的有效办法。目前，航空、航天用的螺纹采用的新发展的 MJ 螺纹，就是采用增大牙根圆角半径的方法减小应力集中的。

（5）采用合理的制造工艺。制造工艺对螺栓的疲劳强度有重要的影响。采用冷镦头部和滚压螺纹的螺栓，由于材料的冷作硬化作用、表层存在残余压应力及材料纤维连续、金

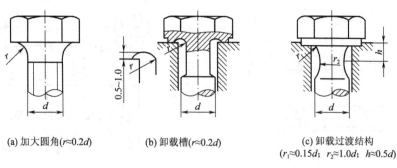

(a) 加大圆角(r≈0.2d)　　　(b) 卸载槽(r≈0.2d)　　　(c) 卸载过渡结构
(r_1≈0.15d；r_2≈1.0d；h≈0.5d)

图9-22　减小应力集中的方法

属流线合理等原因，其疲劳强度比车制螺栓约高35%左右。如果热处理后再进行滚压螺纹，效果更佳，螺栓的疲劳强度可提高近一倍。此制造工艺具有优质、高产、低消耗的功效。

喷丸、氰化、氮化等热处理工艺能使螺栓表面冷作硬化，表层有残余压应力，可明显提高螺栓的疲劳强度。

思考题与习题

9-1　常用螺纹按牙型分为哪几种？各有何特点？举例说明它们的应用。

9-2　常用螺栓的螺纹是左旋还是右旋？是单线还是多线？为什么？

9-3　螺纹连接有哪几种类型？各有何特点？试用实例说明各类连接的应用场合。

9-4　在什么情况下需要采取防松措施？防松的根本问题是什么？常用的防松方法（按防松原理）有哪些？各举一例说明螺纹连接的防松措施。

9-5　为什么在重要的普通螺栓连接中，不宜采用直径小于M12的螺栓？

9-6　螺栓组连接中螺栓在什么情况下会产生附加应力？为避免附加应力的产生，应从结构和工艺上采取哪些措施？

9-7　题图9-1所示为一螺旋拉紧装置，旋转中间零件，可使两端螺杆 A 及 B 向中央移近，从而将两零件拉紧，A、B 螺纹均为 M16（d_1 = 13.835）。已知 A 及 B 材料的许用拉伸应力 $[\sigma]$ =80MPa，螺纹副间摩擦因数 f= 0.15。试计算：（1）允许施加于中间零件上的最大转矩 T_{max} 是多少？（2）旋紧时螺旋的效率 η 是多少？

9-8　如题图9-2所示，某机械上的拉杆端部采用普通螺栓连接，已知拉杆受最大载荷 F=15kN，载荷很少变动，拉杆材料为 Q235钢，试确定拉杆螺纹的直径。

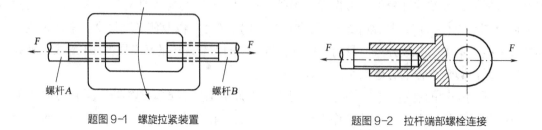

题图9-1　螺旋拉紧装置　　　　　　　　　题图9-2　拉杆端部螺栓连接

9-9　如题图 9-3 所示，带式输送机的凸缘联轴器用 M16（$d_1 = 13.835$）的普通螺栓连接，螺栓分布圆周的 $D_0 = 125\text{mm}$，传递的转矩 $T = 1500\text{N} \cdot \text{m}$，螺栓材料为 45 钢，联轴器结合面上的摩擦因数 $f = 0.15$，试确定螺栓数目。

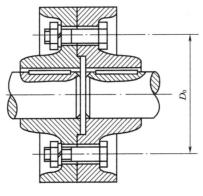

题图 9-3　凸缘联轴器

9-10　如图 9-14 所示压力容器，气压 $P = 0.5\text{MPa}$，容器内径 $D = 280\text{mm}$，要用 10 个 M16（$d_1 = 13.835$）的螺栓均布在直径为 D_0 的圆周上，螺栓材料为 45 钢，取残余预紧力 $F_1 = 1.5F$（F 为工作载荷），试校核此螺栓强度。

9-11　试找出题图 9-4 所示螺纹连接结构的错误，说明原因，并在图上改正。

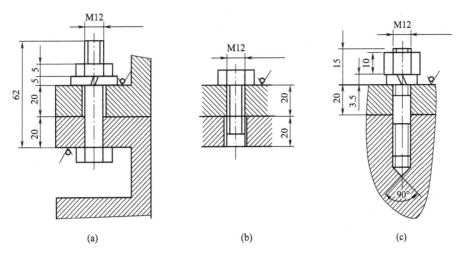

题图 9-4　螺栓、螺钉、螺柱连接

第10章

轴系零、部件设计

轴系是组成机器的重要部分。主要功能是支承机器中作回转运动的零件（如：齿轮、带轮、链轮、凸轮等）；保证回转零件有确定的轴向与周向工作位置；实现轴与轴之间的运动和动力传递。通常把支承回转零件运动的轴、支承轴的轴承、连接轴的联轴器、轴毂连接所用的键统称为轴系零、部件。

如图 10-1 所示为一安装有齿轮的轴系零、部件装配图。图中轴（齿轮）通过一对轴承支承做回转运动；键使轴与齿轮（联轴器）之间实现周向定位，即轴毂连接；联轴器可将轴与另一轴（图中未显示）连接在一起实现同步转动；而轴上零件的轴向定位则是依靠轴系中的轴承盖、套筒、压板及轴肩等完成的。

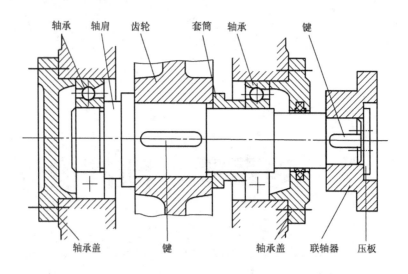

图 10-1　轴系零、部件装配图

10.1　轴的设计

10.1.1　轴的分类和材料

10.1.1.1　轴的分类

轴是机器中最重要的零件之一，它的作用是支承做回转运动的零件，保证回转零件有确定的轴向工作位置。轴按工作时承受载荷情况分为转轴、心轴和传动轴三类。其受载特点及应用见表 10-1。

按照轴的轴线形状又可分为直轴［包括光轴、阶梯轴、实心轴、空心轴，如图 10-2（a）所示］、曲轴［图 10-2（b）］和挠性轴［图 10-2（c）］。本节将以机器中最为常见的实心阶梯转轴为研究对象，讨论轴的有关设计问题。心轴和传动轴可看作是当转轴的转矩 $T=0$ 和弯矩 $M=0$ 时的特例。曲轴和挠性轴属专用零件，不在本课程的研究范围之列。

表 10-1　轴的类型及应用

类型		受载特点	受力简图	应用举例
转轴		即承受弯矩又承受转矩，是机器中最常用的一种轴		
心轴	转动心轴	只承受弯矩，不承受转矩；转动心轴受变应力作用		
	固定心轴	只承受弯矩，不承受转矩；固定心轴受静应力作用		
传动轴		主要承受转矩，不承受弯矩或弯矩很小		

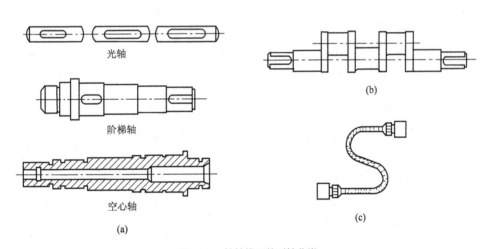

图 10-2　按轴线形状对轴分类

10.1.1.2　轴的材料

轴的力学模型是梁，多数要转动，其应力通常是对称循环，可能的失效形式有疲劳断裂、过载和弹性变形过大等。因此，要求轴的材料应具有足够的强度、较小的应力集中敏感性和良好的加工工艺性，有的轴还有耐磨性要求。

轴的材料主要是碳素钢和合金钢。一般多采用碳素钢。

常用的碳素钢有30、40、45和50钢。其中以45钢最常用。碳素钢虽然比合金钢强度低，但价廉，对应力集中的敏感性低，可通过调质处理、正火处理以改善材料的综合机械性能，对于不重要或受载较小的轴可采用Q235A、Q255A、Q275A等普通碳素钢，无需热处理。

合金钢比碳素钢具有较高的力学性能和更好的热处理性能，但对应力集中比较敏感，价格较贵，一般用作受载大并要求尺寸紧凑、重量轻或耐磨性和抗磨性要求高以及处于非常温度下工作的轴的材料。常用的合金钢材料有20Cr、40Cr、20CrMnTi、35SiMn、40MnB等。

应该注意，常温下合金钢与碳素钢的弹性模量比较接近，热处理对其影响也很小，因此，用合金钢代替碳素钢或通过热处理方法都不能提高轴的刚度。

轴也可采用高强铸铁和球墨铸铁。它们具有优良的工艺性，制造时不需用锻压设备，吸振性和耐磨性好，对应力集中的敏感性低，而且价格低廉，适用于制造复杂形状的轴。但因铸造品质不易控制，故可靠性不如钢材。

轴的常用材料、主要力学性能及用途见表10-2。

表10-2 轴的常用材料、主要力学性能及用途

材料及 热处理	毛坯直 径（mm）	硬度 （HBS）	力学性能（MPa）					应用说明
			抗拉强度 极限 σ_b	屈服强度 极限 σ_s	弯曲疲劳 极限 σ_{-1}	剪切疲劳 极限 τ_{-1}	许用弯曲 应力 $[\sigma_{-1}]$	
Q235-A			440	240	200	100	40	用于不重要及受力 不大的轴
Q275			580	280	230	130	42	
35 正火	≤100	149~187	520	270	250	125	45	用于一般的轴
45 正火	≤100	170~217	600	300	275	140	55	用于较重要的轴， 应用最广泛
45 调质	≤200	217~255	650	360	300	155	60	
35CrMo 调质	≤100	207~269	735	540	345	195	70	用于重载荷或齿 轮轴
	>100		685	490	315	180		
40Cr 调质	≤100	241~286	735	540	355	200	70	用于载荷较大且无 很大冲击的重要轴
	>100		685	490	335	185		
40MnB 调质	25	207	785	540	365	210	70	用于重要的轴
	≤200	241~286	735	490	330	190		
20Cr 淬 火，回火	15	表面 56~62HRC	850	550	375	220	75	用于强度、韧性及 耐磨性均较高的轴
	≤60		640	390	305	160	60	
QT600-3		190~270	600	370	215	185	40	用于外形复杂的轴

10.1.2 轴的结构设计

轴主要由轴颈、轴头和轴身三部分构成，如图10-3（a）所示。轴上与轴承配合的部分叫轴颈，如图10-3（a）中的③，其直径尺寸必须符合轴承内径尺寸；安装轮毂的部分叫轴头，如图10-3（a）中的①、④，其直径尺寸必须符合标准直径；连接轴颈和轴头的

部分叫轴身，如图 10-3（a）中的②、⑤；两相邻直径变化处称为轴肩；两侧都是递减轴肩且长度较小处称为轴环，它通常是轴的最大直径。

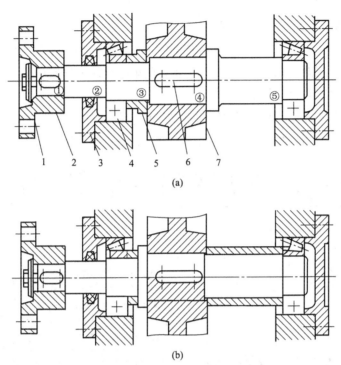

图 10-3　轴的结构及各部分的名称

1—轴端挡板　2—联轴器　3—轴承盖　4—轴承　5—套筒　6—键　7—齿轮

　　轴的结构设计就是合理确定轴的结构外形和全部尺寸。由于影响轴结构形状和尺寸的因素很多，所以轴结构设计具有较大的灵活性和多样性。设计时必须根据不同情况进行具体分析，特别是要把轴的结构设计放在轴系这个整体中加以考虑。总的设计原则是：使轴和装在轴上的零件有准确的工作位置（定位）和可靠的相对固定；轴上零件要便于装拆和调整；轴的结构具有良好的制造工艺性。

　　根据上述原则，实际上大多数为阶梯轴。因为从受力的角度看，阶梯轴更接近等强度条件，而且阶梯轴容易加工，便于轴上零件的定位和装拆。

　　下面结合图 10-3 所示的阶梯转轴对轴结构设计中的主要问题加以说明。

10.1.2.1　轴上零件装配方案的确定

　　轴的结构合理性和装配工艺性与轴上零件的装配方案有关。因此，确定轴上零件的装配方案是进行轴的结构设计的前提。所谓装配方案，就是考虑和预定轴上主要零件的装配方向、顺序和相互关系。由于装配方案不同，就会有不同的轴的结构形状，因此在拟定装配方案时，一般应多考虑几个方案，进行分析比较后选择。现以图 10-3 所示齿轮减速器输出轴的两种布置方案为例进行对比分析。图 10-3（a）的装配方法是：依次从轴的左端安装齿轮、套筒、左端轴承、轴承盖、半联轴器，右端只装轴承及端盖。而图 10-3（b）的装配方案是：左端套筒、轴承、轴承盖、半联轴器依次从轴的左端安装，而齿轮、右端套筒、轴承、端盖依次从轴的右端安装。相比之下，图 10-3（b）较图 10-3（a）多了一个用于轴向定位的长套筒，使轴上的零件增多，质量增大，所以图 10-3（a）的装配方案较为合理。

10.1.2.2　轴上零件的定位和固定

轴上零件的定位是指零件在轴上要有准确的工作位置；轴上零件的固定是要求工作时，零件不能改变这个工作位置，即要求零件与轴之间能被牢靠地固定。

零件的定位和固定分为轴向和周向。

（1）轴向定位与固定。轴上零件轴向定位和固定的目的是为了使零件能够在轴线方向定位并承受轴向载荷。常用的轴向定位与固定方法、特点和应用见表 10-3。

表 10-3　轴上零件的轴向定位与固定方法、特点和应用

轴向定位与固定方法与结构简图		特点和应用	设计注意要点
轴肩与轴环	 (a) 轴肩 (b) 轴环	简单可靠，不需附加零件，能承受较大的轴向力。广泛应用于各种轴上零件的定位和固定。该方法会使轴径增大，阶梯处产生应力集中，且阶梯过多使轴结构复杂，不利于加工	为保证零件与定位面靠紧，轴上过渡圆角半径 r 应小于零件圆角半径 R 或倒角 C，即 $r<C<H$、$r<R<H$。一般取定位高度 $H=(0.07\sim0.1)\,d$，轴环宽度 $b=1.4H$
套筒		结构简单，定位可靠，简化了轴的结构且不削弱轴的强度。常用于轴上两个近距离零件间的相对固定，不宜用于高转速轴	套筒内径与轴的配合较松，套筒结构、尺寸可视需要灵活设计
轴端挡圈	 轴端挡圈	工作可靠，结构简单，能承受较大轴向力，应用广泛	标准件（GB/T 891—86，GB/T 892—86）。用于固定轴端零件，应采用止动垫片、防转螺钉等防松措施
锥面		装拆方便，能消除轴与轮毂间的径向间隙，可兼做周向固定。适用于高速、冲击和对中性要求较高的场合	只用于轴端零件的固定，常与轴端挡圈联合使用，实现零件的双向固定

续表

轴向定位与固定方法与结构简图	特点和应用	设计注意要点
圆螺母	固定可靠，装拆方便，可承受较大轴向力，能实现轴上零件的间隙调整。常用于轴上两零件间距较大处及轴端零件处	标准件（圆螺母 GB/T 812—1988，止动垫圈 GB/T 858—1988）。为减小对轴的强度的削弱，常采用细牙双螺母。为防松，需加止动垫圈或使用双螺母
弹性挡圈	结构紧凑、简单、装拆方便，但受力较小，且轴上切槽将引起应力集中。常用于轴承的固定	标准（GB/T 894.1—1986，GB/T 894.2—1986）。轴上切槽尺寸见 GB/T 894.1—1986
紧定螺钉与锁紧挡圈	结构简单，同时起周向固定作用，但承载能力较小，且不适于高速场合	标准件（紧定螺钉 GB/T 71—1985，锁紧挡圈 GB/T 884—1986），紧定螺钉用孔的结构尺寸见 GB/T 71—1985，锁紧挡圈的结构尺寸见 GB/T 884—1986

轴上零件一般应作双向固定，这时可将表 10-3 所列各种方法联合使用。需要注意的是，为了保证可靠的定位和固定，与轴上零件相配合的轴段长度应比轮毂宽度略短 1~3mm，如表 10-3 中套筒结构简图所示，$l=b-(1\sim3)\,\mathrm{mm}$。

（2）周向定位与固定。轴上零件周向定位和固定的目的是使零件能同轴一起转动，传递转矩。周向固定的方式很多，常用的有键、花键、过盈配合等连接形式。详见 10.4 节相关内容。

图 10-3（a）所示轴系中轴上主要零件的定位和固定方法见表 10-4。

表 10-4　轴上主要零件的定位和固定方法

固定与定位方法 轴上零件	轴向定位方法	轴向固定方法	周向定位与固定
联轴器	轴肩	轴端挡圈	普通平键
齿轮	肩环	套筒	普通平键
左轴承	套筒	轴承盖	圆柱体过盈配合
右轴承	轴肩	端盖	圆柱体过盈配合

10.1.2.3　轴各段直径和长度的确定

零件在轴上的装配方案及定位方式确定后，可初步估算轴所需的最小直径 $d_{\min}$（通常位于轴端），进而确定轴各段的直径、长度和配合类型。轴的初步估算常用如下两种方法。

（1）按扭转强度初估轴径。其强度条件为：

$$\tau_{\mathrm{T}} = \frac{T}{W_{\mathrm{T}}} = \frac{9.55 \times 10^6 P}{W_{\mathrm{T}} n} \leqslant [\tau_{\mathrm{T}}] \tag{10-1}$$

式中：T——轴所传递的转矩，$\mathrm{N \cdot mm}$；

    τ_{T}——转矩 T 在轴上产生的扭转切应力，MPa；

    $[\tau_{\mathrm{T}}]$——材料的许用扭转切应力，MPa，见表 10-5；

    W_{T}——抗扭截面模量，mm^3；

    P——轴所传递的功率，kW；

    n——轴的转速，r/min。

对于实心圆轴 $W_{\mathrm{T}} = \pi d^3 / 16 \approx 0.2 d^3$，代入式（10-1），经整理可得满足扭转强度条件的最小轴径的估算式为：

$$d \geqslant \sqrt[3]{\frac{9.55 \times 10^6}{0.2 [\tau_{\mathrm{T}}]}} \times \sqrt[3]{\frac{P}{n}} = A_0 \sqrt[3]{\frac{P}{n}} \tag{10-2}$$

式中：A_0——由轴的材料和承载情况确定的常数，见表 10-5。

表 10-5　轴常用材料的 $[\tau_{\mathrm{T}}]$ 和 A_0 值

轴的材料	Q235-A、20	Q275、35	45	40Cr、35SiMn、35CrMo、20Cr、20CrMnTi
$[\tau_{\mathrm{T}}]$（MPa）	12~20	20~30	30~40	40~52
A_0	160~135	135~118	118~107	106~97

注　当弯矩较小或只受转矩作用、载荷较平稳、无轴向载荷或只有较小的轴向载荷、轴只做单向旋转时，$[\tau_{\mathrm{T}}]$ 取较大值，A_0 取较小值；反之，$[\tau_{\mathrm{T}}]$ 取较小值，A_0 取较大值。

若所计算的轴段上开有键槽，应适当增大该轴段的直径，以补偿键槽对轴强度的削弱，见表 10-6。

表 10-6　轴上有键槽时轴径增加值　　　　　　　　　　　　单位：mm

轴的直径 d	<30	30~100	>100
有一个键槽时的增加值	7	5	3
有两个键槽（相隔180°）时的增加值	15	10	7

（2）按经验公式估算轴径。对一般减速器中的高速级输入轴，可按 $d_{\min} = (0.8 \sim 1.2) D$ 估算（D 为电动机的轴径）；相应各级低速轴的最小直径可按同级齿轮中心矩 a 估算，$d_{\min} = (0.3 \sim 0.4) a$。

估算出轴的最小直径后，按轴上零件的装配方案和定位要求，从轴端起逐一确定各段轴的直径。需要注意的是：当轴段有配合需求时，应尽量采用推荐的标准直径。安装标准件（如滚动轴承、联轴器等）部位的轴径尺寸，应取相应的标准值。另外，为了使齿轮、轴承等有配合要求的零件装拆方便，避免配合表面的刮伤，应在配合段前（非配合段）采用较小的直径，或在同一轴段的两个部位上采用不同的配合公差值。

轴的各段长度主要是根据各零件与轴配合部分的轴向尺寸和相邻零件必要的空隙来确定。为了保证轴上零件轴向定位可靠，如齿轮、带轮、联轴器等轴上零件相配合部分的轴段长度应比轮毂宽度短 2~3mm。

10.1.2.4 轴的加工和装配工艺性

对轴进行结构设计时，应尽可能使轴的形状简单、便于加工、便于轴上零件的装配，在满足使用要求的前提下，轴的结构越简单，工艺性越好。因此轴的结构设计还应考虑以下几个问题。

（1）轴的直径变化应尽可能小，并应尽量限制轴的最大直径与各轴段的直径差，这样既能改善轴的力学性能，减小应力集中，又能节省材料，减少切削量。

（2）当轴上有多个键槽时，应将它们开在同一母线上，以便一次装夹后全部加工完成（图10-4）。

（3）轴上有需磨削和切制螺纹处，要留有砂轮越程槽和螺纹退刀槽（图10-5），以保证加工完整。

（4）如有可能，应使轴上各过渡圆角、倒角、键槽、砂轮越程槽、螺纹退刀槽及中心孔等尺寸分别相同，并符合标准和规定，以利于加工和检验。

（5）与标准件相配合的轴段直径应满足标准件的要求，取标准值。例如，与滚动轴承配合的轴径应按滚动轴承内径尺寸选取；轴上的螺纹部分直径应符合螺纹标准等。

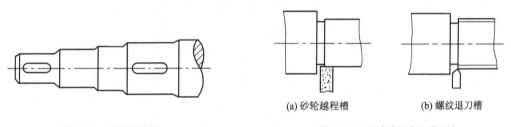

图10-4　键槽的布置　　　　　　　图10-5　砂轮越程槽和退刀槽

（6）轴上各阶梯轴肩高度，除用作轴上零件轴向固定的定位轴肩可按表10-3确定外，其余仅为便于安装而设置的非定位轴肩，其轴肩高度常取 0.5~0.3mm。

（7）轴端应倒角，以去掉毛刺、便于导向装配；过盈配合零件的装入端应加工出导向锥面，以便零件顺利压入（图10-6）。

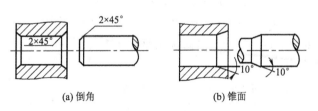

图10-6　倒角和锥面

（8）固定滚动轴承的轴肩高度应小于轴承内圈厚度，以便拆卸。该高度要满足轴承标准中的安装尺寸要求。

10.1.2.5　提高轴的疲劳强度

大多数轴工作时承受变应力，因此，从结构方面采取措施提高轴的疲劳强度是十分必要的。常采取的措施有以下几项。

（1）尽量使轴径变化处过渡平缓，并采用较大的过渡圆角。如相配合零件内孔倒角或圆角很小时，可采用凹切圆角［图 10-7 (a)］或过渡肩环［图 10-7 (b)］。

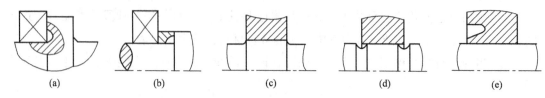

图 10-7　减小应力集中的措施

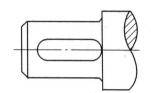

（2）过盈配合处的应力集中会随过盈量的增大而增大。当过盈量较大时，可采用增大配合处轴径［图 10-7 (c)］、轴上开设卸载槽［图 10-7 (d)］及轮毂上开设卸载槽［图 10-7 (e)］等结构，以改善应力状况。

（3）键槽端部与阶梯处距离不宜过小（图 10-8），太小会损伤过渡圆角，引起更大的应力集中。

图 10-8　键槽的不合理位置

（4）尽量选用应力集中小的定位方法。比如采用套筒代替圆螺母，避免在轴上切制螺纹，可以有效降低应力集中。

（5）表面越粗糙，轴的疲劳强度越低。因此，可以采用精车或磨削的加工方法，减小轴的表面粗糙度值。此外，采用滚压、喷丸或渗碳、液体碳氮共渗、渗氮、高频感应加热淬火等表面强化处理方法，可以大大提高轴的疲劳强度。

10.1.3　轴的强度校核

在轴的结构设计完成以后，轴上零件的位置、载荷的大小和方向、支点跨距等都已确定，轴各截面的弯矩即可求出，对于受弯扭联合作用的转轴，此时就可按弯扭合成强度条件校核轴的强度了。

按弯扭合成强度条件对轴进行强度校核的步骤如下：

（1）绘出轴的计算简图，按作用力所在空间位置标出作用力的大小、方向和作用点。

（2）取定坐标系，将轴上作用力分解为水平分力和垂直分力，求出水平面 H 及垂直面 V 的支反力。

（3）分别绘出水平面和垂直面的弯矩图（M_H 和 M_V）。

（4）计算合成弯矩 $M=\sqrt{M_H^2+M_V^2}$，绘出合成弯矩图。

（5）计算扭矩 T，绘出扭矩图。

（6）根据弯矩、转矩最大或弯矩、转矩较大而相对轴径尺寸较小的原则选出一个或几个危险剖面。

（7）求危险剖面的计算弯矩。

根据第三强度理论（最大剪应力理论），可推得实心圆剖面轴的弯扭合成计算弯矩（又称当量弯矩）为

$$M_{ca} = \sqrt{M^2 + (\alpha T)^2}$$

式中：α——考虑扭矩与弯矩循环特性不同而设的应力校正系数，对于不变的扭矩，取 $\alpha = 0.3$；对于脉动循环的扭矩，取 $\alpha = 0.6$；对于对称循环的扭矩，取 $\alpha = 1$；如果扭矩变化规律不清楚，一般按脉动循环处理。

（8）对危险剖面进行弯矩合成强度校核：

$$\sigma_{ca} = \frac{M_{ca}}{W} = \sqrt{\frac{M^2 + (\alpha T)^2}{W}} \leqslant [\sigma_{-1}] \qquad (10-3)$$

式中：σ_{ca}——轴的弯扭合成计算应力，MPa；

　　　W——危险剖面的抗弯截面系数，mm^3，对于实心圆轴 $W \approx 0.1d^3$；

　　$[\sigma_{-1}]$——轴在对称循环变应力状态下的许用弯曲应力，MPa，见表10-2。

对于一般用途的轴，按上述方法计算已足够精确。对于重要的轴，还要考虑影响轴疲劳强度的一些因素（如应力集中、轴表面质量、轴的截面形状等），对轴用安全系数法进行疲劳强度的精确校核，其方法可查阅有关资料。

10.2　轴承类型及选择

轴承是轴系中的重要部件之一，它的作用是支承轴及轴上零件，并保证轴的旋转精度和减少轴与支承间的摩擦、磨损。

根据轴承工作时的摩擦性质轴承可分为滑动摩擦轴承（简称滑动轴承）和滚动摩擦轴承（简称滚动轴承）两大类。而每一类轴承，按其所允许承受载荷的性质，又可分为承受径向载荷的向心轴承，承受轴向载荷的推力轴承及同时承受径向载荷和轴向载荷的向心推力轴承。

滑动轴承按其工作表面的摩擦状态可分为液体摩擦滑动轴承和非液体摩擦滑动轴承。液体摩擦滑动轴承的轴颈与轴承的工作表面完全被油膜隔开而不直接接触，摩擦发生于油液内部，摩擦因数很小，一般仅为 0.001~0.008，摩擦功耗极小；非液体摩擦滑动轴承的轴颈与轴承的工作表面之间虽然有油膜存在，但在表面局部凸起部分仍会发生金属直接接触，因此摩擦因数较大，容易磨损。

选用滑动轴承还是滚动轴承，主要取决于对轴承的工作性能要求、机器设计制造以及使用维护中的综合技术经济要求。滚动轴承具有摩擦阻力小、启动灵活、工作效率高、润

滑、维护方便、标准件互换性好和成本低等优点，所以在一般机器中获得广泛应用。但滚动轴承的抗冲击能力较差，高速重载时轴承寿命较低，转速高时振动及噪音较大，且旋转精度比滑动轴承低，故在高速、重载、高精度、要求具有缓冲减振能力以及轴承结构要求剖分的场合，液体摩擦滑动轴承就显示出它的优良性能。因此在内燃机、汽轮机、铁路机车、大型电动机、机床、仪表及精密仪器中多采用滑动轴承。此外，在低速、重载、有冲击振动的机器，如水泥搅拌机、剪床、破碎机等机器中常采用非液体摩擦滑动轴承。

10.2.1　滚动轴承的结构、类型及特性

10.2.1.1　滚动轴承的结构组成

滚动轴承是一个组合标准部件，其基本结构如图 10-9 所示，它主要由外圈 1、内圈 2、滚动体 3 和保持架 4 四部分组成。内圈用来与轴颈装配，外圈装在座孔或零件的轴承孔内，多数情况下外圈不转，内圈随轴颈一起转动。当内、外圈相对转动时，滚动体即在内、外圈的滚道间滚动，形成滚动摩擦。轴承内、外圈上的滚道，起降低接触应力和限制滚动体轴向移动的作用。保持架的作用是均匀地隔开滚动体，避免滚动体之间直接接触和磨损。

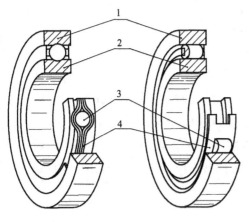

图 10-9　滚动轴承的结构

常见的滚动体的基本类型有球、圆柱滚子、圆锥滚子、球面滚子、滚针、非对称球面滚子等几种，如图 10-10 所示。滚动体的形状、数量、大小对滚动轴承的承载能力有着很大影响。

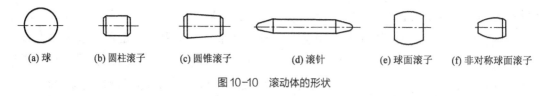

(a) 球　　(b) 圆柱滚子　　(c) 圆锥滚子　　(d) 滚针　　(e) 球面滚子　　(f) 非对称球面滚子

图 10-10　滚动体的形状

除了以上四种基本零件外，有些滚动轴承还增加有其他特殊零件，如带密封、带防尘盖或在外圈加上止动环等。

滚动体为球形的轴承称为球轴承。由于球和内外圈滚道都为点接触，所以承载能力和刚度较低，且不耐冲击，但球的制造工艺简单，极限转速高，价格便宜。

滚动体为圆柱或圆锥体的轴承统称为滚子轴承。滚子与内外圈滚道为线接触，有较高的承载能力及刚度，耐冲击能力强，但制造工艺较球轴承复杂，极限转速低，价格也比球轴承高。

滚动轴承的内外圈和滚动体应具有较高的硬度和接触疲劳强度、良好的耐磨性和冲击韧性。一般用轴承钢制造，常用材料有 GCrl5、GCrl5SiMn、GCr6、GCr9 等，热处理后硬度

一般不低于 60HRC。

保持架常用低碳钢板冲压后铆接或焊接而成。

10.2.1.2　滚动轴承的主要类型及特性

滚动轴承的公称接触角 α 是指滚动体与外圈接触处的公法线与轴承径向平面之间的夹角。公称接触角越大，滚动轴承承受轴向载荷的能力越大。向心轴承的公称接触角 $\alpha=0$，从理论上讲只能承受径向载荷；推力轴承的公称接触角 $\alpha=90°$，只能承受轴向载荷；向心推力轴承的公称接触角 $0<\alpha<45°$，能同时承受径向载荷和轴向载荷。常用滚动轴承的类型及特性见表 10-7。

表 10-7　常用滚动轴承类型、代号及其特性

类型代号	简图	结构代号	类型名称	基本额定动载荷比[①]	极限转速比[②]	轴向承载能力	性能和特点
1		10000	调心球轴承	0.6~0.9	中	少量	能自动调心，允许内圈对外圈轴线偏斜量2°或不超过3°，不宜承受纯轴向载荷
2		20000	调心滚子轴承	1.8~4	低	少量	性能与调心球轴承同，但具有较大的径向承载能力，允许内圈对外圈轴线偏斜量≤1.5°~2.5°
		29000	推力调心滚子轴承	1.6~2.5	低	很大	承受以轴向载荷为主的轴向、径向的联合载荷，安装时需要轴向预紧，允许内圈对外圈轴线偏斜量≤1.5°~2.5°
3		30000	圆锥滚子轴承 $\alpha=10°~18°$	1.5~2.5	中	较大	可同时承受径向与轴向载荷的联合作用，30000以径向载荷为主，30000B以轴向载荷为主；内外圈可分离，安装时需调整游隙
		30000B		1.1~2.1	中	很大	
5		51000	推力球轴承	1	低	承受单向轴向载荷	一般与径向轴承组合使用，当只承受轴向载荷时，可单独使用
		52000	双向推力球轴承	1	低	承受双向轴向载荷	
6		60000	深沟球轴承	1	高	少量	承受径向载荷为主，可同时承受少量的轴向载荷，允许内圈对外圈轴线偏斜量≤8′~16′，价格最低
7		7000C	角接触球轴承	1.0~1.4	高	一般	可同时承受径向载荷与轴向载荷，需成对使用
		7000AC		1.0~1.3		较大	
		7000B		1.0~1.2		更大	

类型代号	简图	结构代号	类型名称	基本额定动载荷比[1]	极限转速比[2]	轴向承载能力	性能和特点
N		N0000	外圈无挡边的圆柱滚子轴承	1.5~3	高	无	内圈（外圈）可分离，不能承受轴向载荷，有较大的径向承载能力，可以不带外圈或内圈
		NU0000	内圈无挡边的圆柱滚子轴承				
NA		NA0000	滚针轴承	—	低	无	工作时允许内外圈有少量的轴向错位，有较大的径向承载能力，一般不带保持架

[1] 基本额定动载荷比：指同一尺寸系列（直径及宽度）各种类型和结构形式的轴承的基本额定动载荷与单列深沟球轴承的基本额定动载荷之比。

[2] 极限转速比：指同一尺寸系列0级公差的各轴承脂润滑时的极限速度与单列深沟球轴承脂润滑时极限速度之比。高、中、低的意义为：高为单列深沟球轴承极限速度的90%~100%；中为单列深沟球轴承极限速度的60%~90%；低为单列深沟球轴承极限速度的60%以下。

10.2.2 滚动轴承的代号及类型选择

10.2.2.1 滚动轴承的代号

滚动轴承的代号是用数字加字母来表示轴承的类型、结构、尺寸、公差等级及技术性能等特征的。按照 GB/T 272—1993 的规定，滚动轴承的代号由前置代号、基本代号、后置代号三部分组成。前置代号表示轴承的分部件；基本代号表示轴承的类型、尺寸系列、内径等主要特征，是轴承代号的基础；后置代号表示轴承的精度与材料等特征。其表示方法为：前置代号+基本代号+后置代号。滚动轴承代号的构成如表 10-8 所示。

表 10-8 滚动轴承代号的构成

前置代号	基本代号					后置代号						
	五	四		三	二	一							
轴承的分部件代号	类型代号	尺寸系列代号		内径代号		内部结构代号	密封与防尘结构代号	保持架及其材料代号	特殊轴承材料代号	公差等级代号	游隙代号	多轴承配置代号	其他代号
		宽度系列代号	直径系列代号										

（1）基本代号。基本代号由数字或大写字母+数字组成，从右向左共五位，分别表示轴承的内径、尺寸系列和类型。

内径代号由基本代号右起第1、第2位数字表示。它表示轴承公称内径的大小。对于常用的内径为 $20mm \leqslant d \leqslant 480mm$ 的轴承，内径代号乘以5就等于该轴承的内径 d。对于内径为 10mm，12mm，15mm 和 17mm 的轴承，内径代号分别用 00，01，02，03 表示。对于公称内径小于10mm和大于500mm的轴承，代号直接用公称内径表示，并用"/"与尺寸系列代号隔开。

尺寸系列代号由基本代号右起第3、第4位数字表示，用于表达内径尺寸相同但外径和宽度不同的轴承。

右起第3位为直径系列代号，表示轴承在结构、内径相同的情况下受力大的轴承由于采用大直径的滚动体时，轴承外径和宽度增加的尺寸系列。分别为特轻（0，1）、轻（2）、中（3）、重（4）等。

右起第4位为宽度系列代号，表示轴承在结构、内径和直径系列都相同时，受力大的轴承按宽度增加的尺寸系列，分别为特宽（3，4）、宽（2）正常（1）、窄（0）等。当宽度系列代号为0时，多数轴承在代号中可不标出宽度系列代号0（调心滚子轴承和圆锥滚子轴承仍应标出）。部分轴承直径系列和宽度系列之间的尺寸对比如图10-11所示。

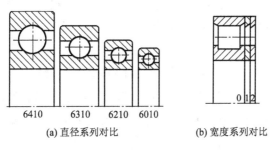

图 10-11　轴承的直径系列和宽度系列对比

类型代号由基本代号右起第五位数字或字母表示。

（2）前置代号和后置代号。前置代号用大写字母表示，用以说明成套轴承部件的特点，如K代表滚子轴承的滚子和保持架组件，L代表可分离轴承的可分离内圈与外圈，WS代表推力圆柱滚子轴承轴圈等。一般轴承无需说明，则前置代号可省略。

后置代号用大写字母或大写字母+数字表示，与基本代号有半个汉字间隔或用"/"与基本代号分开。后置代号的内容很多，下面介绍几个常用的代号。

①内部结构代号。表示同一类轴承的不同内部结构，如角接触球轴承后置代号中的C、AC和B分别代表公称接触角为15°、25°和40°的内部结构变化。

②公差等级代号。轴承的公差等级分为2、4、5、6、6X和0级六个级别，依次由高级到低级排列。其代号分别为/P2、/P4、/P5、/P6、/P6X和/P0。其中6X级仅适用于圆锥滚子轴承，0级为普通级，在轴承代号中不标注。

③游隙代号。游隙指内、外圈之间沿径向或轴向的相对位移量，常用的轴承游隙系列分为1、2、0、3、4、5六组，游隙依次由小到大。0组为基本游隙，一般不标注，其他的在轴承代号中分别用/C1、/C2、/C3、/C4、/C5表示。

例如，代号为62212轴承的含义是：6为深沟球轴承；2为宽度系列的宽系列；2为直径系列的轻系列；12为内径$d=60\text{mm}$；普通公差等级，基本游隙组别，无特殊内部结构。

7303AC/P6 为角接触球轴承；窄宽度系列（省略）；中直径系列；内径为 17mm；公称接触角 $\alpha=25°$；公差等级 6 级，基本游隙组别。30413/P4/C5 为内径 65mm 的圆锥滚子轴承，0 为窄宽度系列（0 不可省略），4 为重直径系列，公差等级为 4 级，游戏组别为 5 组。

以上介绍的是标准滚动轴承代号中最基本、最常用的部分，熟悉了这部分代号，就可以识别和查选常用的轴承。关于滚动轴承详细的代号方法和含义，可查阅 GB/T 272—1993。

10.2.2.2 滚动轴承的类型选择

滚动轴承类型选择是在充分了解了各类轴承的性能特点的基础上，结合轴承的具体工作条件，如轴承载荷（包括大小、方向和性质）、工作转速、调心性能、安装和拆卸、经济性等要求进行的。选择滚动轴承类型的一般原则如下。

（1）载荷。轴承所承受载荷的大小、方向和性质，是选择轴承类型的主要依据。相同尺寸的滚子轴承的承载能力大于球轴承，故对于载荷较大或有冲击时宜选用滚子轴承。轴承仅受径向载荷时，应选用向心轴承；只受轴向载荷时，则选用推力轴承；同时承受径向和轴向载荷时，可选用角接触球轴承或圆锥滚子轴承；当轴向载荷较大时，可选用接触较大的向心推力轴承。

（2）转速。各种类型、尺寸的轴承都有极限转速 $n_{\lim}$。球轴承比滚子轴承的极限转速高。因此，当载荷较小、旋转较高时，宜优先选用球轴承；当转速较低、载荷较大或有冲击载荷时，宜选用滚子轴承。在内径相同的情况下，外径越小，滚动体越小，极限转速越高。故在高速时，宜选用较轻直径系列的轴承。

（3）调心性能。当轴的支点跨度较大、工作中弯曲变形较大或由于加工安装误差等原因，使轴承的内外圈有较大倾斜、两轴承座孔的中心线不一致时，宜选用具有调心功能的调心轴承。要注意的是：同一轴上调心式轴承不要与其他轴承混合使用，以免失去调心作用。

（4）装调性能。便于装拆，也是在选用轴承类型时应考虑的一个因素。如在轴承座没有剖分面而必须沿轴线安装和拆卸轴承部件或需调整间隙、有游动要求时，应优先选用外圈可分离的轴承（如 N0000、NA0000、30000 等）。

（5）经济性。在满足使用要求的情况下，尽量选用价格低廉的轴承，一般情况下球轴承的价格低于滚子轴承；轴承的精度对制造成本和价格影响很大，每提高一个精度等级，价格将成倍或成数倍升高。在一般机械中，P_0 级精度的轴承应用最为广泛。

10.2.3 滚动轴承的寿命

10.2.3.1 滚动轴承的主要失效形式

（1）疲劳点蚀。滚动轴承在工作过程中，滚动体和内、外圈在不断接触转动，在接触表面间产生的是循环接触应力。在接触应力超过某一限值和时间后，接触表面间（滚动体和内、外圈滚道表面间）将发生疲劳点蚀，因而引起振动、噪声和发热，严重时会使表层金属成片剥落，形成凹坑，使轴承很快失去正常的工作能力。

（2）塑性变形。对于极低转速（$n \leqslant 10r/min$）或基本上不旋转条件下工作的滚动轴承，由于表面接触应力变化次数少，不会出现疲劳点蚀破坏。但在过大的静载荷或冲击载荷作用下，若滚动体和滚道接触处的局部应力超过材料的屈服极限时，会使轴承的工作表面发生永久的塑性变形，从而使轴承的摩擦阻力增大，旋转精度降低，导致轴承失效。

除上述失效形式外，当轴承在润滑、密封不良，装拆、维护不当时也会造成轴承元件破裂、磨损、锈蚀等失效，而在正常情况下，这些失效一般不会发生。

10.2.3.2 滚动轴承的设计准则

对一般转速（$n > 10\text{r/min}$）的轴承，主要失效形式是疲劳点蚀，所以对此类轴承的设计准则就是要防止因点蚀引起的疲劳破坏而进行疲劳计算，在轴承中称为寿命计算。

对静止或低速转动（$n \leqslant 10\text{r/min}$）的轴承，主要失效形式是塑性变形，因此应进行静强度计算。

10.2.3.3 滚动轴承的寿命计算

（1）滚动轴承的寿命和基本额定寿命。所谓轴承的寿命是指，轴承任一元件首次出现疲劳点蚀前轴承实际运转的总转数或一定转速下的工作小时数。

但由于制造误差、材质和热处理均匀度等因素的影响，即使是同一型号、同一类型、同一尺寸以及同一批生产的轴承，在完全相同的条件下工作，他们的寿命也不相同。而表现出很大的离散性，最高和最低寿命间可相差十几倍到几十倍。所以不能以单个轴承寿命作为计算依据，为此引入在一定概率条件下的基本额定寿命作为轴承计算依据。

所谓基本额定寿命是指，一组相同的轴承在相同工作条件下运行，其中90%的轴承不发生疲劳点蚀前所运转的总转数 L_{10}（以 10^6 为单位）或一定转速下的工作小时数 L_{h}［单位为：小时（h）］。

（2）滚动轴承的基本额定动载荷。轴承的寿命值与所承受载荷的大小密切相关。在工程实际中，通常以轴承的基本额定动载荷来衡量轴承的承载能力。轴承的基本额定动载荷是指使轴承基本额定寿命恰好为 10^6 转时轴承所能承受的最大载荷，用 C 表示。它反映了轴承抗疲劳点蚀的能力。基本额定动载荷分为两类，对于主要承受径向载荷的向心轴承，为径向基本额定动载荷 C_{r}；对于主要承受轴向载荷的推力轴承，为轴向基本额定动载荷 C_{a}。不同型号的轴承有不同的基本额定动载荷，其值可在滚动轴承手册或轴承样本中查到。

（3）滚动轴承寿命的计算公式。滚动轴承的寿命随着载荷的增大而降低。大量的实验表明，滚动轴承的寿命与载荷 P 的关系如图10-12所示，以方程表示为：

$$L_{10} = \left(\frac{C}{P}\right)^{\varepsilon} \tag{10-4}$$

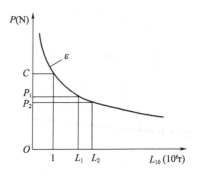

图10-12　滚动轴承载荷-寿命关系曲线

式中：L_{10}——基本额定寿命，10^6r；

ε——寿命指数，对于球轴承 $\varepsilon = 3$，对于滚子轴承 $\varepsilon = \dfrac{10}{3}$；

P——轴承当量动载荷，N，其含义和计算公式见后。

式（10-4）为滚动轴承寿命计算的基本公式。实际计算时，用给定轴承的转速 n（r/min）下的工作小时数 L_h 来表示轴承的寿命较方便，故上式可写为：

$$L_h = \frac{L_{10}}{60n} = \frac{10^6}{60n}\left(\frac{C}{P}\right)^{\varepsilon} (\text{h}) \tag{10-5}$$

考虑到轴承工作温度高于100℃时，轴承的基本额定动载荷 C 有所降低，故引入温度系数 f_t 对 C 值予以修正，f_t 值可查表10-9。考虑到实际工作情况（如冲击力、振动、惯性力产生的附加力等）的影响，还要引入载荷系数 f_p 对当量动载荷 P 进行修正，f_p 可查表10-10。

表 10-9　温度系数 f_t

工作温度（℃）	≤100	125	150	175	200	225	250	300	350
温度系数 f_t	1	0.95	0.9	0.85	0.80	0.75	0.70	0.60	0.5

表 10-10　载荷系数 f_p

载荷性质	举例	f_p
无冲击或轻微冲击	电动机、汽轮机、水泵、通风机	1.0~1.2
中等冲击	机床、车辆、内燃机、冶金机械、起重机械、减速器	1.2~1.8
强大冲击	轧钢机、破碎机、钻探机、剪床	1.8~3.0

修正后的寿命计算公式可写为：

$$L_h = \frac{10^6}{60n}\left(\frac{f_t C}{f_p P}\right)^{\varepsilon} (\text{h}) \tag{10-6}$$

当已知轴承的转速 n、工作载荷 P 及轴承的预期寿命 L_h' 时，则所需轴承的基本额定动载荷 C' 可根据式（10-6）计算得出：

$$C' = \frac{f_p P}{f_c}\sqrt[\varepsilon]{\frac{60nL_h'}{10^6}} (\text{N}) \tag{10-7}$$

常用机械中滚动轴承的预期寿命 L_h' 可参照表10-11确定。

表 10-11　常用机械中滚动轴承的预期寿命 L_h'

机器种类		举　例	预期寿命 L_h'
不经常使用的仪器及设备		阀门开闭装置及门窗开闭装置	300~3000
短期或间接使用的机械	中断使用不致引起严重后果	手动机械、农业机械、装配吊车等	500~2000
	中断使用的机器引起严重后果	升降机、发电站辅助设备、输送机、吊车、流水化作业传动设备等	8000~12000
每天工作8h 的机器	利用率不高、不满载工作	一般传动装置、电动机、起重机等	12000~25000
	利用率高、满载工作	机床、工程机械、木材加工机械、印刷机械等	20000~30000

续表

机器种类		举 例	预期寿命 L_h'
24h 连续工作的机器	正常使用	压缩机、电动机、水泵、纺织机械、轧机齿轮装置等	40000~60000
	中断使用有严重后果	高可靠性的电站设备、给排水装置、矿用泵、矿用通风机等	>100000

（4）滚动轴承的当量动载荷。滚动轴承的基本额定动载荷 C 是在一定条件下确定的，如向心轴承仅承受纯径向载荷，推力轴承仅承受纯轴向载荷。而当轴承工作时同时承受径向载荷和轴向载荷时（如深沟球轴承、角接触球轴承、圆锥滚子轴承等），必须将实际载荷转换为与上述条件相同的载荷后，才能和基本额定动载荷 C 进行比较。因此，式（10-6）和式（10-7）中的 P 值应是换算后的一种假定载荷，故称为当量动载荷。在当量动载荷作用下的轴承寿命与实际载荷作用下轴承的寿命是相同的。

当量动载荷 P 的一般计算公式为：

$$P = XF_r + YF_a \tag{10-8}$$

式中：F_r——轴承的实际径向载荷，N；

F_a——轴承的实际轴向载荷，N；

X——轴承的径向动载荷系数，其值见表 10-12；

Y——轴承的轴向动载荷系数，其值见表 10-12。

对只能承受径向载荷 F_r 的轴承：

$$P = F_r \tag{10-9}$$

对只能承受轴向载荷 F_a 的轴承：

$$P = F_a \tag{10-10}$$

对同时承受径向载荷 F_r 和轴向载荷 F_a 的轴承：

当 $F_a/F_r > e$ 时，　　　　　　　　$P = XF_r + YF_a$

当 $F_a/F_r \leqslant e$ 时，　　　　　　　$X = 1$，$Y = 0$，$P = F_r$

式中：e——判断系数，是判断轴向载荷 F_a 对当量动载荷 P 影响程度的参数，其值见表 10-12。

表 10-12　当量动载荷的 X、Y 值

轴承类型		相对轴向载荷	判断系数	$F_a/F_r > e$		$F_a/F_r \leqslant e$	
名称	代号	F_a/C_0	e	X	Y	X	Y
深沟球轴承	60000 型	0.014	0.19		2.30		
		0.028	0.22		1.99		
		0.056	0.26		1.71		
		0.084	0.28		1.55		
		0.11	0.30	0.56	1.45	1.0	0
		0.17	0.34		1.31		
		0.28	0.38		1.15		
		0.42	0.42		1.04		
		0.56	0.44		1.00		

续表

轴承类型		相对轴向载荷	判断系数	$F_a/F_r > e$		$F_a/F_r \leqslant e$	
名称	代号	F_a/C_0	e	X	Y	X	Y
角接触球轴承	70000C 型	0.015	0.38	0.44	1.47	1.0	0
		0.029	0.40		1.40		
		0.058	0.43		1.30		
		0.087	0.46		1.23		
		0.12	0.47		1.19		
		0.17	0.50		1.12		
		0.29	0.55		1.02		
		0.44	0.56		1.00		
		0.58	0.56		1.00		
	70000AC 型	—	0.68	0.41	0.87	1.0	
	70000B 型	—	1.14	0.35	0.57	1.0	0
圆锥滚子轴承	30000 型	—	见轴承手册	0.4	见轴承手册	1.0	0
调心球轴承	10000 型	—	见轴承手册	0.65	见轴承手册	1.0	见轴承手册

　　注　C_0 是轴承基本额定静载荷，具体可以查阅轴承手册。

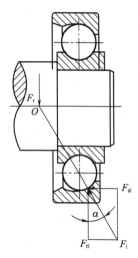

图 10-13　角接触轴承内部
派生轴向力 F_s

　　（5）角接触轴承轴向载荷 F_a 的计算。

　　①内部派生轴向力 F_s 的确定。角接触轴承（角接触球轴承和圆锥滚子轴承）在承受径向载荷时，由于结构的原因，会产生内部派生轴向力 F_s。内部派生轴向力的大小可由表 10-13 中公式近似计算，方向为由外圈的宽边指向窄边（图 10-13）。

　　②轴向载荷 F_a 的计算方法。计算轴承的当量动载荷 P 时，轴承所承受的径向载荷 F_r 可根据作用在轴上的外载荷按力和力矩平衡条件求得。轴所承受的轴向载荷 F_a 则要同时考虑轴承承受径向载荷 F_{r1}、F_{r2} 时的内部派生轴向载荷 F_{s1} 和 F_{s2} 及所作用在轴上的轴向外载荷 F_A 的大小。

　　在图 10-14 中，F_R 和 F_A 分别为作用于轴上的径向和轴向外载荷，两轴承的径向反力为 F_{r1} 和 F_{r2}，其产生的内部派生轴向力为 F_{s1} 和 F_{s2}。若规定：将内部派生轴向力的方向与轴向外载荷 F_A 的方向一致的轴承标记为 2，另一端标记为 1，取轴与轴承内圈为分离体，根据力的平衡原理，当轴处于平衡状态时，应满足：

$$F_{s2} + F_A = F_{s1}$$

表 10-13　角接触轴承的内部派生轴向力 F_s

轴承类型	角接触球轴承			圆锥滚子轴承
	70000C（$\alpha = 15℃$）	70000AC（$\alpha = 25℃$）	70000B（$\alpha = 40℃$）	30000
F_s	$\approx 0.40F_r$	$0.68F_r$	$1.14F_r$	$F_r/2Y$（Y 是 $F_a/F_r > e$ 时的轴向动载荷系数，可由表 10-12 查出）

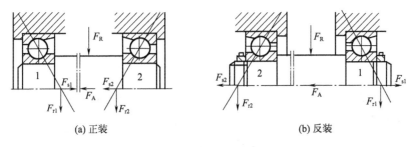

(a) 正装　　　　　　　　　　　　　　(b) 反装

图 10-14　角接触球轴承的安装形式

此时轴承外圈通过滚动体对分离体的轴向力即轴承的轴向载荷 $F_{a1}=F_{s1}$，$F_{a2}=F_{s2}$。

当轴向力不满足上述关系时，可能出现下面两种情况：

若 $F_A+F_{s2}>F_{s1}$ 时，轴有向左移动的趋势，即轴承 1 被"压紧"，轴承 2 被"放松"，根据力的平衡条件，两轴承的轴向载荷分别为：

$$F_{a1}=F_A+F_{s2}$$
$$F_{a2}=F_{s2}$$

若 $F_A+F_{s2}<F_{s1}$ 时，轴有向右移动的趋势，即轴承 1 被"放松"，轴承 2 被"压紧"，同前理，两轴承的轴向载荷分别为：

$$F_{a1}=F_{s1}$$
$$F_{a2}=F_{s1}-F_A$$

综上所述，计算角接触轴承轴向载荷的方法可归纳为：

a. 按轴承的安装（正装、反装）方式，确定内部派生轴向力 F_{s1}、F_{s2} 的大小、方向及轴承标注 1、2。

b. 根据轴向外载荷 F_A 和 F_{s1}、F_{s2} 的合力指向，判定被"压紧"和被"放松"的轴承。

c. 被"压紧"端轴承的轴向载荷等于除自身内部派生轴向力外以外的其余轴向力的代数和。

d. 被"放松"端轴承的轴向载荷等于自身的内部派生轴向力。

例 10-1　如图 10-14（a）所示，轴上正装安装一对 7209C 型轴承。轴承工作转速 $n=$ 400r/min，两轴承的径向载荷分别为：$F_{r左}=1200N$、$F_{r右}=3000N$，轴所受轴向外载荷 $F_A=$ 1000N，方向如图所示，运转时有中等冲击，试计算该对轴承的寿命。

解：由滚动轴承手册查得 7209C 型轴承的基本额定动载荷 $C=38500N$，基本额定静载荷 $C_0=28500N$。

（1）确定轴承的内部派生轴向力。对于 7209C 型轴承，由表 10-13 知，轴承的内部派生轴向力 $F_s\approx0.4F_r$，得

$$F_{s左}\approx0.4F_{r左}=0.4\times1200=480（N）$$
$$F_{s右}\approx0.4F_{s右}=0.4\times3000=1200（N）$$

方向如图 10-15 所示。把与轴向外载荷 F_A 方向一致的轴承标为 2，另一轴承标为 1，

如图 10-14 (a)。则有：

$$F_{r1} = F_{r左} = 1200\text{N}$$

$$F_{r2} = F_{r右} = 3000\text{N}$$

$$F_{s1} = F_{s左} = 480\text{N}$$

$$F_{s2} = F_{s右} = 1200\text{N}$$

（2）计算轴承的轴向载荷 F_{a1}、F_{a2}。因 $F_A + F_{s2} = 1000 + 1200 = 2200 > F_{s1}$，根据前述受力分析知，轴承1被"压紧"，轴承2被"放松"，故有：

$$F_{a1} = F_A + F_{s2} = 2200 \ （\text{N}）$$

$$F_{a2} = F_{s2} = 1200 \ （\text{N}）$$

（3）计算轴承的当量动载荷 P_1、P_2。因 $\dfrac{F_{a1}}{C_0} = \dfrac{2200}{28500} = 0.077$，查表 10-12，介于 $0.058 \sim$ 0.087 之间，对应的 e 值为 $0.43 \sim 0.46$，用线性插值法求得：$e_1 = 0.45$；根据 $\dfrac{F_{a1}}{F_{r1}} = \dfrac{2200}{1200} =$ $1.833 > e_1 = 0.45$，由表 10-12 求得：

$$X_1 = 0.44, \quad Y_1 = 1.25$$

同理，$\dfrac{F_{a2}}{C_0} = \dfrac{1200}{28500} = 0.042$，查表 10-12，用线性插值法求得：$e_2 = 0.413$，根据 $\dfrac{F_{a2}}{F_{r2}} =$ $\dfrac{1200}{3000} = 0.40 < 0.413$，由表 10-12 查得：$X_2 = 1.0$，$Y_2 = 0$。

则各轴承的当量动载荷为：

$$P_1 = X_1 F_{r1} + Y_1 F_{a1} = 0.44 \times 1200 + 1.25 \times 2200 = 3278 \ （\text{N}）$$

$$P_2 = X_2 F_{r2} + Y_2 F_{a2} = 1.0 \times 3000 + 0 \times 1200 = 3000 \ （\text{N}）$$

（4）计算轴承寿命。由于 $P_1 > P_2$，所以按轴承1确定该对轴承的寿命。查表 10-9，取温度系数 $f_t = 1$，查表 10-10，$f_p = 1.2 \sim 1.8$，取 $f_p = 1.5$，球轴承 $\varepsilon = 3$，代入式（10-6）得

$$L_h = \frac{10^6}{60n}\left(\frac{f_t C}{f_p P}\right)^{\varepsilon} = \frac{10^6}{60 \times 400}\left(\frac{1 \times 38500}{1.5 \times 3278}\right)^3 = 20001.86 \ （\text{h}）$$

所以该对轴承的寿命为 20001.86h。

10.2.4 滑动轴承的类型、结构及特点

10.2.4.1 滑动轴承的类型

滑动轴承的类型很多，按其承受载荷方向的不同，可分为径向滑动轴承（只承受径向载荷）和止推滑动轴承（只承受轴向载荷）；根据轴承工作表面间摩擦状态的不同，可分为非液体摩擦滑动轴承和液体摩擦滑动轴承两类。本节主要介绍非液体摩擦滑动轴承。关于液体摩擦滑动轴承将在 10.2.8 中予以介绍。

10.2.4.2 滑动轴承的结构

（1）整体式径向滑动轴承。整体式径向滑动轴承的结构如图 10-15 所示，它由轴承座

1 和由减摩材料制成的整体轴套 2 组成。轴承座上设有安装注油油杯的螺纹孔 4。轴套上开有油孔 3，并在其内表面开油沟以输送润滑油。这类轴承构造简单，成本低廉。其缺点是轴套磨损后无法调整轴承间隙从而使旋转精度降低。另外，轴颈只能从端部装入，对于粗重的轴或具有中轴颈的轴安装不便。所以这种轴承多用于低速，轻载或间歇性工作的机器中。这种轴承所用的轴承座叫作有衬滑动轴承座，其标准见 JB/T2 560—2007。

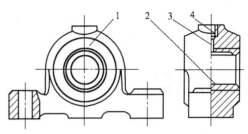

图 10-15　整体式滑动轴承
1—轴承座　2—整体轴瓦　3-油孔　4—螺纹孔

（2）剖分式径向滑动轴承。剖分式径向滑动轴承的结构形式如图 10-16 所示，它是由轴承座、轴承盖、双头螺柱、剖分式轴瓦等组成。轴瓦是轴承直接和轴颈相接触的零件，常在轴瓦内表面上贴附一层轴承衬。在轴瓦内壁不负担载荷的表面上开设油槽，润滑油通过油孔和油槽流进轴承间隙。轴承盖和轴承座的剖分面常作成阶梯形，以便定位和防止工作时错动。这种轴承装拆方便，并且轴瓦磨损后可用减少剖分面处的垫片厚度来调整轴承间隙。这种轴承所用的轴承座叫作对开式正滑动轴承座，其标准见 JB/T 2561—2007（二螺栓式）和 JB/T 2562—2007（四螺栓式）。

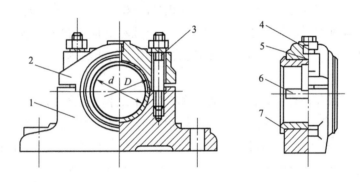

图 10-16　剖分式径向滑动轴承
1—轴承座　2—轴承盖　3—双头螺柱　4—螺纹孔　5—油孔　6—油槽　7—剖分式轴瓦

另外，还可将轴承轴瓦的背面制成凸球面，并将其支承面制成凹球面，从而组成具有调心作用的径向滑动轴承，用于支承挠度较大或多支点的长轴。

（3）止推滑动轴承。止推滑动轴承由轴承座和止推轴颈组成，常用的结构形式有空心端面［图 10-17（a）］、单止推面［图 10-17（b）］和多止推面［图 10-17（c）］几种。工作时润滑油用压力从底部注入，并从上部油管流出。单止推面是利用轴颈的环形端面止推，结构简单，润滑方便，广泛用于低速、轻载场合。多止推面不仅能承受较大的轴向载荷，有时还可承受双向轴向载荷。

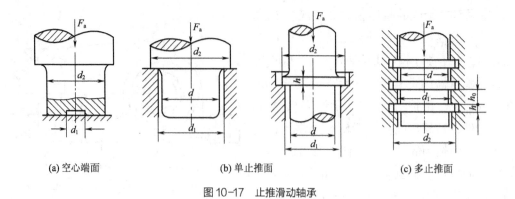

(a) 空心端面　　　　　　(b) 单止推面　　　　　　(c) 多止推面

图 10-17　止推滑动轴承

10.2.5　滑动轴承的材料

轴瓦和轴承衬的材料统称为轴承材料。

对滑动轴承材料性能要求是：具有足够的抗压强度、抗疲劳能力和抗冲击能力；具有良好的减摩性和耐磨性；具有良好的跑合性、可塑性和嵌藏性；具有良好的导热性、工艺性和经济性。

常用的轴承材料可分为三大类：金属材料、粉末冶金材料和非金属材料。常用的有以下几种：

（1）轴承合金（又称巴氏合金）。它主要由锡、铅、锑、铜等组成。分为锡基轴承合金和铅基轴承合金两类。轴承合金的嵌藏性、磨合性和顺应性最好，很容易和轴颈跑合，但机械强度和熔点低，价格高，不宜单独做轴瓦使用，只能贴附在青铜、钢或铸铁的轴瓦上作轴承衬使用。

（2）铜合金。铜合金有锡青铜、铅青铜和铝青铜三种。铜合金硬度高，承载能力、耐磨性和导热性均高于轴承合金，是最常用的轴承材料。青铜的疲劳强度优于轴承合金，耐磨性和减摩性较好，能在较高温度下工作。但可塑性差，不易跑合，宜用于中速重载、中速中载及低速重载场合。

（3）铸铁。球墨铸铁或含有钼、钛、铜等元素的耐磨铸铁，均可作为轴承材料。其耐磨性好，硬度高，价格低廉，但质脆、跑合性差，仅适用于轻载、低速和无冲击的场合。

（4）粉末冶金材料。又称金属陶瓷。这是用不同金属粉末经压制、高温烧结而成的多孔质金属材料。这种材料组织内部空隙约占总体积的 10% ~ 35%。使用前将其浸入润滑油，运转时由于润滑油的热膨胀和轴颈的抽吸作用使润滑油自动进入润滑表面，故又叫含油轴承。它具有自润滑性能。这种轴承一次浸油可长时间使用。宜用于平稳无冲击载荷，中低速工作且不易经常添加润滑剂的场合。

（5）非金属材料。非金属材料中应用最多的是各种塑料，还有石墨、橡胶和木材等也可作轴承材料。非金属材料的主要特点是摩擦因数小，耐腐蚀，但导热性能差，易变形。多用于温度不高，载荷不大，有振动的工作条件下。

常用的轴瓦（轴衬）材料及性能见表 10-14。

表 10-14　常用轴瓦（轴衬）材料的性能及用途

轴承材料		最大许用值			最高工作温度（℃）	轴颈硬度（HBS）	特性及用途
材料	牌号（名称）	[P]（MPa）	[v]（m/s）	[Pv]（MPa·m/s）			
轴承合金	ZSnSb11Cu6 ZSnSb8Cu4（锡基合金）	平稳载荷			150	150	用于高速、重载工作的重要轴承。变载荷下易于疲劳，价贵
		25	80	20			
		冲击载荷					
		20	60	15			
	ZPbSb15Sn5Cu3Cd2	5	8	5	150		用于中速、中载、不宜受显著冲击的轴承
	ZPbSb16Sn16Cu2	15	12	10	150		
铜合金	ZcuSn10P1（10-1 锡青铜）	15	10	15	280	45HRC	用于中速、重载及受变载荷的轴承
	ZCuPb30（30 铅青铜）	25	12	30	280	45HRC	用于高速、重载轴承，能承受变载荷和冲击
	ZcuAl10Fe3（10-3 铝青铜）	15	4	12	280	45HRC	宜于润滑充分的低速重载轴承
铸铁	HT150~HT250（灰铸铁）	1~4	2~0.5	—	—	—	用于低速、轻载、不受冲击、不重要的轴承
	HT300（耐磨铸铁）	0.1~6	3~0.75	0.3~4.5	150	<150	
粉冶末金	铁质陶瓷（含油轴承）	21	2	1.0	80	50~85	用于载荷平稳、低速及加油不便处，轴颈最好淬火
非金属材料	酚醛塑料	40	12	0.35	110	—	用于重载大型轴承，耐水、酸、碱、导热性差，需用水或油充分润滑
	加强聚四氟乙烯	16.7	5	0.36	280	—	摩擦因数低，自润滑性好，耐化学侵蚀，但成本高、承载能力低
	碳-石墨	3.9	12	0.53	420	—	有自润滑性、高温稳定性好、耐化学侵蚀，常用于要求清洁工作的机器中

10.2.6　非液体摩擦滑动轴承的校核计算

10.2.6.1　失效形式和设计准则

非液体摩擦滑动轴承工作时，由于摩擦表面间存在着金属的直接接触，所以其主要失效形式是磨损和胶合。这类轴承的计算准则是：防止轴承过度磨损；防止轴承因温升过高而发生胶合。

10.2.6.2　径向滑动轴承的校核计算

设计非液体摩擦径向滑动轴承时，通常已知轴径 d（mm）、轴的转速 n（r/min）、轴承的径向载荷 F（N）和工作条件等，然后进行以下校核计算。

（1）验算轴承平均压力 P：

$$P = \frac{F}{Bd} \leq [P] \qquad (10-11)$$

式中：B——轴承宽度，mm，根据宽径比 B/d 确定，一般取 $B/d=0.5\sim1.5$；

[P]——轴瓦材料的许用压力，MPa，其值见表 10-14。

（2）验算轴承的 Pv 值。轴承的发热量与其单位面积上的摩擦功耗 fPv 成正比（f 为摩擦因数），限制 Pv 值就是限制轴承的温升，从而避免产生胶合。

$$Pv=\frac{F}{Bd}\times\frac{\pi dn}{60\times1000}=\frac{Fn}{19100B}\leqslant[Pv]\qquad(10-12)$$

式中：v——轴颈的圆周速度，mm/s；

[Pv]——轴瓦材料的许用 Pv 值，MPa·m/s，其值见表 10-14。

（3）验算速度 v。由于安装误差或轴的弹性变形，使轴颈与轴瓦边缘接触，即使 P 和 Pv 值都在允许的范围内，也可能由于滑动速度过高导致轴瓦边缘急剧磨损或胶合，因此要求：

$$v\leqslant[v]\qquad(10-13)$$

式中：[v]——许用滑动速度，m/s，其值见表 10-14。

止推滑动轴承的校核设计与径向滑动轴承相似，但由于止推滑动轴承的速度一般较低，故不需进行轴承圆周速度的验算，主要进行 P 值和 Pv 值的校核计算即可。其 [P] 值和 [Pv] 值也与径向滑动轴承不同，可查阅有关手册。

10.2.7 轴承的润滑和密封

10.2.7.1 轴承的润滑

轴承润滑的目的是降低摩擦和磨损，提高效率和延长使用寿命，同时起到冷却、吸振、防锈等作用。

（1）润滑剂的种类及其性能。润滑剂分为润滑油、润滑脂和固体润滑剂三类。

①润滑油。润滑油是轴承中应用较广的润滑剂。目前使用的润滑油多为矿物油。润滑油最重要的物理性能指标为黏度，这也是选择润滑油的主要依据。黏度标志着润滑油抵抗变形的能力，同时反映了润滑油内摩擦阻力的大小。黏度随温度升高而降低。黏度有动力黏度、运动黏度和条件黏度等。选择润滑油的黏度应考虑速度、载荷、温度和工作情况等因素。原则上低速、重载、高温的轴承宜用黏度大的润滑油，反之选用黏度小的润滑油。

②润滑脂。润滑脂是润滑油和各种稠化剂（如钙、钠、锂等）混合稠化而成的。润滑脂稠度大，不易流失，密封简单，不需经常添加，对载荷和速度的变化有较大的适应范围，主要用在速度低（$v<1\sim2$m/s），载荷大、不经常加油、使用要求不高的场合。但润滑脂摩擦损耗大，故不宜用于高速场合。

目前使用最多的是钙基润滑脂，它具有耐水性，常用于 60℃ 以下的各种机械设备中轴承的润滑。钠基润滑脂有较高的耐热性，工作温度可达 120℃，但不耐水。锂基润滑脂性能优良且耐水，可在 -20~150℃ 范围内使用。

除了润滑油和润滑脂之外，在高温、高压、防止污染等一些特殊场合，还可以使用固体润滑剂（如石墨、MoS_2）或气体作润滑剂。

轴承润滑剂的具体选择方法及常用润滑剂的牌号、性能及用途等可查阅有关的机械设计手册。

（2）润滑方式及润滑装置。为了保证轴承具有良好的润滑状态，除了合理选择润滑剂外，还要合理选择润滑方式及润滑装置。

①油润滑时，润滑方式及装置的选择。当采用油润滑时，润滑方式有间歇供油和连续供油两种。

间歇供油只适用于低速、不重要的和间歇工作的轴承润滑。如图 10-18（a）所示压注油杯，由人工定期用油壶注油；图 10-18（b）所示旋套式注油杯，打开旋套可将润滑油通过油孔注入轴承。

对于重要的轴承必须采用连续供油方式。图 10-19（a）所示为油芯式滴油润滑装置；图 10-19（b）所示为针阀式注油润滑装置；图 10-19（c）为浸油式油环润滑装置。此外，还有一些其他的连续润滑方式，如将轴承直接浸在油池中的浸油润滑，利用浸在油中的传动零件的旋转将油飞溅到箱体内壁，流到轴承中的飞溅润滑；利用外来压力（油泵）供油压力循环润滑等。

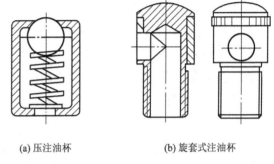

(a) 压注油杯　　　　(b) 旋套式注油杯

图 10-18　间隙供油装置

②脂润滑时，润滑方式及装置的选择。润滑脂只能间接供给。常用的装置如图 10-20 所示。图 10-20（a）所示为旋盖注油油杯，它通过旋紧杯盖将杯内润滑脂压入轴承工作面；图 10-20（b）所示为压注油杯，它靠油枪压注润滑脂至轴承工作面。

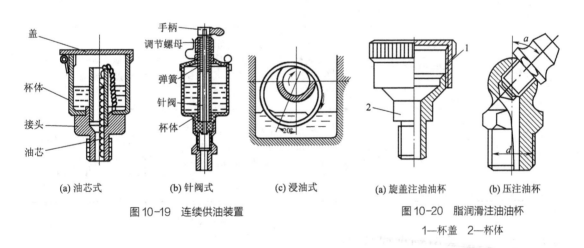

(a) 油芯式　　(b) 针阀式　　(c) 浸油式　　　(a) 旋盖注油油杯　　(b) 压注油杯

图 10-19　连续供油装置　　　　　　图 10-20　脂润滑注油油杯

1—杯盖　2—杯体

另外，滚动轴承的润滑方式还可以根据 dn 值来确定。这里 d 是轴承内径，n 是轴承转速，dn 值间接地反映了轴颈的圆周速度。各种润滑方式下滚动轴承的允许 dn 值见表 10-15。

表 10-15　滚动轴承润滑方式的选择

轴承类型	dn（mm·r/min）				
	浸油润滑飞溅润滑	滴油润滑	喷油润滑	油雾润滑	脂润滑
深沟球轴承 角接触球轴承 圆柱滚子轴承	≤2.5×10⁵	≤4×10⁵	≤6×10⁵	>6×10⁵	≤（2~3）×10⁵
圆锥滚子轴承	≤1.6×10⁵	≤2.3×10⁵	≤3×10⁵	—	
推力球轴承	≤0.6×10⁵	≤1.2×10⁵	≤1.5×10⁵	—	

10.2.7.2　轴承的密封

轴承密封的目的一是防止润滑剂流失，二是防止外界杂物侵入轴承。这里主要介绍滚动轴承的密封问题。

滚动轴承的密封根据密封原理的不同可分为接触式密封和非接触式密封两大类，常见各类密封形式的结构、特点及适用范围见表 10-16。

表 10-16　滚动轴承密封方式

密封形式		简　图	原理及特点	应用范围
接触式密封	黏圈密封		将矩形截面黏圈嵌入梯形截面槽内，压紧在轴上，黏圈能吸油，可自润滑	主要用于脂润滑，接触处速度 v <4~5m/s，环境清洁的场合
	密封圈密封		密封圈由耐油橡胶和塑料制成，有 O、J、U 等形式，靠弹性压紧在轴上，带骨架的密封性更好	可用于润滑脂和润滑油，接触处速度 v<4~12m/s 的场合
非接触式密封	环槽式		在轴和轴盖的通孔壁间留0.1~0.3mm 的缝隙并填满润滑油。如果在轴盖上车出环槽，可以提高密封效果	多用于环境清洁的脂润滑条件。密封效果较差，结构简单
	迷宫式		将旋转的和固定的密封零件间的间隙制成迷宫（曲路）形式，缝隙间填满润滑脂以加强密封效果	多用于接触处速度 v<30m/s 的润滑脂和油润滑，当环境比较脏时，其密封效果仍相当可靠

10.2.8　其他类型轴承简介

10.2.8.1　液体摩擦滑动轴承

对于液体摩擦滑动轴承而言，轴承摩擦表面间有充足的润滑油，在一定的条件下能够形成厚度达几十微米以上的压力油膜，它能将做相对运动的两金属表面完全隔开。此时，只有液体之间的摩擦，称为完全液体摩擦状态，又称为完全液体润滑状态。由于它的摩擦系数很小，所以能显著地减少摩擦和磨损。

要形成液体摩擦状态，必须具备一定的条件。根据压力油膜形成原理的不同，液体摩擦滑动轴承又分为液体动压滑动轴承和液体静压滑动轴承两大类。

（1）液体动压滑动轴承。如图 10-21（a）所示，轴颈与轴承孔之间有一弯曲的楔形间隙，间隙中充满润滑油，此时轴静止不动，轴颈与轴承孔的最下部分直接接触。当轴开始转动时［图 10-21（b）］，轴颈沿轴承孔内壁向上爬，同时因润滑油具有黏度和吸附性，润滑油被带进楔形间隙。由于润滑油是从大间隙带入，从小间隙流出，因受到挤压而具有一定的压力，但此压力还不足以将轴抬起。随着转速增加，带进的油量随之增多，润滑油内的压力也逐渐增大，轴颈与轴承孔下部逐渐形成压力油膜，当该油膜厚度大于两接触表面不平度之和时，轴颈与轴承孔之间就完全被油膜所隔开。此时，摩擦力迅速下降，在压力油膜各点压力的合力作用下，轴颈便向左下方漂移。当轴达到工作转速时，油膜压力与外载荷平衡，轴颈便处于图 10-21（c）的位置稳定运转。

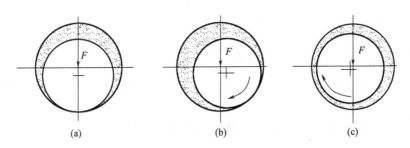

图 10-21 动压轴承压力油膜的形成过程

由上述可知，液体动压滑动轴承形成压力油膜的条件是：

①要存在一个收敛的楔形间隙。

②楔形间隙的两表面要有一定的相对速度。

③楔形间隙间要有一定黏度的润滑油，且供油充分。

（2）液体静压滑动轴承。根据液体动压滑动轴承压力油膜的形成条件可知，对于经常启动，换向运转、低速、重载，特别是需要负载启动的机器，使用液体动压滑动轴承是不合适的，这时可考虑采用液体静压滑动轴承。液体静压滑动轴承是利用外部供油系统，把具有一定压力的润滑油送入轴颈与轴承孔之间，强制形成压力油膜平衡外载荷，从而实现完全液体摩擦。

图 10-22 所示是液体静压滑动轴承的工作原理。在轴承内表面上开有四个对称的油腔。高压油经节流器进入油腔。节流器具有阻尼性能，能使来自油泵的压力油产生压

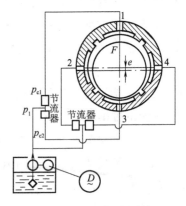

图 10-22 液体静压滑动轴承
工作原理

力降，从而起到调压作用。

液体静压滑动轴承有以下优点。

①压力油膜的形成与相对速度无关，承载能力主要取决于油泵的供油压力。因此，静压轴承可在极广的转速范围内正常工作，在启动、停车的过程中也能实现液体摩擦，轴承磨损小，使用寿命长。

②油膜刚度大，具有良好的吸振性，工作稳定，旋转精度高。

③承载能力可通过供油压力调节，故低转速下也能满足重载的工作要求。

但液体静压滑动轴承需要一套复杂的供油系统，故设备费用高，维护管理也较麻烦。

10.2.8.2 气体摩擦滑动轴承

当转速很高时，若选用液体摩擦滑动轴承，工作时将会出现轴承过热，摩擦损失较大，机器的效率降低等问题。此时可考虑采用气体摩擦滑动轴承。它是用气体作润滑剂的滑动轴承，常为空气，还可用氢气、氮气等。

气体摩擦滑动轴承主要有以下优点。

①气体的黏度极低，约为油的几千分之一，故气体摩擦滑动轴承可在高转速下工作，其转速甚至可达百万转，且空气是取之不尽的。

②由于气体的摩擦阻力很小，因此功耗小。

③空气黏度几乎不受温度变化的影响，故这种轴承可在很大的温度范围内工作。

气体摩擦滑动轴承的主要缺点是承载能力低。因此，适用于高速、轻载的设备中，如精密测量仪器、纺织设备、超高速离心机等。

气体摩擦滑动轴承也有动压轴承和静压轴承两类，其工作原理与液体摩擦轴承基本相同。

10.2.8.3 关节轴承

关节轴承是球面滑动轴承中的一种，主要适用于摆动、倾向运动和旋转运动，或者是上述运动的组合。关节轴承不同于调心轴承。关节轴承是典型的空间运动副，被支承的两零件可以在三维空间内作任意相对摆动和转动，多用于各种机器人的机械结构中。

如图 10-23 所示，关节轴承主要由内圈和外圈两部分组成，通过内圈的球形外表面与外圈的球形内表面形成球面接触方式。根据其承受载荷性质的不同，可以分为以下几种。

（1）向心关节轴承，如图 10-23（a）所示，主要承受径向载荷，其接触角为 0。

（2）角接触关节轴承，如图 10-23（b）所示，它既可承受径向载荷，又可承受轴向载荷，接触角在 0~45° 和 45°~90° 之间。

（3）推力关节轴承，如图 10-23（c）所示，主要承受轴向载荷，其接触角为 90°。

（4）杆端关节轴承，如图 10-23（d）所示，主要用于结构件之间的连接，可以承受径向和轴向的组合载荷。

与滚动轴承相似，关节轴承的类型、尺寸、结构形式、材料和游隙组别等由关节轴承的代号表示，选用时可查阅国家标准 GB/T 304.2—2015。

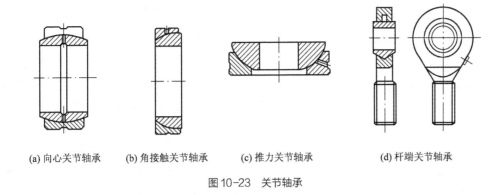

(a) 向心关节轴承　　(b) 角接触关节轴承　　(c) 推力关节轴承　　(d) 杆端关节轴承

图 10-23　关节轴承

10.2.8.4　直线运动轴承

直线运动轴承是在普通轴承的基础上演变而来的。根据轴承接触部位的摩擦性质，直线运动轴承可分为直线运动滑动轴承和直线运动滚动轴承。其中，直线运动滚动轴承可以制成一个独立部件，国家已制订了标准并由专业厂家生产。

根据滚动体形状的不同，直线运动滚动轴承可分为直线运动球轴承、直线运动滚子轴承、直线运动滚针轴承三类。工作中滚动体在若干条封闭的滚道内循环运动，保证零部件实现规定的直线运动。图 10-24 所示为直线运动球轴承的一种结构形式，它由外套、钢球、保持架及挡圈等构成，外套内壁有数条（不少于三条）纵向滚道，钢球在外套与导杆之间沿保持架的沟槽循环滚动。这种轴承只能承受径向载荷，作直线往复运动，径向间隙不可调整。

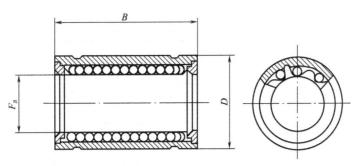

图 10-24　直线运动球轴承

直线运动轴承具有摩擦因数小、消耗功率少、传动精度高、运动平稳、轻便灵活、无爬行或振动、驱动力极小等优点，主要应用于数控机床和自动化程度较高的精密机械设备中。

10.3　轴间连接

不同部件的两根轴连接成一体，以传递运动和动力的连接称为轴间连接。轴间连接通常采用联轴器和离合器来实现。它们是机械中的常用部件，如图 10-25 所示输送机传动系

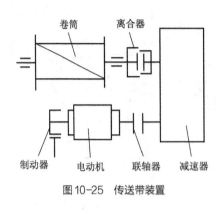

图 10-25　传送带装置

统中就有联轴器和离合器的应用。

联轴器和离合器都能把不同部件的两根轴连接成一体，但两者的区别是：联轴器是一种固定连接装置，在机器运转过程中被连接的两根轴始终一起转动而不能脱开，只有在机器停止运转并把联轴器拆开的情况下，才能把两轴分开。图 10-25 中电动机与减速器之间即是用联轴器连接的。而离合器则是一种能随时将两轴接合或分离的可动连接装置，可根据工作时的需要，操纵机器传动系统的断续、变速、换向等。图 10-25 中减速器与滚筒之间即是用离合器连接的，当滚筒需要暂停转动时，不用关电动机，可操纵离合器使之与传动系统脱开。

联轴器和离合器大都已标准化，设计者主要任务是选用而不是设计。一般选择步骤如下：

（1）根据机器的工作条件和使用要求选择合适的类型。

（2）按轴的直径、工作转矩和转速选定具体的型号。

（3）必要时对其易损零件进行强度校核。

由于机器启动时的动载荷和运转中可能出现过载现象，所以在确定联轴器和离合器所需传递的转矩时，应当按轴上的最大转矩计算，称为计算转矩 T_{ca}，也称为公称转矩。

$$T_{ca} = K_A T \tag{10-14}$$

式中：T_{ca}——公称转矩，N·m；

K_A——工作情况系数，见表 10-17。

表 10-17　工作情况系数 K_A

工作机		K_A			
		原动机			
分类	工作情况及举例	电动机 汽轮机	四缸和四缸 以上内燃机	双缸内燃机	单缸内燃机
I	转矩变化很小，如发电机、小型通风机、小型离心泵	1.3	1.5	1.8	2.2
II	转矩变化小，如透平压缩机、木工机床、运输机	1.5	1.7	2.0	2.4
III	转矩变化中等，如搅拌机、增压泵、有飞轮的压缩机、冲床	1.7	1.9	2.2	2.6
IV	转矩变化和冲击载荷中等，如织机、水泥搅拌机、拖拉机	1.9	2.1	2.4	2.8
V	转矩变化和冲击载荷大，如造纸机、挖掘机、起重机、碎石机	2.3	2.5	2.8	3.2
VI	转矩变化大并有极强烈冲击载荷，如压延机、无飞轮的活塞泵、重型初轧机	3.1	3.3	3.6	4.0

联轴器和离合器的类型很多，本节仅介绍几种常用类型的典型结构、工作原理及性能特点。

10.3.1 联轴器

联轴器所连接的两轴，由于制造及安装误差、运转时零件的变形、轴承的磨损和温度变化的影响等，都有可能使被连接的两轴相对位置发生变化，产生某种程度的相对位移。图 10-26 为被连接两轴可能发生相对位移的情况。这就要求设计联轴器时，要从结构上采取各种不同的措施，使之具有适应一定范围对相对位移的补偿能力，避免在轴、轴承、联轴器上产生附加载荷，有时还要求它具有一定的缓冲减振能力。因此，根据联轴器对各种相对位移有无补偿能力，联轴器分为无补偿能力的刚性联轴器和有补偿能力的挠性联轴器两大类。挠性联轴器又可按是否具有弹性元件分为无弹性元件的挠性联轴器和有弹性元件的挠性联轴器两个类别，后者既有位移补偿能力，又有缓冲、减振能力。联轴器的分类见表 10-18。

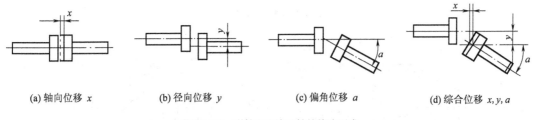

(a) 轴向位移 x   (b) 径向位移 y   (c) 偏角位移 a   (d) 综合位移 x, y, a

图 10-26　联轴器所连两轴的偏移形式

表 10-18　联轴器的分类

联轴器	刚性联轴器	套筒联轴器、凸缘联轴器、夹壳联轴器			
	挠性联轴器	无弹性元件的挠性联轴器	滑块联轴器、齿式联轴器、万向联轴器、滚子链联轴器等		
		有弹性元件的挠性联轴器	非金属弹性元件	弹性套柱销联轴器、弹性柱销联轴器、梅花联轴器、轮胎联轴器等	
			金属弹性元件	能缓冲	蛇形弹簧
				能减振	叠片弹簧

下面仅介绍已经标准化的几种典型的、常用的联轴器。

10.3.1.1 刚性联轴器

刚性联轴器由刚性元件组成，各元件之间无相对运动。它具有结构简单、制造成本低、质量轻、传动精度高等优点，但无补偿两轴相对位移和缓冲减振能力。因此，对所连两轴的对中精度要求很高，通常要求相对径向偏移量小于 0.05mm，相对角度偏移量小于 1″。适用于两轴对中精确、载荷平稳或只有轻微冲击的场合。

常用的刚性联轴器包括套筒联轴器、凸缘联轴器、夹壳联轴器等。

（1）套筒联轴器。这是一种最简单的联轴器，它利用一个公用套筒以键、花键或锥销等刚性连接件实现两轴的连接。这种联轴器径向尺寸小，结构简单，成本低，但装拆时需轴向移动所连的轴，给拆装工作带来不便。通常用于转速 $n \leqslant 250\text{r/min}$、轴径 $d \leqslant 100\text{mm}$（采用半圆键连接时 $d \leqslant 35\text{mm}$）、转矩 $T \leqslant 5600\text{N} \cdot \text{m}$（采用半圆键连接时 $T \leqslant 450\text{N} \cdot \text{m}$，采用圆锥销连接时 $T \leqslant 4000\text{N} \cdot \text{m}$），即低速、轻载、无冲击和小尺寸轴的轴系传动中。图10-27 给出的是套筒联轴器的几种典型结构。

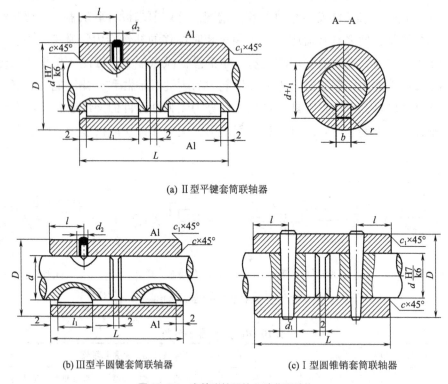

(a) Ⅱ型平键套筒联轴器

(b)Ⅲ型半圆键套筒联轴器　　(c) Ⅰ型圆锥销套筒联轴器

图10-27　套筒联轴器的几种典型结构

（2）凸缘联轴器。亦称法兰联轴器，它是利用螺栓连接两凸缘（法兰）盘式半联轴器，两个半联轴器分别用键与两轴连接，实现两轴的连接，传递运动和转矩。如图10-28为凸缘联轴器（GB/T 5843—2003）的三种典型结构。其中图10-28（a）GY型采用铰制孔螺栓保证两半联轴器的连接对中精度；图10-28（b）GYS型采用半联轴器端面上的凸肩和凹孔的相互配合保证被连接两轴的对中精度；图10-28（c）GYH型工作原理同GYS型，但拆装时轴不需作轴向移动。

（3）夹壳联轴器。图10-29所示GJ型夹壳联轴器由两个沿轴向剖分的夹壳组成，两夹壳借拧紧螺栓时的夹紧力紧压在被连接两轴的表面上，借助两半联轴器与轴表面间的摩擦力实现两轴的连接，传递运动和转矩，而利用平键作辅助连接。这种联轴器的优点是在拆装时比较方便，轴不需作轴向移动，缺点是用它连接两轴时，两轴线的对中精度较低。此外，夹壳联轴器结构和外形复杂，制造及平衡精度较低，通常只适用于低速（外缘的速度低于5m/s）、载荷平稳的场合。

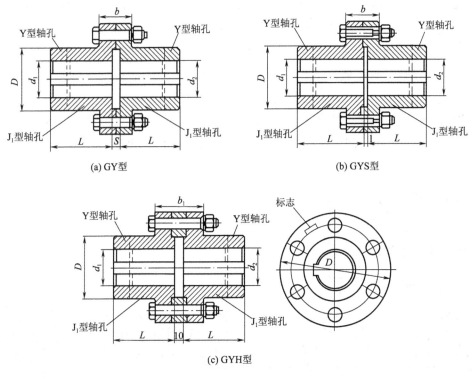

(a) GY型　　　　　(b) GYS型

(c) GYH型

图 10-28　凸缘联轴器的几种典型结构

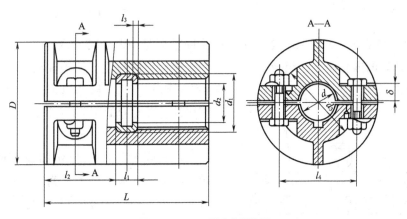

图 10-29　GJ 型夹壳联轴器

10.3.1.2　无弹性元件的挠性联轴器

无弹性元件的挠性联轴器由可做相对移动或滑动的刚性件组成，利用连接元件间的相对可移性以补偿被连接两轴的相对位移。此类联轴器大部分需在良好的润滑和密封条件下工作，其特点是有一定的补偿能力，承载能力大，但不具有缓冲减振能力，因此不适用于有冲击、振动的轴系传动中。

常用的无弹性元件的挠性包括滑块联轴器、齿式联轴器和万向联轴器等。

（1）滑块联轴器。如图 10-30 所示，滑块联轴器是由两个端面带槽的套筒 1、3 和两个侧面各具有凸块的浮动滑块2组成的，两侧的凸块相互垂直，利用中间浮动滑块在其两侧半联轴器端面的径向相对运动来补偿两轴相对位移。用滑块联轴器连接的两轴允许有较大的径向位移和不大的偏角及轴向位移。由于滑块偏心运动产生的离心惯性力无法平衡，故噪声大、磨损快、效率低，一般仅适用于转速低（$n \leqslant 250 r/min$）、转矩较大的轴系传动中。

当传递的转矩较小时，浮动滑块可制成非金属的方形滑块形式，如图10-31所示。由于滑块质量轻、惯性小，因此这种结构的滑块联轴器适用于功率不大，中等转速，冲击较小的工作场合。

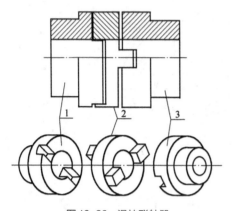

图10-30　滑块联轴器

1，3—套筒　2—滑块

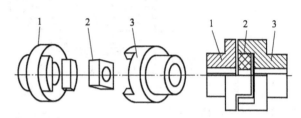

图10-31　非金属方形滑块联轴器

1，3—半联轴器　2—滑块

（2）齿式联轴器。如图10-32所示，齿式联轴器是由两个带有内齿和凸缘的外套筒3与两个带有外齿的内套筒1所组成。两个内套筒分别用键与主、从动轴相连接，两个外套筒3用螺栓5连成一体，依靠内、外齿相啮合传递转矩。为了减小磨损，可由油孔4注入润滑油，并在套筒1、3之间装密封圈6，以防止泄漏。

齿式联轴器所用齿轮的齿廓曲线为渐开线，内齿为直齿，外齿分为直齿和鼓形齿两种形式。为了补偿两轴的相对位移，内外齿轮的啮合间隙比一般齿轮大，并将外齿轮的齿顶制成半径为 R_a 的球面，如图10-33所示。

采用鼓形齿可允许两轴有较大的角位移，可以改善齿的接触条件，提高承载能力，延长使用寿命。由于鼓形齿性能优良，故已广泛应用于大多新设计的机械设备中。图10-34即为WG型鼓形齿式联轴器。

齿式联轴器结构紧凑，承载能力大，具有综合补偿两轴相对位移的能力，且工作可靠；

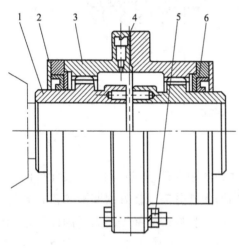

图10-32　齿式联轴器

1—内套筒　2—端盖　3—外套筒　4—油孔
5—螺栓　6—密封圈

但结构复杂，制造成本高，反转时有冲击，需要良好的润滑和密封，通常在工作转速小于3000r/min 的重载工况条件下的轴系传动中应用较广。

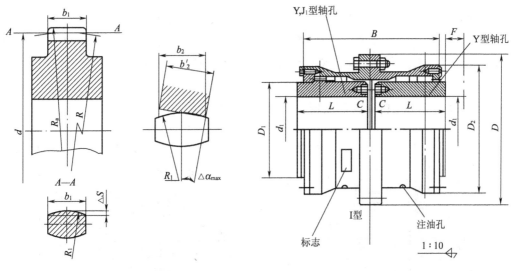

图 10-33 鼓形齿齿形图 　　　图 10-34 WG 型鼓形齿式联轴器

（3）万向联轴器。图 10-35（a）所示为万向联轴器的结构示意图。主、从动轴上的轴叉 1、2 与十字轴 3 分别以铰链连接，当两轴有角向位移 α 时，轴叉 1、2 绕各自固定轴线回转，而十字轴 3 则作空间球面运动，从而使万向联轴器可以在较大的偏斜角下工作，一般偏斜角 $\alpha \leqslant 45°$。由于 α 角的存在，当主动轴以等角速度 ω_1 回转时，从动轴角速度 ω_2 将在 $\omega_1 \cos \alpha \sim \dfrac{\omega_1}{\cos \alpha}$ 之间作变角速度转动，因而引起附加动载荷。为了消除这一缺点，常将两个万向联轴器连在一起使用，如图 10-36（b）所示，这时还必须使中间轴上的两个轴叉平面共面，而且使它的轴与主、从动轴的夹角相等，才能保证主、从动轴的瞬时角速度相同。

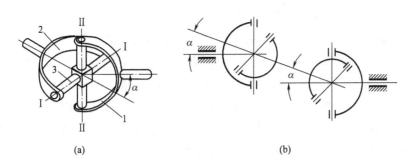

（a）　　　　　　　　　　　　（b）

图 10-35 万向联轴器

10.3.1.3 有弹性元件的挠性联轴器

有弹性元件的挠性联轴器依靠弹性元件的变形，不仅可以补偿两轴的相对位移，而且还有缓冲、减振能力，故适用于频繁启动、经常正反转、变载荷及高速运转的场合。联轴器中弹性元件的材料有金属和非金属两种。金属材料制造的弹性元件主要是各种弹簧，其强度高、尺寸小、寿命长，主要用于大功率传动的连接中。非金属材料有橡胶、尼龙和塑料等，其特点是重量轻、价格低，有良好的弹性滞后性能，故减振能力强。但非金属弹性元件的寿命较短。下面介绍几种非金属弹性元件的挠性联轴器。

（1）弹性套柱销联轴器。如图10-36所示，弹性套柱销联轴器（GB/T 4323—2002）与凸缘联轴器相似，不同的是用装有弹性套的柱销代替连接螺栓。弹性套的变形可以补偿两轴线的径向位移和角位移，并且有缓冲减振作用。它有两种形式，分别为LT（基本）型［图10-36（a）］和LTZ（带制动轮）型［图10-36（b）］。

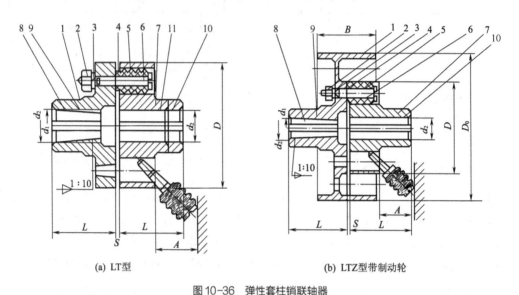

(a) LT型　　　　　　　　(b) LTZ型带制动轮

图10-36　弹性套柱销联轴器

1，7—半联轴器　2—螺母　3—垫圈　4—挡圈　5—弹性套　6—柱销　8—Z型轴孔

9—J型轴孔　10—Y型轴孔　11—J$_1$型轴孔

弹性套柱销联轴器结构简单，制造容易，拆装方便，成本较低，但传递的转矩较小，弹性套使用寿命较短。它适用于载荷平稳、经常正反转、启动频繁的高速运动的轴系传动中，如电动机与减速器（或其他传动装置）之间就常用该联轴器连接。

（2）弹性柱销联轴器。这种联轴器是利用若干个MC尼龙6等非金属材料制成的柱销置于两半联轴器凸缘的轴向孔中，以实现两半联轴器的连接。图10-37所示即为LXZ（带制动轮）型弹性柱销联轴器（GB/T 5014—2003）。为了防止柱销滑出，在半联轴器外端装有挡板3；为了增加补偿能力，常将柱销2的一端制成鼓形。由于尼龙的弹性低于橡胶，因而其相对位移补偿能力和缓冲减振能力不如弹性套柱销联轴器。但尼龙的强度和耐磨性高于橡胶，所以承载能力和使用寿命高于弹性套柱销联轴器。

弹性柱销联轴器结构简单，加工容易，维修方便，两半联轴器可以互换，且强度高、耐磨性好，更适用于两轴相对位移较小，冲击不大，安装精度较高，载荷平稳的中、低速及较大转矩的轴系传动中，不宜用于有冲击的场合。

（3）轮胎式联轴器。如图10-38所示，轮胎式联轴器（GB/T 5844—2002）是利用轮

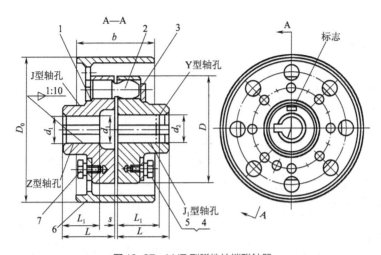

图 10-37　LXZ 型弹性柱销联轴器

1—半联轴器　2—柱销　3—挡板　4，7—螺栓　5—垫圈　6—制动轮

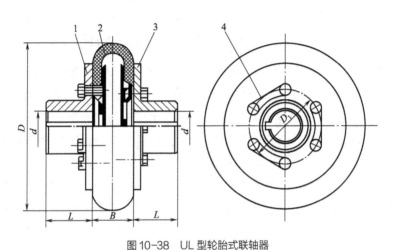

图 10-38　UL 型轮胎式联轴器

1，3—半联轴器　2—轮胎环　4—止退垫板

胎状橡胶元件，用螺栓将两半联轴器连接而成。轮胎环中的橡胶元件与低碳钢制成的骨架硫化黏结在一起，骨架上焊有螺母，装配时用螺栓与两半联轴器的凸缘连接，依靠拧紧螺栓在轮胎环与凸缘端面之间产生的摩擦力传递转矩。它的特点是：弹性强、补偿位移能力大、有良好的阻尼，而且结构简单，不需润滑，拆装和维修都较方便。但承载能力不高，径向尺寸较大，适用于启动频繁、正反转多变，冲击振动较大的轴系传动中。

10.3.2　离合器

使用离合器是为了在机器运转过程中按需要随时实现两轴的接合和分离，因此，对离合器的基本要求是：接合平稳可靠、分离迅速彻底、动作快速准确、操纵省力方便、尺寸小、质量轻、耐磨及散热性好。

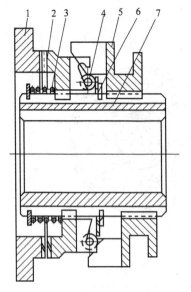

图 10-39　牙嵌式离合器

1—主动盘　2—从动盘　3—复位弹簧　4—辊子

5—加压环　6—挡圈　7—输出轴

离合器的种类很多，下面简单介绍几种常用的离合器。

（1）啮合式离合器。通过工作表面之间的啮合传递转矩的离合器称为啮合式离合器。啮合式离合器主要由两个端面带牙或齿的半联轴器组成，通过杠杆机构操纵从动半联轴器进行离合。图 10-39 所示的牙嵌式离合器是其中的一种型式。图中上半部所示为结合状态，下半部所示为分离状态。当操纵杠杆将加压环 5 向左推移时，加压环上的斜面迫使辊子 4 径向内移，由于辊子右侧有挡板 6 阻止辊子右移，辊子在径向内移的同时，利用从动牙嵌盘上的斜面将从动盘向左推移，此时复位弹簧 3 被压缩，主、从动盘啮合，离合器处于接合状态。若操纵加压环 5 向右推移，复位弹簧 3 复位伸展的同时推动从动牙嵌盘右移，从动盘上的斜面将辊子 4 向外推，主、从动牙嵌盘于分离状态。啮合式离合器适用于主、从动轴要求完全同步转动的轴系，但只能在静止或圆周速度差小于 0.7~0.8m/s 或转速差小于 100~150r/min 的工况下进行离合，一般多用于转矩不大的低速场合。

（2）摩擦式离合器。通过摩擦力在零件之间传递转矩的离合器称为摩擦式离合器。利用主、从动半联轴器接触表面之间的摩擦力来传递转矩的离合器统称为摩擦式离合器。摩擦式离合器的型式很多，其中以圆盘摩擦式离合器应用最广。其结构上有单摩擦片（盘）、多摩擦片（盘）等形式。根据摩擦副的润滑状态不同，又有干式摩擦和湿式摩擦之分。

图 10-40 所示为多圆盘式摩擦离合器。图中主动轴 1 与外鼓轮 2 相连，从动轴 3 用键

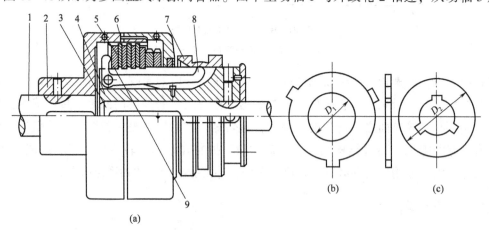

图 10-40　多圆盘式摩擦离合器

1—主动轴　2—外鼓轮　3—从动轴　4—内套筒　5—外摩擦片

6—内摩擦片　7—滑环　8—杠杆　9—压板

与内套筒 4 相连，外鼓轮内装有一组外摩擦片 5 ［图 10-40（b）］，其外圆与外鼓轮之间通过花键连接，而其内孔不与任何零件接触。套筒 4 上装有另一组内摩擦片 6 ［图 10-40（c）］，其外圆不与任何零件接触，而内圆与套筒 4 也通过花键连接。工作时操纵滑环 7 左、右移动，通过杠杆 8、压板 9，使两组摩擦片压紧或松开，以实现离合器的接合或分离。增加摩擦片的数目，可以增大所传递的转矩。

摩擦式离合器可以在两轴有较大转速差的情况下接合和分离。接合时冲击振动很小，过载时将打滑，可保护其他零件不受损坏。但在接合和分离过程中摩擦片间的相对滑动会造成发热和磨损。摩擦式离合器适用于经常启动、制动或经常改变转速和转向的场合。

（3）自动式离合器。能够根据工作情况自动实现工作状态转换的离合器称为自动式离合器。定向离合器是自动式离合器中较常用的一种。它用于实现两轴的单向接合与分离。

图 10-41 所示为滚柱式定向离合器。图中星轮 1 和外环 2 分别装在主动件和从动件上，星轮和外环间的楔形空腔内装有滚柱 3，每个滚柱都被弹簧推杆 4 以不大的推力向前推进而处于半楔紧状态。当星轮为主动轮并作顺时针回转时，滚柱将被摩擦力转动而滚向空腔的收缩

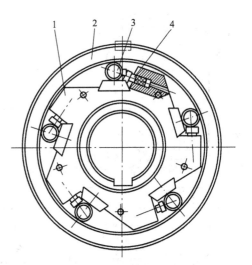

图 10-41　滚柱式定向离合器
1—星轮　2—外环　3—滚柱　4—弹簧推杆

部分，并楔紧在星轮和外环间，使外环随星轮一同回转，离合器即进入接合状态。而当星轮反向回转时，滚柱即被滚到空腔的宽敞部分，这时离合器即处于分离状态。如果在外环随星轮旋转的同时，外环又从另一运动系统获得旋向相同但转速较大的运动时，离合器也将处于分离状态。由于它的接合和分离是与星轮和外环之间的转速差有关，因此这种离合器又称为超越离合器，有时又称为差动离合器。定向式离合器广泛应用于汽车、拖拉机和机床等设备中。

10.4　轴毂连接

轴和轴上零件在圆周方向上形成的连接称为轴毂连接。其功能是使轴与轴上零件作周向定位和固定，以传递转矩。常用的轴毂连接有键连接、花键连接、无键连接等，下面分别予以介绍。

10.4.1　键连接

键连接是轴毂连接中主要的连接方式。键连接设计的主要任务是选类型、选尺寸和键的强度校核。

10.4.1.1　键连接的类型选择

键是标准连接件。它通过键使轮毂与轴得以周向固定，传递转矩。有的键连接也有轴向固定或实现轴上零件轴向移动的作用。常用键的类型、特点和应用见表10-19。

表 10-19　常用键的类型、特点和应用

类型		图　　例	特　　点	应　　用
平键	普通平键		平键的侧面是工作面。定心良好，装拆方便，不能实现轴上零件的轴向固定。通常轴与键槽的配合较紧	用于静连接，适用于高精度、高速或承受变载、冲击的场合。A型和B型分别用于端铣刀和盘铣刀加工的轴槽，C型用于轴端
	导向平键		键用螺钉固定在键槽中，键与毂槽为间隙配合，能实现轴上零件的轴向移动。为起键方便，设有起键螺钉	适用于轴上零件轴向移动量不大的动连接。如变速箱中的滑移齿轮
	滑键		键固定在轮毂上，轴上零件能带键一起沿轴槽作轴向移动	适用轴上零件轴向移动量较大的动连接
半圆键			靠侧面传递转矩，不能实现轴上零件的轴向固定。半圆键在轴槽中摆动以便装配，但键槽较深对轴的削弱较大	用于静连接，主要适用于轻载荷的锥形轴端
楔键	普通楔键		楔键的上下两面是工作面，键的上表面和毂槽底面均有1:100的斜度。装配打入后，键楔紧在轴与轮毂之间，工作时靠楔紧的摩擦力传递转矩。能承受沿楔紧方向的单向轴向力，但楔紧力会使轴、轮毂间产生偏心，定心性差	用于静连接，主要适用定心精度不高、载荷平稳和低速的场合。钩头楔键的钩头供拆卸时用
	钩头楔键			

选择键连接的类型时，应考虑的因素大致包括载荷的类型、所需传递转矩的在小、对轴毂对中性的要求、键在轴上的位置（在轴的端部还是中部）、连接于轴上的带毂零件是否需要沿轴向滑移及滑移距离的长短、键是否要具有轴向固定零件的作用或承受轴向力等。

10.4.1.2　键连接的尺寸选择

键连接的尺寸选择就是确定键宽 b、键高 h 和健长 L。设计时，b 和 h 可根据轴的直径 d 由标准中查取；长度 L 可参照轮毂长度 B 根据标准选取，一般取 $L=B-(5\sim10)\mathrm{mm}$，且使 L 符合标准中规定的长度系列，如表10-20所示。

表10-20　普通平键和普通楔键的主要尺寸（摘自GB/T 1095—2003和GB/T 1563—2003）

轴的直径 d	6~8	8~10	10~12	12~17	17~22	22~30	30~38	38~44
键的尺寸 $b×h$	2×2	3×3	4×4	5×5	6×6	8×7	10×8	12×8
轴的直径 d	44~50	50~58	58~65	65~75	75~85	85~95	95~110	
键的尺寸 $b×h$	14×9	16×10	18×11	20×12	22×14	25×14	28×16	
键的长度系列 L	6, 8, 10, 12, 14, 16, 18, 20, 22, 25, 28, 32, 36, 40, 45, 50, 56, 63, 70, 80, 90, 100, …							

10.4.1.3　键连接的强度校核

键的材料通常是采用强度极限不低于600MPa的碳素钢制造，常用45钢。

必要时应对键连接的强度进行校核。下面主要介绍平键的强度校核方法，其他类型键连接强度校核的方法可查相关设计手册。

平键连接主要有以下两种失效形式：

（1）对于静连接，一般是键、轴或轮毂中较弱的零件的工作面被压溃。

（2）对于动连接，一般是键、轴或轮毂中较弱的零件的工作面的磨损。

所以，压溃和磨损是平键连接的主要失效形式，所以键连接的计算只进行挤压强度计算或耐磨性计算。由于轮毂上键槽深度较浅，轮毂材料的强度也最弱，所以平键连接的强度计算通常以轮毂为计算对象。

假设工作压力沿键的长度和高度均匀分布，则根据平键连接的受力情况（图10-42）可得静连接的强度条件

$$\sigma_{\mathrm{p}}=\frac{2T}{dkl}\le[\sigma_{\mathrm{p}}] \qquad (10\text{-}15)$$

动连接的强度条件：

$$P=\frac{2T}{dkl}\le[P] \qquad (10\text{-}16)$$

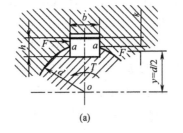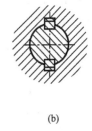

图10-42　平键连接受力情况

式中：　　T——传递的转矩，N·mm，$T=F×y\approx F×\dfrac{d}{2}$；

k——键与轮毂的接触高度，mm，$k=\dfrac{h}{2}$；

h——键的高度，mm；

l——键的工作长度，mm，A 型（圆头）平键 $l=L-b$，B 型（方头）平键 $l=L$，L 为键的公称长度；

b——键的宽度，mm；

d——轴的直径，mm；

$[\sigma_p]$，$[P]$——键、轴、轮毂三者中最弱材料的许用挤压应力和许用压力，MPa，可从表 10-21 中查取。

表 10-21　键连接的许用挤压应力和许用压力　　　　单位：MPa

许用挤压应力及许用压力	连接工作方式	被连接零件材料	不同载荷性质的许用值		
			静载	轻微冲击	冲击
许用挤压应力 $[\sigma_p]$	静连接	钢	125~150	100~120	60~90
		铸铁	70~80	50~60	30~45
许用压力 $[P]$	动连接	钢	50	40	30

如果验算结果强度不够，可采取以下措施：

（1）适当增加键和轮毂的长度，但键的长度一般不应超过 $2.25d$（d 为轴径），否则，挤压应力沿键的长度方向分布不均匀。

（2）可采用双键，要强调的是，两平键应相隔 180° 布置，两半圆键应布置在同一条母线上，两楔键应相隔 90°~120° 布置；考虑到载荷分布的不均性，双键连接的强度是按 1.5 个键计算的。

例 10-2　在一减速器中，一个 7 级精度的直齿圆柱齿轮安装在轴径为 60mm 的轴上，齿轮与轴的材料都为锻钢，齿轮轮毂宽85mm。连接传递的转矩为 1.6×10^6N·mm，载荷有轻微冲击。试设计此键连接。

解：（1）选择键的类型和尺寸。因为是 7 级精度的齿轮，因此要求有一定的定心要求，可选用平键连接。此处为静连接，因此选用普通平键，齿轮不在轴端，可考虑采用定位好的 A 型（圆头）普通平键，取键的材料为 45 钢。

因安装齿轮处轴径 $d=60$mm，由 GB/T 1095—2003（或表 10-19）中可查得，当轴径 $d=58~65$mm 时，键的宽度 $b=18$mm，高度 $h=11$mm，由轮毂宽度并参考键的长度系列，取键长 $L=80$mm（略小于轮毂宽度）。

（2）校核键连接的强度。键、轴和轮毂的材料都是钢，键的工作长度 $l=L-b=80-18=62$（mm），接触高度 $k=0.5h=0.5\times11=5.5$（mm），查表 12-21 取许用挤压应力 $[\sigma_p]=110$MPa，由式（10-15）可得：

$$\sigma_p=\frac{2T}{dkl}=\frac{2\times1.6\times10^6}{5.5\times62\times60}\approx156.4(\text{MPa})>[\sigma_p]=110(\text{MPa})$$

经校核强度不够，且相差较大，故改用双键，相隔 180° 布置，此时双键的工作长度 $l=1.5\times62=93$（mm），由式（10-16）得：

$$\sigma_p = \frac{2T}{kld} = \frac{2 \times 1.6 \times 10^6}{5.5 \times 93 \times 60} = 104(\text{MPa}) < 110(\text{MPa})$$

这时键连接满足挤压强度条件。

10.4.2 花键连接

花键连接由带有多个纵向键齿的轴（外花键）与带有键槽的轮毂孔（内花键）组成，如图 10-43 所示。花键可视为由多个均布在圆周上的平键组成，齿侧面为工作面，依靠内、外花键齿侧面的相互挤压传递转矩。花键连接适用于静连接及动连接。

花键连接的主要优点是：键齿数多、总接触面积大、受力均匀、承载能力高；槽浅、齿根应力集中小、对轴和毂的强度削弱较小；轴上零件与轴的对中性好、导向性好，适合于载荷较大，对中性要求高的动、静连接，在机械设备中得到了非常广泛的应用。其缺点是结构比较复杂，需要专用的设备和刀具加工，成本较高。

花键已经标准化，按剖面齿形的不同可分为两类：矩形花键和渐开线花键。

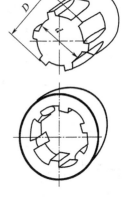

图 10-43　外花键与内花键

10.4.2.1 矩形花键

如图 10-44 所示，矩形花键形状简单，加工方便，应用广泛。

按齿高的不同，矩形花键有轻、中系列，轻系列承载能力小，多用于轻载荷的静连接，中系列多用于较重载荷的静连接或零件仅在空载下移动的动连接。矩形花键在连接中按小径 d 定心，即外花键和内花键的小径 d 为配合面。由于内花键孔和花键轴均可磨削加工，因而适合于毂孔表面硬度较高（>40HRC）的连接，且定心精度高，稳定性好。

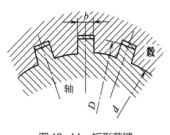

图 10-44　矩形花键

10.4.2.2 渐开线花键

渐开线花键的齿廓为渐开线，分度圆压力角有 30° 和 45° 两种，如图 10-45 所示。与矩形花键相比，渐开线花键有以下特点：齿根较厚、齿根圆角较大，应力集中较小，故连接强度较高、寿命长；可利用加工齿轮的各种加工方法加工渐开线花键，故工艺性较好；尺寸小时，加工花键孔的拉刀制造成本较高，因而限制了它的使用。因此，在传递较大转矩

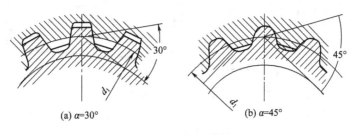

(a) α=30°　　　(b) α=45°

图 10-45　渐开线花键

且轴颈较大时，宜采用渐开线花键。渐开线花键按齿形定心，即靠齿面上受到的压力自动平衡定心。45°渐开线花键齿形钝而短，齿数多，模数小，故承载能力较低，多用于载荷轻、直径小或薄壁零件的连接中。

10.4.3　无键连接

凡是轴和毂的连接不用键时，统称为无键连接。无键连接包括成形连接、弹性连接和过盈连接。

10.4.3.1　成形连接

成形连接又称为形面连接，它是把轴与毂相配合的轴段部分做成非圆形截面的柱体或锥体，轮毂上制成相应的孔，利用非圆截面的轴与孔的配合构成的连接。柱形面只能传递转矩，锥形面还能传递轴向力，如图10-46所示。

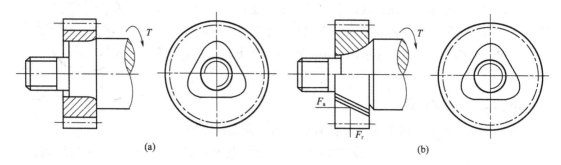

图10-46　成形连接

成形连接定心性好，装拆方便。由于成形连接没有键槽及尖角等应力集中源，因此可传递很大的转矩。但由于制造工艺较困难，非圆截面轴先经车削，然后磨削；毂孔先经钻镗或拉削，然后磨削，才能保证配合精度，因此应用并不普遍。

10.4.3.2　弹性连接

弹性连接又称胀紧连接，它是利用装在轴毂之间的以锥面贴合的一对内、外弹性钢环，在对钢环施加外力后从而使轴毂被挤紧的一种连接，如图10-47所示。当拧紧螺母或螺钉

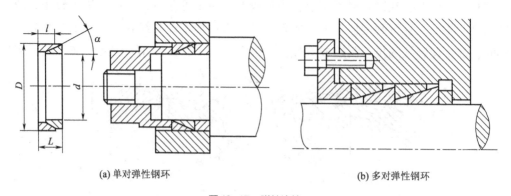

(a) 单对弹性钢环　　　　　　　　　(b) 多对弹性钢环

图10-47　弹性连接

时，两个弹性钢环在轴向力作用下压紧，内环缩小而箍紧轴，外环胀大而撑紧毂，使工作面产生很大的正压力，利用此压力引起的摩擦力矩来传递载荷。

弹性连接中的弹性钢环又称胀套，可以是一对［图 10-47（a）］，也可以是多对［图10-47（b）］。当采用多对组合使用时，由于摩擦力的作用，从压紧端起，轴向力和径向压力将逐渐递减，因此，环的对数不宜过多，一般不超过 3 对或 4 对。

弹性连接的主要特点是：定心性好、装拆方便、应力集中小、承载能力大，具有安全保护作用。但由于要在轴与毂之间安装弹性环，受到径向尺寸的限制，其应用受到一定的限制。

10.4.3.3 过盈连接

利用两个被连接零件间的过盈配合来实现的连接，称为过盈连接。组成连接的零件一个为包容体，一个为被包容体，其配合面通常为圆柱面，也可为圆锥面。由于被连接件本身的弹性和装配时的过盈量 δ，在配合面间产生很大的径向压力，工作时靠径向压力产生的摩擦力来传递载荷。

过盈连接的装配方法有压入法和温差法两种。

压入法利用压力机将被包容件压入包容件中，由于压入过程中表面微观不平度的峰尖被擦伤或压平，因而降低了连接的紧固性；温差法是通过加热包容件，冷却被包容件后进行装配的。它可避免擦伤连接表面，使连接较为牢固。

10.5 轴系组合设计

为了保证轴系的正常工作，除了合理解决和考虑上述各节所涉及的问题外，还必须综合考虑轴系零、部件之间及轴系本身的固定、调整、配合、拆装等问题。即还要合理地进行轴系的组合设计。

10.5.1 轴系的轴向定位

轴系在工作时的轴向位置是靠轴承来定位的。目的是防止轴系在工作时轴向窜动，同时保证滚动轴承不因轴受热膨胀卡住。轴系的轴向固定方式有以下三种。

10.5.1.1 两端单向固定

轴两端的轴承各限制轴在一个方向的轴向移动，如图 10-48 所示。这种支承形式结构简单，安装和调整方便，适用于普通工作温度下（$T<70℃$）跨距小于 350mm 的短轴。考虑到轴受热后伸长，安装时应通过调整端盖与机体间垫片的厚度，使一端轴承外圈与端盖间留出补偿间隙（0.2~0.4mm）。

对于圆锥滚子轴承和角接触球轴承支承的轴系，两端单向固定有两种方式，即轴承正装和反装，如图 10-49 所示圆锥滚子轴承支承的两种方式。从轴系的强度和刚度考虑，简支轴以正装为好，悬臂轴则以反装为好；从轴承的装拆和预紧考虑，正装要好些。

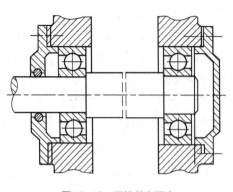

图 10-48　两端单向固定

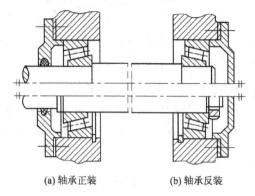

(a) 轴承正装　　　　　(b) 轴承反装

图 10-49　两端单向固定的两种方式

10.5.1.2　一端双向固定，一端游动

当轴的跨距较长或轴系工作温度较高时，应采用一端双向固定，一端游动的支承形式，如图 10-50（a）所示。固定支承（左端）要承受双向轴向载荷，故内外圈在轴向都要固定。游动支承（右端）采用的是内外圈不可分离的深沟球轴承，故轴承外圈在座孔内不能轴向定位，轴承可在座孔内自由游动，以补偿轴的热膨胀。若游动支承采用可分离型的圆柱滚子轴承，则内外圈都要固定，如图 10-50（b）所示。固定端也可用两个角接触球轴承（或圆锥滚子轴承），采用正装或反装的结构组合形式，如图 10-50（c）所示。

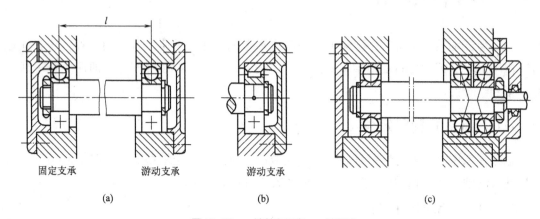

固定支承　　　　　游动支承　　　　　　游动支承

(a)　　　　　　　　　　　(b)　　　　　　　　　　　(c)

图 10-50　一端单向固定，一端游动

10.5.1.3　两端游动

当轴系上的传动零件在工作时已具有确定的轴向位置时，应采用两端游动轴系支承形式，以避免传动零件本身的定位功能与轴系定位功能冲突。图 10-51 所示人字齿轮传动中，当大齿轮所在轴系采用两端单向固定支承形式时，小齿轮的工作位置就已确定，故小齿轮轴系就应采用两端游动支承形式，才能防止相互啮合的一对人字齿轮的轮齿卡死或两侧受力不均匀。

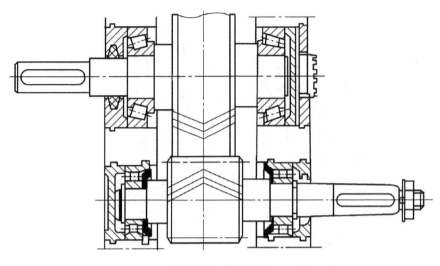

图 10-51　两端游动

10.5.2　轴系轴向位置的调整

轴系轴向位置调整的目的是为了使轴上零件有准确的工作位置。如蜗杆传动要求蜗轮的中间平面必须通过蜗杆轴线 ［图 10-52（a）］；锥齿轮传动要求两齿轮的锥顶必须重合 ［图 10-52（b）］ 等，这些都要求轴系的轴向位置应能调整。图 10-53 中所示锥齿轮轴系中，轴承装在轴承套杯内，通过改变垫片 1 的厚度来调整轴承套杯的轴向位置，即可调整锥齿轮的锥顶处于最佳的啮合位置。

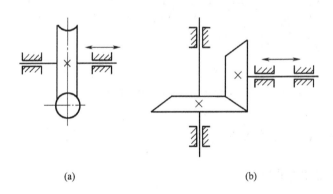

(a)　　　　　　　　　　(b)

图 10-52　轴系轴向位置调整

轴系轴向位置的调整还包括轴向间隙的调整，目的是保证轴承的旋转精度，提高轴承寿命和工作的平稳性，使轴承具有一定的热补偿能力。常用的调整方法有二：一是靠加减轴承盖与机座间垫片的厚度来调整的，如图 10-54（a）所示；二是如图 10-54（b）所示用螺钉 1 通过压盖 3 移动外圈位置进行调整，调整好后，用螺母 2 锁紧防松。图 10-53 中的端盖与套杯间的另一组垫片 2 也是用来调整轴承轴向间隙的。

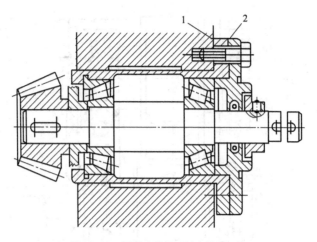

图 10-53　圆锥齿轮轴系轴向位置调整

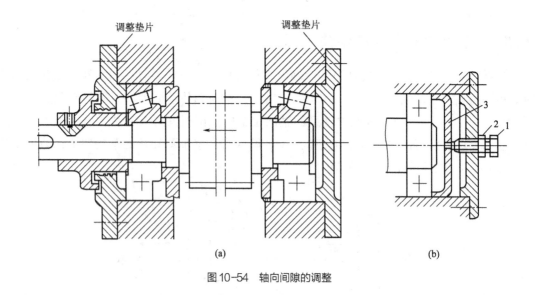

(a)　　　　　　　　　　　　　　　　(b)

图 10-54　轴向间隙的调整

10.5.3　滚动轴承的配合与装拆

10.5.3.1　滚动轴承的配合

　　滚动轴承的配合是指轴承内圈与轴颈、轴承外圈与轴承座孔的配合。滚动轴承的配合既影响轴承定位和固定效果，也影响轴承的工作精度和性能。合理选择滚动轴承的配合是改善轴承工作性能的重要手段。

　　由于滚动轴承是标准件，故内圈与轴颈的配合采用基孔制，外圈与轴承座孔的配合应采用基轴制。工作时，通常内圈随轴一起转动，与轴颈配合的要紧些；而外圈不转动，与轴承座孔配合应松些。配合种类的选择应根据轴承的类型和尺寸、载荷的大小、方向和性质，转速的高低等因素来决定。一般地说，当载荷方向不变时，若内圈转动，其与轴的配合采用有过盈的配合，常用 K5，M5，M6，N6 等，外圈与轴承座孔选用有间隙的配合，常用 G7，H7，H6 等，转速越高，振动和载荷越大，旋转精度越高时，内、外圈均应采用较紧的配合，如与轴的配合常用 P6，R6 等，与座孔的配合常用 J7，JS7 等；游动的套圈和经常拆卸的轴承要采用较松的配合；当轴承安装在薄壁外壳或空心轴上时，应采用较紧的配合等。具体选用时可查阅机械设计手册和参考 GB/T 275—2015。

10.5.3.2 滚动轴承的装拆

在轴系结构设计时，应当考虑能方便地装拆轴承和其他零件。滚动轴承的装拆原则是不允许通过滚动体传递装拆力，即装拆内圈时施加的力必须直接作用于内圈，装拆外圈时施加的力必须直接作用于外圈，以免对轴承造成损坏。

轴承内圈与轴颈的配合通常较紧，安装时，小型轴承可用铜锤轻而均匀地敲击配合套圈装入。中、大型轴承或较紧的轴承可用专用的压力机装配或将轴承放在矿物油中加热到 80～100℃后再进行装配。拆卸时也要用专门的拆卸工具，如压力机或图 10-55 所示拆卸器。为了便于拆卸，应使轴承内圈比轴肩露出足够的高度，或在轴肩上开槽，如图 10-56 所示，以便放入拆卸工具的钩头。同样，轴承外圈应比凸肩露出足够的高度，对于盲孔，可在端部开设专用拆卸螺纹孔，如图 10-57 所示，轴肩和凸肩的具体尺寸可查机械设计手册。

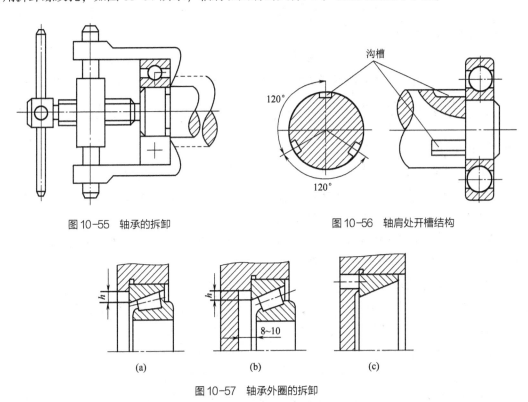

图 10-55 轴承的拆卸　　　　　图 10-56 轴肩处开槽结构

图 10-57 轴承外圈的拆卸

思考题与习题

10-1　何为轴系？其主要功能是什么？轴系通常都包括哪些零、部件？

10-2 轴有哪些类型？各有何特点？试各举1~2个实例。

10-3 如题图10-1所示传动系统，齿轮2空套在轴Ⅲ上，齿轮1、3均和轴用键连接，卷筒和齿轮3固连而和轴Ⅳ空套。试问：Ⅰ、Ⅱ、Ⅲ、Ⅳ轴工作时分别承受何种载荷？各轴产生什么应力？

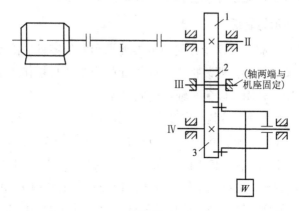

题图10-1

10-4 常用的轴材料有哪几种？如果碳素钢材料的轴刚度不够，是否可采用高强度的合金钢来提高轴的刚度？为什么？

10-5 轴的结构设计的目的和主要要求是什么？

10-6 轴上零件的轴向固定方法和周向固定方法有哪些？各种固定方法的特点是什么？

10-7 按弯扭合成强度条件对轴的危险截面校核时，公式 $\sigma_{ca} = \dfrac{M_{ca}}{W} = \sqrt{\dfrac{M^2 + (\alpha T)^2}{W}} \leq [\sigma_{-1}]$ 中 α 的含义是什么？α 的取值应如何确定？

10-8 球轴承和滚子轴承各有什么特点？分别适用于哪些场合？

10-9 说明下列型号滚动轴承的类型、结构特点、公差等级及其适用场合。6210/P5/C2、30203/P6、N2312、7216AC、23315B。

10-10 试比较6008、6208、6308、6408等轴承的内径 d、外径 D、宽度 B、基本额定动载荷 C，并说明直径系列代号的意义。

10-11 选择滚动轴承类型时，应结合轴承的具体工作条件考虑哪些因素？

10-12 为什么角接触轴承一般要成对使用，对称安装？有哪几种安装方式？

10-13 什么叫滚动轴承的基本额定寿命、基本额定动载荷、当量动载荷？

10-14 根据滑动轴承工作表面间的摩擦状态不同，滑动轴承分为哪几类？各有什么特点？

10-15 滑动轴承的材料选择应满足哪些要求？常用的滑动轴承材料有哪几种？

10-16 非液体摩擦滑动轴承的主要失效形式是什么？针对不同的失效，应作何验算？

10-17 液体动压滑动轴承形成压力油膜要具备什么条件？

10-18 为何需对轴承进行密封？常用的密封方法有哪几类？举例说明。

10-19 联轴器和离合器的主要功用是什么？在使用时有何区别？

10-20 为什么有的联轴器要求严格对中，而有的联轴器则可以允许有较大的综合位移？

10-21 刚性联轴器和弹性联轴器有何差别？各举例说明它们适用于什么场合？

10-22 常用的联轴器和离合器有哪些主要类型？各具有什么特点？

10-23 何为轴毂连接？试述常用轴毂连接的特点及常用类型。

10-24 平键、楔键、花键各适用于哪些场合的轴毂连接？它们各自的工作原理是什么？

10-25 验算键连接时，若强度不够应采取什么措施？如需加一个键，这个键的位置放在何处为好？平键与楔键的位置放置有何不同？

10-26 轴系组合设计应考虑哪些问题？

10-27 设计题图 10-2 所示直齿圆柱齿轮减速器的输出轴。已知该轴传递功率 $P=11$kW，转速 $n=225$r/min，从动齿轮齿数 $Z_2=72$，模数 $m=4$mm，轮毂宽度 $B=75$mm，选用轻系列深沟球轴承，两轴承中心间距离为 130mm。

10-28 如题图 10-3 所示两级圆柱齿轮减速器。已知高速级传动比 $i=2.5$，低速级传动比 $i=4$。若不计轮齿啮合及轴承摩擦的功率损失，试计算三根轴传递转矩之比，并按扭转强度估算三根轴的轴径之比。

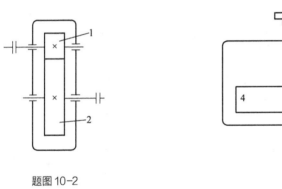

题图 10-2

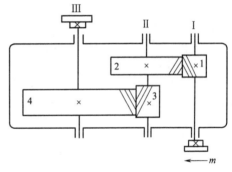

题图 10-3

10-29 已知一转轴在直径 $d=30$mm 处受不变的转矩 $T=15\times10^3$N·m 和弯矩 $M=7\times10^3$N·m，轴的材料为 45 钢经调质处理。问该轴能否满足强度要求？

10-30 某深沟球轴承需在径向载荷 $F_r=6500$N 作用下，以 $n=960$r/min 的转速工作5000h。试求此轴承应有的基本额定动载荷 C。

10-31 某轴承的基本额定动载荷 $C=61900$N。若当量动载荷分别为 $P=C$，$P=0.5C$，$P=0.1C$，轴承的寿命 L_{10} 相应各为多少转？又若转速 $n=90$r/min，轴承寿命 L_h 相应各为多少小时？

10-32 根据工作条件，某机械传动装置中轴的两端各采用一个深沟球轴承支承，轴径 $d=35$mm，转速 $n=2000$r/min，每个轴承承受径向载荷 $F_r=2000$N，常温下工作，载荷平稳，预期寿命 $L_h = 8000h$，试选择轴承型号。

10-33　如图 10-15 所示，在轴的两端选用两个角接触球轴承 7207AC 支承。轴颈直径 $d = 35mm$，转速 $n = 1800r/min$。已知 $F_{r1} = 3390N$，$F_{r2} = 1040N$，轴向载荷 $F_a = 870N$，常温下工作，工作时有中等冲击，试分别按图示两种安装形式计算其工作寿命。

10-34　试校核非液体摩擦滑动轴承。已知：其径向载荷 $F_r = 16000N$，轴颈直径 $d = 80mm$，转速 $n = 720r/min$，轴承宽度 $B = 80mm$，轴瓦材料为 ZCuSn5Pb5Zn5。

10-35　一起重设备用非液体摩擦滑动轴承。已知轴颈直径 $d = 60mm$，转速 $n = 960r/min$，轴承宽度 $B = 60mm$，轴瓦材料为 ZCuPb30。求其所能承受的最大径向载荷（基本额定动载荷 $C = 29000N$，基本额定静载荷 $C_0 = 12900N$，GB/T 292—2007）。

10-36　铸造车间的混砂机与电动机之间用联轴器相连。已知：电动机功率 $P = 5.5kW$，转速 $n = 720r/min$，采用 LT6 型弹性套柱销联轴器（GB 4323—2002），试验算此联轴器是否适用（铁 $[n] = 3300r/min$，钢 $[n] = 3800r/min$，公称扭矩 $T_n = 250N \cdot m$）。

参考文献

[1] 蒲良贵，纪名刚．机械设计［M］．8版．北京：高等教育出版社，2006．

[2] 申永胜．机械原理［M］．北京：清华大学出版社，1999．

[3] 孙桓，陈作模，葛文杰．机械原理［M］．7版．北京：高等教育出版社，2006．

[4] 申永胜．机械原理辅导与习题［M］．北京：清华大学出版社，1999．

[5] 蒋玉珍．机械设计基础［M］．北京：机械工业出版社，2002．

[6] 师素绢，林菁，杨晓兰．机械设计基础［M］．武汉：华中科技大学出版社，2008．

[7] 黄平，朱文坚．机械设计基础［M］．广州：华南理工大学出版社，2003．

[8] 范顺成，马治平，马洛刚．机械设计基础［M］．北京：机械工业出版社，2003．

[9] 刘裕瑄，陈人哲．纺织机械设计原理（下）［M］．北京：纺织工业出版社，1981．

[10] 毛新华．纺织工艺与设备（下）［M］．北京：中国纺织出版社，2004．

[11] 王春香，李强，等．机械设计基础［M］．北京：地震出版社，2003．

[12] 汪信远．机械设计基础［M］．北京：高等教育出版社，2005．

[13] 刘会英，杨志强．机械原理［M］．北京：机械工业出版社，2003．

[14] 张春林．机械原理［M］．北京：高等教育出版社，2006．

[15] 朱理．机械原理［M］．北京：高等教育出版社，2006．

[16] 王洪欣．机械原理［M］．南京：东南大学出版社，2005．

[17] 邹慧君，张春林．机械原理［M］．2版．北京：高等教育出版社，2006．

[18] 方世杰，綦耀光．机械优化设计［M］．北京：机械工业出版社，2004．

[19] 王晶，赵卫军．机械原理要点与题解［M］．西安：西安交通大学出版社，2006．

[20] 陆宁．机械原理总复习［M］．上海：上海交通大学出版社，2006．

[21] 机械设计手册编委会．机械设计手册［M］．北京：机械工业出版社，2007．

[22] 杨可帧，程光蕴．机械设计基础［M］．4版．北京：高等教育出版社，2003．

[23] 马保吉．机械设计基础［M］．西安：西北工业大学出版社，2005．

[24] 朱文坚，黄平，吴昌林．机械设计［M］．北京：高等教育出版社，2005．

[25] 秦彦斌，陆品．机械设计——导教、导学、导考［M］．西安：西北工业大学出版社，2005．

[26] 彭文生．机械设计［M］．2版．武汉：华中理工大学出版社，2000．

[27] 吴宗泽，刘莹．机械设计教程［M］．北京：机械工业出版社，2003．

[28] 孙志礼，马星国，黄秋波，等．机械设计［M］．北京：科学出版社，2008．

[29] 徐锦康．机械设计［M］．北京：高等教育出版社，2004．

[30] 龙振宇．机械设计［M］．北京：机械工业出版社，2002．